Patyna | **Mathematik**
für das Berufliche Gymnasium in Niedersachsen
Kerncurriculum und Bildungsstandards
Qualifikationsphase – Schwerpunkt Wirtschaft
Stochastik, Lineare Algebra und Analytische Geometrie

Arbeitsheft Mathematik

Das Arbeitsheft (inkl. Lösungen) unterstützt die Schülerinnen und Schüler dabei, die Mathematik selbstständig zu lernen und zu verstehen:

- Eigenständiges Aneignen von Fachvokabeln sowie von wirtschaftlichen und mathematischen Zusammenhängen
- Anwenden von unterschiedlichen Arbeitsmethoden
- Lösen von Übungsaufgaben, um Routine beim Bearbeiten von mathematischen Problemstellungen zu bekommen
- Schrittweises Bearbeiten von kleinen Lernsituationen, um das systematische Lösen von handlungsorientierten Aufgaben zu erlernen

ISBN 978-3-8120-**2687**-**1**

Weitere Infos finden Sie unter www.merkur-verlag.de

Suche: 2687

Patyna

Mathematik
für das Berufliche Gymnasium in Niedersachsen
Kerncurriculum und Bildungsstandards
Qualifikationsphase – Schwerpunkt Wirtschaft
Stochastik, Lineare Algebra und Analytische Geometrie

Merkur
Verlag Rinteln

Wirtschaftswissenschaftliche Bücherei für Schule und Praxis
Begründet von Handelsschul-Direktor Dipl.-Hdl. Friedrich Hutkap †

Die Verfasserin:
Marion Patyna

Fast alle in diesem Buch erwähnten Hard- und Softwarebezeichnungen sind eingetragene Warenzeichen. Das Werk und seine Teile sind urheberrechtlich geschützt. Jede Nutzung in anderen als den gesetzlich zugelassenen Fällen bedarf der vorherigen schriftlichen Einwilligung des Verlages. Hinweis zu § 60a UrhG: Weder das Werk noch seine Teile dürfen ohne eine solche Einwilligung eingescannt und in ein Netzwerk eingestellt werden. Dies gilt auch für Intranets von Schulen und sonstigen Bildungseinrichtungen.

Die in diesem Buch zitierten Internetseiten wurden vor der Veröffentlichung auf rechtswidrige Inhalte in zumutbarem Umfang untersucht. Rechtswidrige Inhalte wurden nicht gefunden.
Stand: Januar 2020

Umschlag: Hintergrund: ECE, Ernst-August-Galerie, Hannover,
Kreis rechts oben: Candy Box – Fotolia.com, Kreis Mitte: Colourbox.de,
Kreis links: Syda Productions – Colourbox.de, Grafik: Colourbox.de

* * * * *

1. Auflage 2020
© 2020 by MERKUR VERLAG RINTELN

Gesamtherstellung: MERKUR VERLAG RINTELN Hutkap GmbH & Co. KG, 31735 Rinteln
E-Mail: info@merkur-verlag.de; lehrer-service@merkur-verlag.de
Internet: www.merkur-verlag.de

ISBN 978-3-8120-**0687-3**

Vorwort

Das vorliegende Buch ist der dritte Band von drei Büchern der Reihe „Mathematik für das **Berufliche Gymnasium** in Niedersachsen – Kerncurriculum und Bildungsstandards" und damit ein Arbeitsbuch für den Mathematikunterricht mit dem Schwerpunkt Wirtschaft am Beruflichen Gymnasium in Niedersachsen. Die Basis dieses Buches ist das neue *Kerncurriculum (KC)* von 2018, das wiederum auf den *Bildungsstandards im Fach Mathematik für die Allgemeine Hochschulreife* aus dem Jahr 2012 basiert.

Die Autorin berücksichtigt bei der Erstellung dieser Bücher die **inhaltsbezogenen** und die **prozessbezogenen Kompetenzen**, die die Schülerinnen und Schüler gemäß KC während der drei Jahre am Beruflichen Gymnasium erwerben sollen. Der in der BbS VO bzw. EB BbS VO verankerten **Handlungsorientierung** wird durchgängig Rechnung getragen. Jedes Hauptkapitel beginnt mit **berufsbezogenen Lernsituationen gemäß SchuCu-BBS**, die die Schülerinnen und Schüler **eigenverantwortlich** und **selbstorganisiert** mithilfe der Informationstexte und der Beispielaufgaben aus den nachfolgenden Abschnitten bearbeiten und sich so die notwendigen Kompetenzen aneignen können. Jede Lernsituation umfasst nicht nur die **problemorientierte Aufgabenstellung**, die zumeist auf unterschiedliche Weisen gelöst werden kann, sondern auch Hinweise auf die benötigten und die zu erzielenden Kompetenzen. Ergänzt wird dies durch Hinweise zur unterrichtlichen Umsetzung der Lernsituation; dabei werden die vorgeschlagenen Sozialformen grün hervorgehoben und die Handlungsergebnisse in blau. Die Abfolge der Lernsituationen ist so konzipiert, dass die Schülerinnen und Schüler immer selbstständiger agieren können und müssen. Das mathematische und wirtschaftliche Fachvokabular wird durchgängig rot hervorgehoben. Auf diese Weise erhalten die Schülerinnen und Schüler einen Überblick über die zu lernenden Vokabeln. Außerdem sind alle roten Begriffe im Sachwortverzeichnis aufgeführt.

Um die in den Lernsituationen benötigten Fähigkeiten und Fertigkeiten im Nachgang zu trainieren und zu festigen, enthält das Buch eine Vielzahl verschiedener Übungsaufgaben, die je nach Aufgabentyp händisch und/oder mit dem passenden **Technologieeinsatz** (GTR/CAS) gelöst werden können und durchgängig mithilfe von **Operatoren** formuliert werden. Auch innermathematische Problemstellungen werden thematisiert. Damit die Schülerinnen und Schüler zum eigenverantwortlichen Lernen angeleitet werden und sich mithilfe von unterschiedlichen Aktivitäten mathematische Themen aneignen, enthält das Buch u. a. **Lernspiralen** nach dem Konzept von Heinz Klippert[1]. Auf diese vielfältige Weise wird zielgerichtet der Kompetenzaufbau erreicht und die Schülerinnen und Schüler, die am **Zentralabitur Mathematik** teilnehmen

---

1 Zum Lernspiral-Konzept vgl. Klippert, H.: Lernförderung im Fachunterricht. Leitfaden zum Arbeiten mit Lernspiralen. Donauwörth 2013; vgl. außerdem die entsprechenden Mathematik-Hefte im Auer-Verlag.

werden, können die Aufgaben des hilfsmittelfreien Teils und des Wahlteils adäquat und sachgerecht bearbeiten. Am Ende eines jeden Kapitels befinden sich passende Originalaufgaben aus dem Zentralabitur, damit die Schülerinnen und Schüler sich an die dort verwendeten Aufgabenformate gewöhnen können.

Die Reihenfolge der einzelnen Kapitel kann als Basis für den Aufbau des **schulinternen Curriculums** und der **Jahresplanung** dienen, muss sie aber nicht. Die Autorin hat darauf geachtet, dass die Lehrkräfte ihren Unterricht, mithilfe dieser Bücher individuell aufbauen können, weil die mathematischen, inhaltsbezogenen Kompetenzen gemäß **Spiralcurriculum** in die Berufsbezüge integriert werden.

Die Verfasserin, Dezember 2019

Inhaltsverzeichnis

1 Operatorenliste gemäß KC 10

2 Lineare Algebra 12
   2.1 Symbole/Zeichen: Bedeutung und Verwendung 12
   2.2 Rechnen mit Matrizen 13
      2.2.1 Lernsituationen 13
      2.2.2 Begriffe und Definitionen 17
      2.2.3 Rechenarten 18
      2.2.4 Übungen 31
      2.2.5 Übungsaufgaben für Klausuren und Prüfungen 34
   2.3 Mehrstufige Produktionsprozesse 36
      2.3.1 Lernsituationen 36
      2.3.2 Wirtschaftliche Zusammenhänge 40
      2.3.3 Analyse des Produktionsprozesses bei Vorgabe der Rahmenbedingungen 43
      2.3.4 Übungen 48
      2.3.5 Analyse des Produktionsprozesses bei fehlenden Rahmenbedingungen 53
      2.3.6 Übungen 67
      2.3.7 Übungsaufgaben für Klausuren und Prüfungen 72
      2.3.8 Aufgaben aus dem Zentralabitur Niedersachsen 76
   2.4 Leontief-Modell 84
      2.4.1 Lernsituationen 84
      2.4.2 Wirtschaftliche Zusammenhänge 86
      2.4.3 Volks- und betriebswirtschaftliche Analysen 89
      2.4.4 Übungsaufgaben für Klausuren und Prüfungen 109
      2.4.5 Aufgaben aus dem Zentralabitur Niedersachsen 112
   2.5 Markow-Ketten 117
      2.5.1 Lernsituationen 117
      2.5.2 Wirtschaftliche Zusammenhänge 119
      2.5.3 Käuferverhalten 121
      2.5.4 Übungen 124
      2.5.5 Wählerverhalten 128
      2.5.6 Übungen 131
      2.5.7 Übungsaufgaben für Klausuren und Prüfungen 133
      2.5.8 Aufgaben aus dem Zentralabitur Niedersachsen 136

3 Analytische Geometrie ... 140
- 3.1 Symbole/Zeichen: Bedeutung und Verwendung ... 140
- 3.2 Lernsituationen ... 141
- 3.3 Begriffe und Definitionen ... 143
- 3.4 Rechnen mit Vektoren ... 146
- 3.5 Geraden ... 160
- 3.6 Übungen ... 164
- 3.7 Übungsaufgaben für Klausuren und Prüfungen ... 167
- 3.8 Aufgaben aus dem Zentralabitur Niedersachsen ... 169
  - 3.8.1 Hilfsmittelfreie Aufgaben ... 169
  - 3.8.2 Aufgaben aus dem Wahlteil ... 171

4 Stochastik ... 174
- 4.1 Symbole/Zeichen: Bedeutung und Verwendung ... 174
- 4.2 Wahrscheinlichkeitsrechnung ... 176
  - 4.2.1 Lernsituation ... 176
  - 4.2.2 Begriffe und Definitionen ... 178
  - 4.2.3 Wahrscheinlichkeiten und Baumdiagramme ... 181
  - 4.2.4 Übungen ... 193
  - 4.2.5 Übungsaufgaben für Klausuren und Prüfungen ... 199
  - 4.2.6 Aufgaben aus dem Zentralabitur Niedersachsen ... 201
- 4.3 Wahrscheinlichkeitsverteilung – Binomialverteilung ... 204
  - 4.3.1 Lernsituation ... 204
  - 4.3.2 Begriffe und Definitionen ... 206
  - 4.3.3 Bernoulli-Experiment, Binomialverteilung und Sigma-Intervalle ... 210
  - 4.3.4 Übungen ... 218
  - 4.3.5 Übungsaufgaben für Klausuren und Prüfungen ... 222
  - 4.3.6 Aufgaben aus dem Zentralabitur Niedersachsen ... 226
- 4.4 Wahrscheinlichkeitsverteilung – Normalverteilung ... 232
  - 4.4.1 Lernsituation ... 232
  - 4.4.2 Herleitungen und Definitionen ... 234
  - 4.4.3 Normalverteilung und Standardnormalverteilung ... 236
  - 4.4.4 Approximation der Binomialverteilung durch die Normalverteilung ... 248
  - 4.4.5 Übungen ... 251
  - 4.4.6 Übungsaufgaben für Klausuren und Prüfungen ... 255
  - 4.4.7 Übungsaufgaben aus dem Zentralabitur Niedersachsen ... 257

4.5	Daten beurteilen – Vertrauensintervalle	260
	4.5.1 Lernsituationen	260
	4.5.2 Herleitungen und Definitionen	263
	4.5.3 Vertrauensintervalle untersuchen	267
	4.5.4 Übungen	269
	4.5.5 Übungsaufgaben für Klausuren und Prüfungen	271
	4.5.6 Aufgaben aus dem Zentralabitur Niedersachsen	273

Stichwortverzeichnis **276**

1 Operatorenliste gemäß KC

Operator	Beschreibung der erwarteten Leistung	Anmerkungen
Begründen	Je nach Kontext - Einen Sachverhalt auf Gesetzmäßigkeiten bzw. Zusammenhänge zurückführen - Die Angemessenheit einer Verfahrensweise bzw. die Eignung der Werkzeuge darlegen Hierzu gehört eine inhaltliche Betrachtung.	Auch bei der Verwendung mathematischer Syntax ist eine geschlossene Antwort erforderlich, die auch Textanteile enthält. Die Angabe einer Formel o. ä. genügt hier nicht. Aufgrund der verschiedenen Ausprägungen des Operators „Begründen" ergeben sich Überschneidungen mit „Beweisen" und „Zeigen", wobei dort formale bzw. rechnerische Aspekte eine höhere Bedeutung haben.
Berechnen	Ergebnisse von einem ausformulierten mathematischen Ansatz ausgehend durch explizite oder näherungsweise Berechnung gewinnen	
Beschreiben	Verfahren, Sachverhalte oder Zusammenhänge strukturiert und fachsprachlich richtig mit eigenen Worten wiedergeben	Vgl. Erläutern
Bestimmen/ Ermitteln	Einen möglichen Lösungsweg darstellen und das Ergebnis formulieren	Alle Werkzeugebenen sind zulässig. Einschränkungen s. o.
Beurteilen	Zu einem Sachverhalt ein selbstständiges Urteil unter Verwendung von Fachwissen und Fachmethoden formulieren und begründen	Vgl. Entscheiden
Beweisen/ Widerlegen	Einen Nachweis im mathematischen Sinne unter Verwendung von bekannten mathematischen Sätzen, logischen Schlüssen und Äquivalenzumformungen durchführen, ggf. unter Verwendung von Gegenbeispielen	
Entscheiden	Bei verschiedenen Möglichkeiten sich begründet und eindeutig festlegen	Vgl. Beurteilen Bei diesem Operator steht die eindeutige, begründete Festlegung aufgrund eines Vergleiches im Vordergrund.
Erläutern	Verfahren, Sachverhalte oder Zusammenhänge strukturiert und fachsprachlich richtig mit eigenen Worten wiedergeben und durch zusätzliche Informationen oder Darstellungsformen verständlich machen	Vgl. Beschreiben Im Unterschied zur Beschreibung erfordert eine Erläuterung die Darstellung inhaltlicher Bezüge.
Herleiten	Aus bekannten Sachverhalten oder Aussagen heraus nach gültigen Schlussregeln mit Berechnungen oder logischen Begründungen die Entstehung eines neuen Sachverhaltes darlegen	In einer mehrstufigen Argumentationskette können Zwischenschritte mit digitalen Mathematikwerkzeugen durchgeführt werden. Einschränkungen s. o.

Operator	Beschreibung der erwarteten Leistung	Anmerkungen
Interpretieren	Mathematische Objekte - als Ergebnisse einer mathematischen Überlegung rückübersetzen auf das ursprüngliche Problem, - umdeuten in eine andere mathematische Sichtweise	
Klassifizieren	Eine Menge von Objekten nach vorgegebenen oder selbstständig zu wählenden Kriterien in Klassen einteilen	Eine Begründung der vorgegebenen bzw. selbstgewählten Kriterien wird gesondert gefordert.
Nennen/ Angeben	Sachverhalte, Begriffe, Daten ohne Erläuterungen aufzählen	
Skizzieren	Objekte oder Funktionen auf das Wesentliche reduziert grafisch übersichtlich darstellen	Skizzieren wird immer im Kontext mit grafischen Darstellungen verwendet.
Untersuchen	Eigenschaften von oder Beziehungen zwischen Objekten herausfinden und darlegen	Je nach Sachverhalt kann zum Beispiel ein Strukturieren, Ordnen oder Klassifizieren notwendig sein.
Vergleichen	Sachverhalte, Objekte oder Verfahren gegenüberstellen, ggf. Vergleichskriterien festlegen, Gemeinsamkeiten, Ähnlichkeiten und Unterschiede feststellen	Eine Bewertung wird gesondert gefordert.
Zeichnen/ Grafisch darstellen	Eine grafische Darstellung anfertigen, die auf der Basis der genauen Wiedergabe wesentlicher Punkte hinreichend exakt ist bzw. Sachverhalte angemessen wiedergibt	
Zeigen/ Nachweisen	Eine Aussage, einen Sachverhalt nach gültigen Schlussregeln, mit Berechnungen oder logischen Begründungen bestätigen	In einer mehrstufigen Argumentationskette können Zwischenschritte mit digitalen Mathematikwerkzeugen durchgeführt werden. Einschränkungen s. o.

Quelle: Niedersächsisches Kultusministerium (2017). Kerncurriculum für das Gymnasium – gymnasiale Oberstufe, die Gesamtschule – gymnasiale Oberstufe, das Berufliche Gymnasium, das Abendgymnasium, das Kolleg. Mathematik. Hannover. S. 74f.

2 Lineare Algebra

2.1 Symbole/Zeichen: Bedeutung und Verwendung

Symbol/Zeichen	Bedeutung/Erklärung
$A_{(2\times 2)} = \begin{pmatrix} a_{11} & a_{12} \\ a_{21} & a_{22} \end{pmatrix}$	(2×2)-Matrix A mit den Elementen $a_{11}, a_{12}, a_{21}, a_{22} \in \mathbb{R}$. Die Matrix besteht aus zwei Zeilen und zwei Spalten.
$A_{(m\times n)} = \begin{pmatrix} a_{11} & a_{12} & \cdots & a_{1n} \\ a_{21} & a_{22} & \cdots & a_{2n} \\ \cdots & \cdots & \ddots & \cdots \\ a_{m1} & a_{m2} & \cdots & a_{mn} \end{pmatrix}$	
$a_{11}, a_{12}, \ldots, a_{1m}, a_{21}, a_{22}, \ldots, a_{mn}$	Elemente einer Matrix
$A^T_{(2\times 2)} = \begin{pmatrix} a_{11} & a_{21} \\ a_{12} & a_{22} \end{pmatrix}$	Transponierte Matrix A. Zeilen und Spalten der Matrix werden vertauscht.
$(m\times n)$	Format der Matrix: m Zeilen und n Spalten
$\vec{p}_{(2\times 1)} = \begin{pmatrix} p_1 \\ p_2 \end{pmatrix}$	Spaltenvektor, Matrix mit einer Spalte
$\vec{p}^T_{(1\times 2)} = (p_1 \quad p_2)$	Zeilenvektor, Matrix mit einer Zeile
$A\|\vec{b} = \begin{pmatrix} a_{11} & a_{12} & \| & b_1 \\ a_{21} & a_{22} & \| & b_2 \end{pmatrix}$	Erweiterte Matrix. Matrix A wurde um den Vektor $\vec{b}$ erweitert.
$E_{(3\times 3)} = \begin{pmatrix} 1 & 0 & 0 \\ 0 & 1 & 0 \\ 0 & 0 & 1 \end{pmatrix}$	Einheitsmatrix
A^{-1}	Inverse Matrix zur Matrix A
$(E-A)^{-1}$	Leontief-Inverse
$\vec{v}^T_0$	Vektor zum Zeitpunkt 0
$\vec{v}^T_\infty$	Fixvektor
A_∞	Grenzmatrix

2.2 Rechnen mit Matrizen

Überall in der Wirtschaft, wo große Datenmengen anfallen, wird versucht, diese sinnvoll zusammenzufassen, damit sie übersichtlich sind. Sogenannte Matrizen[1] bieten eine Möglichkeit, Daten übersichtlich darzustellen und eröffnen die Möglichkeit mit diesen Daten notwendige Berechnungen durchzuführen. James Joseph Sylvester[2] war ein englischer Mathematiker, der sich mit der Ordnung und der mathematischen Verknüpfung von Datenmengen beschäftigt hat; den Begriff der Matrix hat er 1850 geprägt.

2.2.1 Lernsituationen

Lernsituation 1

Benötigte Kompetenzen für die Lernsituation 1
Kenntnisse aus der Sek. I; eigenverantwortliches Planen und Lernen

Inhaltsbezogene Kompetenzen der Lernsituation 1
Rechnen mit Matrizen und Vektoren

Prozessbezogene Kompetenzen der Lernsituation 1
Probleme mathematisch lösen; mathematisch modellieren; mit symbolischen, formalen und technischen Elementen umgehen; kommunizieren

Methode
Gruppenarbeit, die Lernenden werden den Gruppen zugelost

Zeit
2 Doppelstunden

---

[1] Matrix (Plural: Matrizen): Anordnung von Zahlen in Tabellenform
[2] J. J. Sylvester lebte vom 03.09.1814 bis zum 15.03.1897.

2 Lineare Algebra

Sie sind Mitarbeiter(in) des Gewürzproduzenten *Himmelskraut*. Jeden Tag werden verschiedene Einzelhandelsgeschäfte mit Kräutern beliefert. Leider ist seit einiger Zeit das elektronische Datenverarbeitungssystem ausgefallen. Sämtliche Berechnungen der Bedarfsplanung, des Umsatzes und für die Rechnungserstellung müssen deshalb von Ihnen durchgeführt werden. Die Abteilungsleiterin bittet Sie bei folgenden Arbeiten um Unterstützung. Den Wochenbedarf der verschiedenen Einzelhändler für die 9. Kalenderwoche (KW) des Jahres können Sie Tabelle 1 entnehmen, die Angaben erfolgen in Mengeneinheiten (ME):

Einzelhandel \ Kräuter	Café de Paris	Grillmischung	Salatfein	Quarkwürze	Kräuterbutter
IDAL	30	10	100	20	5
AKEDE	40	10	50	30	5
REMA	10	40	100	10	10
Sparland	0	10	20	5	10

Tabelle 1

Bestellungen der 7. KW

$$C_{7.\text{ KW}} = \begin{pmatrix} 40 & 20 & 30 & 15 & 5 \\ 20 & 30 & 0 & 10 & 15 \\ 15 & 50 & 10 & 40 & 30 \\ 50 & 40 & 30 & 0 & 40 \end{pmatrix}$$

Bestellungen der 8. KW

$$D_{8.\text{ KW}} = \begin{pmatrix} 10 & 50 & 20 & 30 & 10 \\ 20 & 10 & 15 & 20 & 50 \\ 10 & 50 & 15 & 30 & 50 \\ 50 & 50 & 0 & 10 & 50 \end{pmatrix}$$

Auslieferungsbedarf der 6. KW

$$F_{5.\text{ und 6. KW}} = \begin{pmatrix} 55 & 65 & 45 & 40 & 10 \\ 45 & 45 & 20 & 35 & 70 \\ 20 & 95 & 20 & 65 & 75 \\ 100 & 90 & 30 & 10 & 90 \end{pmatrix}$$

Preis in Geldeinheiten pro Mengeneinheit (GE/ME)

Café de Paris	25,00 GE/ME
Grillmischung	18,00 GE/ME
Salatfein	15,00 GE/ME
Quarkwürze	12,00 GE/ME
Kräuterbutter	10,00 GE/ME

Tabelle 2

Einzelkosten in GE/ME

Kräuter \ Kosten	Warenkosten	Verpackungskosten	Lieferkosten
Café de Paris	25,00 GE/ME	0,90 GE/ME	0,10 GE/ME
Grillmischung	18,00 GE/ME	0,50 GE/ME	0,30 GE/ME
Salatfein	15,00 GE/ME	0,50 GE/ME	0,40 GE/ME
Quarkmischung	12,00 GE/ME	0,90 GE/ME	0,20 GE/ME
Kräuterbutter	10,00 GE/ME	0,90 GE/ME	0,30 GE/ME

Tabelle 3

Beispiel 1

Das Unternehmen *TopRegal* stellt Regale und Regalwände für Büros her. Die Produktion benötigt eine Übersicht über die Einzelteile der Regale, die im nächsten Monat für die vier Großkunden (U1 bis U4) hergestellt werden müssen. Die Verkaufsabteilung hat dafür alle Aufträge der Kalenderwochen (KW) 20 und 21 tabellarisch zusammengefasst:

KW 20	Einzelregal	Regalwand	Eckregal	Regal mit Schubladen	Regal mit Klappfach	Regal mit Türen
U1	4	1	1	1	0	0
U2	2	2	2	0	1	1
U3	0	1	1	1	1	1
U4	0	3	3	1	1	0

KW 21	Einzelregal	Regalwand	Eckregal	Regal mit Schubladen	Regal mit Klappfach	Regal mit Türen
U1	0	2	2	1	1	1
U2	4	0	1	1	0	1
U3	3	0	0	2	2	2
U4	1	1	1	0	1	0

Erstellen Sie für die Produktion eine Übersicht, aus der hervorgeht, wie viele Regale von welcher Sorte im nächsten Monat hergestellt werden müssen; verwenden Sie dafür die Matrizenrechnung.

Lösung

Die Tabellen werden in Matrizen überführt. Die Matrizen bestehen aus 4 Zeilen (vier Großkunden) und 6 Spalten ((4 × 6)-Matrix), weil dem Unternehmen *TopRegal* Bestellungen für sechs verschiedene Regaltypen vorliegen.

$$A_{KW\,20} = \begin{pmatrix} 4 & 1 & 1 & 1 & 0 & 0 \\ 2 & 2 & 2 & 0 & 1 & 1 \\ 0 & 1 & 1 & 1 & 1 & 1 \\ 0 & 3 & 3 & 1 & 1 & 0 \end{pmatrix} \text{ und } B_{KW\,21} = \begin{pmatrix} 0 & 2 & 2 & 1 & 1 & 1 \\ 4 & 0 & 1 & 1 & 0 & 1 \\ 3 & 0 & 0 & 2 & 2 & 2 \\ 1 & 1 & 1 & 0 & 1 & 0 \end{pmatrix}$$

Um die benötigte Gesamtproduktion für die vier Großkunden festzustellen, müssen die Werte der Bestellungen addiert werden. Dafür werden die Elemente der Matrix A und der Matrix B miteinander addiert und so eine **Matrizenaddition** durchgeführt:

$$A_{KW\,20} + B_{KW\,21} = C_{KW\,20,21} = C_{(4 \times 6)} = \begin{pmatrix} 4+0 & 1+2 & 1+2 & 1+1 & 0+1 & 0+1 \\ 2+4 & 2+0 & 2+1 & 0+1 & 1+0 & 1+1 \\ 0+3 & 1+0 & 1+0 & 1+2 & 1+2 & 1+2 \\ 0+1 & 3+1 & 3+1 & 1+0 & 1+1 & 0+0 \end{pmatrix}$$

$$= \begin{pmatrix} 4 & 3 & 3 & 2 & 1 & 1 \\ 6 & 2 & 3 & 1 & 1 & 2 \\ 3 & 1 & 1 & 3 & 3 & 3 \\ 1 & 4 & 4 & 1 & 2 & 0 \end{pmatrix}$$

Mitteilung der Verkaufsabteilung an die Produktion:

KW 20 und 21	Einzelregal	Regalwand	Eckregal	Regal mit Schubladen	Regal mit Klappfach	Regal mit Türen
U1	4	3	3	2	1	1
U2	6	2	3	1	1	2
U3	3	1	1	3	3	3
U4	1	4	4	1	2	0

Die Produktion benötigt die Bestellmengen je Regaltyp, um effizient produzieren zu können. Dafür müssen die Werte je Spalte addiert werden. Um diese Berechnung mithilfe der Matrizenrechnung durchzuführen, muss ein **Zeilenvektor** mit einer **Matrix** multipliziert werden; der Zeilenvektor hat **4** Elemente (Großkunden) und die Matrix **4** Zeilen, deshalb kann die Multiplikation durchgeführt werden. Der Ergebnisvektor ist ebenfalls ein Zeilenvektor; er hat **6** Elemente, weil sechs Regaltypen bestellt wurden.

$$C_{(4 \times 6)} = C_{(Großkunde \times Regaltyp)} = \begin{pmatrix} 4 & 3 & 3 & 2 & 1 & 1 \\ 6 & 2 & 3 & 1 & 1 & 2 \\ 3 & 1 & 1 & 3 & 3 & 3 \\ 1 & 4 & 4 & 1 & 2 & 0 \end{pmatrix} \text{ und } \vec{c}^T_{(1 \times 4)} = (1 \quad 1 \quad 1 \quad 1)$$

$$\vec{c}^T_{(1 \times 4)} \cdot C_{(4 \times 6)} = \vec{d}_{(1 \times 6)} = (14 \quad 10 \quad 11 \quad 7 \quad 7 \quad 6)$$

Die Elemente des Vektors werden wie folgt berechnet:

$14 = 4 \cdot 1 + 6 \cdot 1 + 3 \cdot 1 + 1 \cdot 1$
$10 = 3 \cdot 1 + 2 \cdot 1 + 1 \cdot 1 + 4 \cdot 1$
$11 = 3 \cdot 1 + 3 \cdot 1 + 1 \cdot 1 + 4 \cdot 1$
$7 = 2 \cdot 1 + 1 \cdot 1 + 3 \cdot 1 + 1 \cdot 1$
$7 = 1 \cdot 1 + 1 \cdot 1 + 3 \cdot 1 + 2 \cdot 1$
$6 = 1 \cdot 1 + 2 \cdot 1 + 3 \cdot 1 + 0 \cdot 1$

Die Produktion muss Einzelteile für 14 Einzelregale, 10 Regalwände, 11 Eckregale, je 7 Regale mit Schublade bzw. Klappfach und 6 Regale mit Türen produzieren.

Beispiel 2

Die Produktion des Unternehmens *TopRegal* benötigt für die Herstellung der Regale und Regalwände die Anzahl der Einzelteile, aus denen die verschiedenen Regaltypen zusammengestellt werden. Die Produktion hat dafür alle benötigten Einzelteile pro Regaltyp tabellarisch zusammengefasst:

Einzelteile \ Regaltyp	Einzelregal	Regalwände	Eckregal	Regal mit Schublade	Regal mit Klappfach	Regal mit Türen
Seitenteil	2	4	2	2	2	2
Regalbrett	5	20	5	4	5	6
Boden	1	4	1	1	1	1
Kopfteil	1	4	1	1	1	1
Schublade	0	0	0	1	0	0
Tür	0	0	0	0	1	2

Bestimmen Sie für die Produktion die Anzahl der Einzelteile, die für die Bestellungen aus der KW 20 und 21 (siehe Beispiel 1) benötigt werden.
Erstellen Sie für die Versandabteilung eine Übersicht der durch die Bestellungen benötigten Einzelteile pro Großkunde.

Lösung

Um die Anzahl der Einzelteile, die für die Bestellungen aus der KW 20 und 21 (siehe Beispiel 1) benötigt werden, zu ermitteln, muss die tabellarische Übersicht als Matrix dargestellt werden:

$$D_{(\text{Einzelteile} \times \text{Regaltyp})} = D_{(6 \times 6)} = \begin{pmatrix} 2 & 4 & 2 & 2 & 2 & 2 \\ 5 & 20 & 5 & 4 & 5 & 6 \\ 1 & 4 & 1 & 1 & 1 & 1 \\ 1 & 4 & 1 & 1 & 1 & 1 \\ 0 & 0 & 0 & 1 & 0 & 0 \\ 0 & 0 & 0 & 0 & 1 & 2 \end{pmatrix}$$

In Beispiel 1 wurden die Bestellungen je Regaltyp ermittelt:

$$\vec{d}^{\,T}_{(1 \times \text{Regaltyp})} = \vec{d}^{\,T}_{(1 \times 6)} = \begin{pmatrix} 14 & 10 & 11 & 7 & 7 & 6 \end{pmatrix}$$

Für die Berechnung der Anzahl der Einzelteile wird die Matrix D mit dem transponierten Vektor $\vec{d}$ multipliziert. Damit wird eine **Matrix** mit einem **Spaltenvektor** multipliziert:

$$D_{(\text{Einzelteile} \times \text{Regaltyp})} \cdot \vec{d}_{(\text{Regaltyp} \times 1)} = \vec{e}_{(\text{Einzelteile} \times 1)}$$

$$\begin{pmatrix} 2 & 4 & 2 & 2 & 2 & 2 \\ 5 & 20 & 5 & 4 & 5 & 6 \\ 1 & 4 & 1 & 1 & 1 & 1 \\ 1 & 4 & 1 & 1 & 1 & 1 \\ 0 & 0 & 0 & 1 & 0 & 0 \\ 0 & 0 & 0 & 0 & 1 & 2 \end{pmatrix} \begin{pmatrix} 14 \\ 10 \\ 11 \\ 7 \\ 7 \\ 6 \end{pmatrix} = \begin{pmatrix} 2 \cdot 14 + 4 \cdot 10 + 2 \cdot 11 + 2 \cdot 7 + 2 \cdot 7 + 2 \cdot 6 \\ 4 \cdot 14 + 20 \cdot 10 + 5 \cdot 11 + 4 \cdot 7 + 5 \cdot 7 + 6 \cdot 6 \\ 1 \cdot 14 + 4 \cdot 10 + 1 \cdot 11 + 1 \cdot 7 + 1 \cdot 7 + 1 \cdot 6 \\ 1 \cdot 14 + 4 \cdot 10 + 1 \cdot 11 + 1 \cdot 7 + 1 \cdot 7 + 1 \cdot 6 \\ 0 \cdot 14 + 0 \cdot 10 + 0 \cdot 11 + 1 \cdot 7 + 0 \cdot 7 + 0 \cdot 6 \\ 0 \cdot 14 + 0 \cdot 10 + 0 \cdot 11 + 0 \cdot 7 + 1 \cdot 7 + 2 \cdot 6 \end{pmatrix} = \begin{pmatrix} 130 \\ 410 \\ 85 \\ 85 \\ 7 \\ 19 \end{pmatrix}$$

In der Produktionsabteilung müssen 130 Seitenteile, 410 Regalbretter, je 85 Böden und Kopfteile, 7 Schubladen sowie 19 Türen hergestellt werden, damit die Bestellungen der KW 20 und 21 produziert werden können.

Zur Berechnung der Stückzahlen, die der Versand für jeden Großkunden verpacken muss, werden die Matrizen C und D benötigt. Mithilfe der **Matrizenmultiplikation** werden die benötigten Zahlen ermittelt:

$$C_{(4 \times 6)} = C_{(\text{Großkunde} \times \text{Regaltyp})} = \begin{pmatrix} 4 & 3 & 3 & 2 & 1 & 1 \\ 6 & 2 & 3 & 1 & 1 & 2 \\ 3 & 1 & 1 & 3 & 3 & 3 \\ 1 & 4 & 4 & 1 & 2 & 0 \end{pmatrix} \text{ und}$$

$$D_{(\text{Einzelteile} \times \text{Regaltyp})} = D_{(6 \times 6)} = \begin{pmatrix} 2 & 4 & 2 & 2 & 2 & 2 \\ 5 & 20 & 5 & 4 & 5 & 6 \\ 1 & 4 & 1 & 1 & 1 & 1 \\ 1 & 4 & 1 & 1 & 1 & 1 \\ 0 & 0 & 0 & 1 & 0 & 0 \\ 0 & 0 & 0 & 0 & 1 & 2 \end{pmatrix} \Rightarrow$$

$$D^T_{(\text{Regaltyp} \times \text{Einzelteile})} = D^T_{(6 \times 6)} = \begin{pmatrix} 2 & 5 & 1 & 1 & 0 & 0 \\ 4 & 20 & 4 & 4 & 0 & 0 \\ 2 & 5 & 1 & 1 & 0 & 0 \\ 2 & 4 & 1 & 1 & 1 & 0 \\ 2 & 5 & 1 & 1 & 0 & 1 \\ 2 & 6 & 1 & 1 & 0 & 2 \end{pmatrix}$$

Übersicht erstellen

$$C_{(\text{Großkunde} \times \text{Regaltyp})} \cdot D^T_{(\text{Regaltyp} \times \text{Einzelteil})} = F_{(\text{Großkunde} \times \text{Einzelteil})}$$

$$\begin{pmatrix} 4 & 3 & 3 & 2 & 1 & 1 \\ 6 & 2 & 3 & 1 & 1 & 2 \\ 3 & 1 & 1 & 3 & 3 & 3 \\ 1 & 4 & 4 & 1 & 2 & 0 \end{pmatrix} \cdot \begin{pmatrix} 2 & 5 & 1 & 1 & 0 & 0 \\ 4 & 20 & 4 & 4 & 0 & 0 \\ 2 & 5 & 1 & 1 & 0 & 0 \\ 2 & 4 & 1 & 1 & 1 & 0 \\ 2 & 5 & 1 & 1 & 0 & 1 \\ 2 & 6 & 1 & 1 & 0 & 2 \end{pmatrix} = \begin{pmatrix} f_{11} & \dots & \dots & \dots & \dots & f_{16} \\ f_{21} & \dots & \dots & \dots & f_{25} & \dots \\ f_{31} & \dots & \dots & f_{34} & \dots & \dots \\ f_{41} & \dots & f_{43} & \dots & \dots & \dots \end{pmatrix}$$

$f_{11} = 4 \cdot 2 + 3 \cdot 4 + 3 \cdot 2 + 2 \cdot 2 + 1 \cdot 2 + 1 \cdot 2 = 34$
$f_{16} = 4 \cdot 0 + 3 \cdot 0 + 3 \cdot 0 + 2 \cdot 0 + 1 \cdot 1 + 1 \cdot 2 = 3$
$f_{21} = 6 \cdot 2 + 2 \cdot 4 + 3 \cdot 2 + 1 \cdot 2 + 1 \cdot 2 + 2 \cdot 2 = 34$
$f_{25} = 6 \cdot 0 + 2 \cdot 0 + 3 \cdot 0 + 1 \cdot 1 + 1 \cdot 0 + 2 \cdot 0 = 1$
$f_{31} = 3 \cdot 2 + 1 \cdot 4 + 1 \cdot 2 + 3 \cdot 2 + 3 \cdot 2 + 3 \cdot 2 = 30$
$f_{34} = 3 \cdot 1 + 1 \cdot 4 + 1 \cdot 1 + 3 \cdot 1 + 3 \cdot 1 + 3 \cdot 1 = 17$
$f_{41} = 1 \cdot 2 + 4 \cdot 4 + 4 \cdot 2 + 1 \cdot 2 + 2 \cdot 2 + 0 \cdot 2 = 32$
$f_{43} = 1 \cdot 1 + 4 \cdot 4 + 4 \cdot 1 + 1 \cdot 1 + 2 \cdot 1 + 0 \cdot 1 = 24$

$$F_{(\text{Großkunde} \times \text{Einzelteil})} = \begin{pmatrix} f_{11} & \ldots & \ldots & \ldots & \ldots & f_{16} \\ f_{21} & \ldots & \ldots & \ldots & f_{25} & \ldots \\ f_{31} & \ldots & \ldots & f_{34} & \ldots & \ldots \\ f_{41} & \ldots & f_{43} & \ldots & \ldots & \ldots \end{pmatrix} = \begin{pmatrix} 34 & 114 & 23 & 23 & 2 & 3 \\ 34 & 100 & 21 & 21 & 1 & 5 \\ 30 & 85 & 17 & 17 & 3 & 9 \\ 32 & 119 & 24 & 24 & 1 & 2 \end{pmatrix}$$

Der Großkunde U1 erhält 34 Seitenteile, 114 Regalbretter, je 23 Böden und Kopfteile, 2 Schubladen sowie 3 Türen. Diese Werte werden der ersten Zeile der Matrix F entnommen. Für den Großkunden U4 verpackt die Versandabteilung 32 Seitenteile, 119 Regalbretter, je 24 Böden und Kopfteile, eine Schublade sowie 2 Türen. Diese Werte stehen in der vierten Zeile der Matrix F.

Beispiel 3

Die Verkaufsabteilung des Unternehmens *TopRegal* muss die Rechnungen für die Produktion in der 18. und 19. KW erstellen. Aus der Versandabteilung wurde folgende Übersicht weitergeleitet.

KW 18 und 19	Seitenteil	Regalbrett	Boden und Kopfteil
U5	24	77	16
U6	26	113	23
U7	20	67	14
U8	10	33	7

Die Zusammensetzung der Regale ist der nachfolgenden Tabelle zu entnehmen.

	Einzelregal	Regalwände	Eckregal
Seitenteil	2	4	2
Regalbrett	5	20	4
Boden und Kopfteil	1	4	1

Die Preise für die verschiedenen Regaltypen sind der nachfolgenden Tabelle zu entnehmen.

Regaltyp	Preis
Einzelregal	325,00 EUR
Regalwand	875,00 EUR
Eckregal	430,00 EUR

Um die Rechnungen schreiben zu können, werden die Bestellmengen benötigt. Ermitteln Sie für die Unternehmen U5 bis U8 die Bestellmengen und berechnen Sie die Rechnungssummen für jedes Unternehmen.

Lösungen

Die Berechnung der Bestellmengen erfolgt mithilfe der nachfolgenden Formel:

$$\underbrace{A_{(\text{Unternehmen} \times \text{Regaltyp})}}_{\text{Bestellmengen Regale}} \cdot \underbrace{B_{(\text{Regaltyp} \times \text{Regalteile})}}_{\text{Einzelteile Regale}} = \underbrace{C_{(\text{Unternehmen} \times \text{Regalteile})}}_{\text{Versand Einzelteile}}$$

Da Matrizen nicht dividiert werden können, wird die fehlende Matrix A mithilfe der **inversen Matrix B^{-1}** ermittelt[1]:

$$A_{(4\times3)} \cdot B_{(3\times3)} = C_{(4\times3)} \qquad | \cdot B^{-1}_{(3\times3)} \text{ rechts}$$

$$A_{(4\times3)} \cdot \underbrace{B_{(3\times3)} \cdot B^{-1}_{(3\times3)}}_{E} = C_{(4\times3)} \cdot B^{-1}_{(3\times3)}$$

$$A_{(4\times3)} = C_{(4\times3)} \cdot B^{-1}_{(3\times3)}$$

Gegeben sind folgende Matrizen:

$$B_{(\text{Regaltyp} \times \text{Regalteile})} = \begin{pmatrix} 2 & 5 & 1 \\ 4 & 20 & 4 \\ 2 & 4 & 1 \end{pmatrix}, \quad C_{(\text{Unternehmen} \times \text{Regalteile})} = \begin{pmatrix} 24 & 77 & 16 \\ 26 & 113 & 23 \\ 20 & 67 & 14 \\ 10 & 33 & 7 \end{pmatrix}$$

Eingesetzt in die Formel ergibt sich:

$$A_{(4\times3)} = A_{(\text{Unternehmen} \times \text{Regaltyp})} = C_{(4\times3)} \cdot B^{-1}_{(3\times3)} = \begin{pmatrix} 24 & 77 & 16 \\ 26 & 113 & 23 \\ 20 & 67 & 14 \\ 10 & 33 & 7 \end{pmatrix} \cdot \begin{pmatrix} 2 & 5 & 1 \\ 4 & 20 & 4 \\ 2 & 4 & 1 \end{pmatrix}^{-1}$$

---

[1] Um die Gleichung $x \cdot 5 = 20$ nach x aufzulösen, muss auf beiden Seiten durch 5 dividiert werden: $x \cdot 5 = 20 \ |:5$

Statt zu dividieren kann auch mit dem Kehrwert multipliziert werden $x \cdot 5 = 20 \ | \cdot \frac{1}{5}$ und da $\frac{1}{5} = 5^{-1}$ gilt, kann die Gleichung auch mithilfe der folgenden Rechnung umgeformt werden: $x \cdot 5 = 20 \ | \cdot 5^{-1}$.

Die **Inverse** kann mithilfe des GTR/CAS ermittelt werden oder ohne den Einsatz der Technologie mithilfe des **Gauß-Algorithmus**[1]:
Die zu invertierende Matrix steht auf der linken Seite, rechts steht die Einheitsmatrix. Mithilfe der **ersten Zeile** werden die **Nullen** in der 1. Spalte/2. Zeile und 1. Spalte/3. Zeile erzeugt.

$$\left(\underbrace{\begin{matrix} 2 & 5 & 1 \\ 4 & 20 & 4 \\ 2 & 4 & 1 \end{matrix}}_{B} \middle| \underbrace{\begin{matrix} 1 & 0 & 0 \\ 0 & 1 & 0 \\ 0 & 0 & 1 \end{matrix}}_{E}\right) \quad \Big| \cdot(-2) \text{ mit 2. Zeile addieren} \quad \Big| \cdot(-1) \text{ mit 3. Zeile addieren}$$

$$\Rightarrow \left(\begin{matrix} 2 & 5 & 1 \\ 0 & 10 & 2 \\ 0 & 1 & 0 \end{matrix} \middle| \begin{matrix} 1 & 0 & 0 \\ -2 & 1 & 0 \\ 1 & 0 & -1 \end{matrix}\right)$$

Da die dritte Zeile schon die Elemente der zweiten Zeile der Einheitsmatrix aufweist, werden die Zeilen zwei und drei getauscht.

$$\left(\begin{matrix} 2 & 5 & 1 \\ 0 & 10 & 2 \\ 0 & 1 & 0 \end{matrix} \middle| \begin{matrix} 1 & 0 & 0 \\ -2 & 1 & 0 \\ 1 & 0 & -1 \end{matrix}\right) \Big| \text{2. und 3. Zeile tauschen} \Rightarrow \left(\begin{matrix} 2 & 5 & 1 \\ 0 & 1 & 0 \\ 0 & 10 & 2 \end{matrix} \middle| \begin{matrix} 1 & 0 & 0 \\ 1 & 0 & -1 \\ -2 & 1 & 0 \end{matrix}\right)$$

Mithilfe der **zweiten Zeile** werden die **Nullen** in der 2. Spalte/1. Zeile und 2. Spalte/3. Zeile erzeugt.

$$\left(\begin{matrix} 2 & 5 & 1 \\ 0 & 1 & 0 \\ 0 & 10 & 2 \end{matrix} \middle| \begin{matrix} 1 & 0 & 0 \\ 1 & 0 & -1 \\ -2 & 1 & 0 \end{matrix}\right) \Big| \cdot(-10) \text{ mit 3. Zeile addieren} \Big| \cdot(-5) \text{ und mit 1. Zeile addieren}$$

$$\Rightarrow \left(\begin{matrix} 2 & 0 & 1 \\ 0 & 1 & 0 \\ 0 & 0 & 2 \end{matrix} \middle| \begin{matrix} -4 & 0 & 5 \\ 1 & 0 & -1 \\ -12 & 1 & 10 \end{matrix}\right)$$

Die dritte Zeile soll die Elemente der dritten Zeile der Einheitsmatrix aufweisen.

$$\left(\begin{matrix} 2 & 0 & 1 \\ 0 & 1 & 0 \\ 0 & 0 & 2 \end{matrix} \middle| \begin{matrix} -4 & 0 & 5 \\ 1 & 0 & -1 \\ -12 & 1 & 10 \end{matrix}\right) \Big| \cdot(-0{,}5) \Rightarrow \left(\begin{matrix} 2 & 0 & 1 \\ 0 & 1 & 0 \\ 0 & 0 & 1 \end{matrix} \middle| \begin{matrix} -4 & 0 & 5 \\ 1 & 0 & -1 \\ -6 & 0{,}5 & 5 \end{matrix}\right)$$

Mithilfe der **dritten Zeile** werden die **Nullen** in der 3. Spalte/1. Zeile und 3. Spalte/2. Zeile erzeugt. In diesem Fall steht in der 3. Spalte/2. Zeile schon eine Null.

$$\left(\begin{matrix} 2 & 0 & 1 \\ 0 & 1 & 0 \\ 0 & 0 & 1 \end{matrix} \middle| \begin{matrix} -4 & 0 & 5 \\ 1 & 0 & -1 \\ -6 & 0{,}5 & 5 \end{matrix}\right) \Big| \cdot(-1) \text{ und mit 1. Zeile addieren}$$

$$\Rightarrow \left(\begin{matrix} 2 & 0 & 0 \\ 0 & 1 & 0 \\ 0 & 0 & 1 \end{matrix} \middle| \begin{matrix} 2 & -0{,}5 & 0 \\ 1 & 0 & -1 \\ -6 & 0{,}5 & 5 \end{matrix}\right)$$

---

[1] Das Verfahren wird auch Gauß'sches Eleminationsverfahren genannt; es wurde von Carl Friedrich Gauß (1777–1855), einem deutschen Mathematiker, entwickelt.

Die erste Zeile soll die Elemente der ersten Zeile der Einheitsmatrix aufweisen.

$$\left(\begin{array}{ccc|ccc} 2 & 0 & 0 & 2 & -0{,}5 & 0 \\ 0 & 1 & 0 & 1 & 0 & -1 \\ 0 & 0 & 1 & -6 & 0{,}5 & 5 \end{array}\right) \Big| \cdot 0{,}5$$

Die gesuchte inverse Matrix steht auf der rechten Seite:

$$\Rightarrow \left(\begin{array}{ccc|ccc} 1 & 0 & 0 & 1 & -0{,}25 & 0 \\ 0 & 1 & 0 & 1 & 0 & -1 \\ 0 & 0 & 1 & -6 & 0{,}5 & 5 \end{array}\right)$$

$\underbrace{}_{E} \quad \underbrace{}_{B^{-1}}$

$$A_{(4\times3)} = A_{(\text{Unternehmen}\times\text{Regaltyp})} = C_{(4\times3)} \cdot B^{-1}_{(3\times3)} = \begin{pmatrix} 24 & 77 & 16 \\ 26 & 113 & 23 \\ 20 & 67 & 14 \\ 10 & 33 & 7 \end{pmatrix} \cdot \begin{pmatrix} 1 & -0{,}25 & 0 \\ 1 & 0 & -1 \\ -6 & 0{,}5 & 5 \end{pmatrix}$$

$$= \begin{pmatrix} 5 & 2 & 3 \\ 1 & 5 & 2 \\ 3 & 2 & 3 \\ 1 & 1 & 2 \end{pmatrix}$$

Aus dieser Matrix ergibt sich die Übersicht mit den einzelnen Bestellmengen je Regaltyp:

	Einzelregal	Regalwand	Eckregal
U5	5	2	3
U6	1	5	2
U7	3	2	3
U8	1	1	2

Berechnung der Rechnungssummen für jedes Unternehmen:

$$\underbrace{A_{(\text{Unternehmen}\times\text{Regaltyp})}}_{\text{Bestellmengen}} \cdot \underbrace{\vec{d}_{(\text{Regaltyp}\times 1)}}_{\text{Preise}} = \begin{pmatrix} 5 & 2 & 3 \\ 1 & 5 & 2 \\ 3 & 2 & 3 \\ 1 & 1 & 2 \end{pmatrix} \cdot \begin{pmatrix} 325 \\ 875 \\ 430 \end{pmatrix} = \begin{pmatrix} 5\cdot 325 + 2\cdot 875 + 3\cdot 430 \\ 1\cdot 325 + 5\cdot 875 + 2\cdot 430 \\ 3\cdot 325 + 2\cdot 875 + 3\cdot 430 \\ 1\cdot 325 + 1\cdot 875 + 2\cdot 430 \end{pmatrix}$$

$$= \begin{pmatrix} 4.665 \\ 5.560 \\ 4.015 \\ 2.060 \end{pmatrix} = \underbrace{\vec{e}_{(\text{Unternehmen}\times 1)}}_{\text{Rechnungssummen}}$$

Der Spaltenvektor $\vec{e}$ gibt die Rechnungssummen pro Unternehmen an:

KW 18 und 19	Rechnungssumme
U5	4.665,00 EUR
U6	5.560,00 EUR
U7	4.015,00 EUR
U8	2.060,00 EUR

Rechenoperationen von Matrizen und Vektoren

Skalare Multiplikation

Ein **Skalar** ist eine reelle Zahl. Bei der skalaren Multiplikation bleibt das Format der Matrix erhalten.

$$s \cdot A = s \cdot \begin{pmatrix} a_{11} & a_{12} & a_{13} & a_{14} & a_{15} \\ a_{21} & a_{22} & a_{23} & a_{24} & a_{25} \\ \ldots & \ldots & a_{33} & \ldots & \ldots \\ \ldots & \ldots & \ldots & \ldots & a_{45} \end{pmatrix} = \begin{pmatrix} s \cdot a_{11} & \ldots & \ldots & \ldots & s \cdot a_{1n} \\ \ldots & & & & \ldots \\ \ldots & & & & \ldots \\ s \cdot a_{m1} & & \ldots & & s \cdot a_{mn} \end{pmatrix} \text{ mit } s \in \mathbb{R}$$

Es gilt das Distributivgesetz:
$(r + s) \cdot A = r \cdot A + s \cdot A$ mit $r, s \in \mathbb{R}$

Matrizenaddition und Matrizensubtraktion

Matrizen können nur dann addiert bzw. subtrahiert werden, wenn ihre Formate übereinstimmen.

$$A_{(2 \times 2)} \pm B_{(2 \times 2)} = \begin{pmatrix} a_{11} & a_{12} \\ a_{21} & a_{22} \end{pmatrix} \pm \begin{pmatrix} b_{11} & b_{12} \\ b_{21} & b_{22} \end{pmatrix} = \begin{pmatrix} a_{11} \pm b_{11} & a_{12} \pm b_{12} \\ a_{21} \pm b_{21} & a_{22} \pm b_{22} \end{pmatrix}$$

Das Format der Summen- bzw. Differenzmatrix ist dann identisch.
$A_{(m \times n)} \pm B_{(m \times n)} = C_{(m \times n)}$

Es gelten folgende Rechenregeln:
Kommutativgesetz: $\quad A + B = B + A$
Assoziativgesetz: $\quad (A + B) + C = A + (B + C)$
Distributivgesetz: $\quad r \cdot (A + B) = r \cdot A + r \cdot B$ mit $r \in \mathbb{R}$

Multiplikation zweier Vektoren

- **Spaltenvektor · Spaltenvektor**

  Die Multiplikation zweier Spaltenvektoren wird **Skalarprodukt** genannt. Die beiden Vektoren können nur multipliziert werden, wenn die Anzahl ihrer Elemente identisch ist, d. h., wenn ihr Format übereinstimmt.

  $$\vec{a} \cdot \vec{b} = \begin{pmatrix} a_1 \\ a_2 \\ a_3 \end{pmatrix} \cdot \begin{pmatrix} b_1 \\ b_2 \\ b_3 \end{pmatrix} = a_1 b_1 + a_2 b_2 + a_3 b_3$$

  Das Ergebnis des Skalarproduktes ist eine (1×1)-Matrix, die als reelle Zahl aufgefasst wird:
  $\vec{a}_{(m \times 1)} \cdot \vec{b}_{(m \times 1)} = \vec{c}_{(1 \times 1)}$

  Es gelten folgende Rechenregeln:
  Kommutativgesetz: $\vec{a} \cdot \vec{b} = \vec{b} \cdot \vec{a}$
  Distributivgesetz: $\vec{a} \cdot (\vec{b} \pm \vec{c}) = \vec{a} \cdot \vec{b} \pm \vec{a} \cdot \vec{c}$

- **Zeilenvektor · Spaltenvektor**

  Zeilen- und Spaltenvektoren können nur dann multipliziert werden, wenn die Anzahl ihrer Elemente identisch ist: Das Format des Zeilenvektors $(1 \times m)$ muss dem Format des Spaltenvektors $(m \times 1)$ entsprechen.

  $$\vec{b}^T \cdot \vec{a} = (b_1 \quad b_2 \quad b_3) \cdot \begin{pmatrix} a_1 \\ a_2 \\ a_3 \end{pmatrix} = b_1 \cdot a_1 + b_2 \cdot a_2 + b_3 \cdot a_3$$

  Das Ergebnis der Multiplikation ist eine (1×1)-Matrix, die als reelle Zahl aufgefasst wird:

  $$\vec{b}^T_{(1 \times m)} \cdot \vec{a}_{(m \times 1)} = \vec{c}_{(1 \times 1)}$$

Multiplikation von Matrix und Vektor

- **Matrix · Spaltenvektor**

  Eine Matrix kann nur dann mit einem Spaltenvektor multipliziert werden, wenn die Anzahl der Spalten in der Matrix mit der Anzahl der Zeilen in dem Vektor übereinstimmt.

  $$A \cdot \vec{b} = \begin{pmatrix} a_{11} & a_{12} \\ a_{21} & a_{22} \end{pmatrix} \cdot \begin{pmatrix} b_1 \\ b_2 \end{pmatrix} = \begin{pmatrix} a_{11} b_1 + a_{12} b_2 \\ a_{21} b_1 + a_{22} b_2 \end{pmatrix} = \vec{c} = \begin{pmatrix} c_1 \\ c_2 \end{pmatrix}$$

  Das Ergebnis dieser Multiplikation ist immer ein Spaltenvektor.

  $$A_{(m \times n)} \cdot \vec{b}_{(n \times 1)} = \vec{c}_{(m \times 1)}$$

- **Zeilenvektor · Matrix**

  Ein Zeilenvektor kann nur dann mit einer Matrix multipliziert werden, wenn die Anzahl der Spalten in dem Vektor mit der Anzahl der Zeilen in der Matrix übereinstimmt.

  $$\vec{b}^T_{(1 \times 2)} \cdot A_{(2 \times 2)} = (b_1 \quad b_2) \begin{pmatrix} a_{11} & a_{12} \\ a_{21} & a_{22} \end{pmatrix} = (b_1 a_{11} + b_2 a_{21} \quad b_1 a_{12} + b_2 a_{22})$$
  $$= \vec{c}^T = (c_1 \quad c_2)$$

  Das Ergebnis dieser Multiplikation ist immer ein Zeilenvektor.

  $$\vec{b}^T_{(1 \times n)} \cdot A^T_{(n \times m)} = \vec{c}^T_{(1 \times m)}$$

  Soll bei dieser Multiplikation das gleiche Ergebnis ermittelt werden wie bei der Multiplikation der Matrix A mit dem Spaltenvektor $\vec{b}$, dann muss die Matrix A transponiert und wie folgt multipliziert werden:

  $$\vec{b}^T \cdot A^T = (b_1 \quad b_2) \cdot \begin{pmatrix} a_{11} & a_{21} \\ a_{12} & a_{22} \end{pmatrix} = (b_1 \cdot a_{11} + b_2 \cdot a_{12} \quad b_1 \cdot a_{21} + b_2 \cdot a_{22})$$

Matrizenmultiplikation

$$C_{(2 \times 2)} = A_{(2 \times 3)} \cdot B_{(3 \times 2)} = \begin{pmatrix} a_{11} & a_{12} & a_{13} \\ a_{21} & a_{22} & a_{23} \end{pmatrix} \cdot \begin{pmatrix} b_{11} & b_{12} \\ b_{21} & b_{22} \\ b_{31} & b_{32} \end{pmatrix}$$

$$= \begin{pmatrix} a_{11} b_{11} + a_{12} b_{21} + a_{13} b_{31} & a_{11} b_{12} + a_{12} b_{22} + a_{13} b_{32} \\ a_{21} b_{11} + a_{22} b_{21} + a_{23} b_{31} & a_{21} b_{12} + a_{22} b_{22} + a_{23} b_{32} \end{pmatrix}$$

$$= \begin{pmatrix} c_{11} & c_{12} \\ c_{21} & c_{22} \end{pmatrix}$$

Das Element c_{mn} entsteht aus der Multiplikation des m-ten Zeilenvektors von A mit dem n-ten Spaltenvektor von B.

Die Matrizenmultiplikation lässt sich nur durchführen, wenn die Anzahl der Spalten der Matrix A mit der Anzahl der Zeilen der Matrix B übereinstimmt:
$A_{(m \times n)} \cdot B_{(n \times u)} = C_{(m \times u)}$

Es gelten folgende Rechenregeln:

nicht kommutativ: $A \cdot B \neq B \cdot A$

Assoziativgesetz: $(A \cdot B) \cdot C = A \cdot (B \cdot C) = A \cdot B \cdot C$

Distributivgesetz: $(A + B) \cdot C = A \cdot C + B \cdot C$

Distributivgesetz: $A \cdot (B + C) = A \cdot B + A \cdot C$

Distributivgesetz: $s \cdot (A \cdot B) = (s \cdot A) \cdot B = A \cdot (s \cdot B)$ mit $s \in \mathbb{R}$

Matrizen können nicht dividiert werden!

Quadratische Matrizen können potenziert werden: $A \cdot A \cdot A \cdot \ldots \cdot A = A^n$

Invertieren von Matrizen

Anstelle der Division von Matrizen werden inverse Matrizen verwendet.

Die **inverse Matrix A^{-1}** führt bei der Multiplikation mit A zur Einheitsmatrix E:
$A \cdot A^{-1} = A^{-1} \cdot A = E$.

Es können nur quadratische Matrizen invertiert werden, aber nicht jede quadratische Matrix besitzt eine Inverse.[1]

Die Berechnung der inversen Matrix erfolgt mithilfe des **Gauß-Algorithmus**[2]. Dieser Algorithmus wurde von dem deutschen Mathematiker Carl Friedrich Gauß entwickelt. Als Grundlagen dieses Verfahrens dienen das Additionsverfahren[3] und die Äquivalenzumformungen[4]. Bei der Berechnung einer inversen Matrix A^{-1} mithilfe des Gauß-Algorithmus sind folgende Umformungen erlaubt:

- Vertauschen zweier Matrixzeilen,
- Multiplizieren einer Zeile mit einem Faktor r mit $r \in \mathbb{R}^*$,
- Addieren des Vielfachen einer Zeile zu einer anderen.

Fortsetzung

---

1. Eine quadratische Matrix heißt **regulär**, wenn sie eine Inverse besitzt; existiert keine Inverse, so heißt die quadratische Matrix **singulär**.
2. Siehe S. 21–24.
3. Das Additionsverfahren dient zur Lösung von Linearen Gleichungssystemen.
4. Äquivalenzumformungen sind Umformungen, die die Lösungsmenge einer Gleichung unverändert lassen und aus der Gleichungslehre bekannt sind.

Ziel ist es, mithilfe dieser Umformungen die Matrix A zur Einheitsmatrix E umzuformen und gleichzeitig mit denselben Umformungen die Einheitsmatrix E zur inversen Matrix A^{-1} umzuformen. Dabei wird folgendes Schema verwendet:

Die um die Einheitsmatrix $E_{(m \times m)}$ erweiterte Matrix $A_{(m \times m)}$ wird mithilfe des Gauß-Algorithmus so umgeformt, dass die Einheitsmatrix links steht und um die inverse Matrix A^{-1} erweitert ist.

$$(A \mid E) \xrightarrow{\text{Gauß-Algorithmus}} (E \mid A^{-1})$$

Da die Multiplikation von Matrizen nicht kommutativ ist, muss bei der Umformung von **Matrizengleichungen** unter Verwendung von inversen Matrizen auf die Reihenfolge der Multiplikation geachtet werden. Es gilt:

- $A \cdot B = C \qquad \mid \cdot A^{-1}$ von links
  $\Rightarrow \underbrace{A^{-1} \cdot A}_{E} \cdot B = A^{-1} \cdot C$
  $\Rightarrow \underbrace{E \cdot B}_{B} = A^{-1} \cdot C$
  $\Rightarrow B = A^{-1} \cdot C$

  In diesem Fall wird die Inverse von links multipliziert, weil die zu invertierende Matrix der linke Faktor der Multiplikation ist.

- $A \cdot B = C \qquad \mid \cdot B^{-1}$ von rechts
  $\Rightarrow A \cdot \underbrace{B \cdot B^{-1}}_{E} = C \cdot B^{-1}$
  $\Rightarrow \underbrace{A \cdot E}_{A} = C \cdot B^{-1}$
  $\Rightarrow A = C \cdot B^{-1}$

  In diesem Fall wird die Inverse von rechts multipliziert, weil die zu invertierende Matrix der rechte Faktor der Multiplikation ist.

Aufgabe 5 (mit Hilfsmitteln)

Das Möbelhaus *Wohnstyle* bietet drei verschiedene Esstische an: Onko, Bully und Rocko. Dazu werden Tischplatten, Paare von Tischbeinen und Schraubensätze in unterschiedlicher Anzahl benötigt. Für Onko werden 4 Tischplatten, 3 Tischbein-Paare und 3 Schraubensätze, für Bully 3 Tischplatten, 2 Tischbein-Paare und 2 Schraubensätze und für Rocko 2 Tischplatten, 2 Tischbeine-Paare und 1 Schraubensatz benötigt. Drei Großkunden (K) haben diese Esstische für ihre Mensa bestellt:

	Onko	Bully	Rocko
K1	2	1	2
K2	1	1	1
K3	3	2	1

Veranschaulichen Sie für das Lager die Zusammenstellung der drei Esstischtypen tabellarisch.
Berechnen Sie für die Produktionsabteilung die Anzahl der Tischplatten, Tischbein-Paare und Schraubensätze, die aufgrund dieser Bestellungen hergestellt werden müssen.
Stellen Sie eine Packliste zusammen, aus der hervorgeht, wie viele Tischplatten, Tischbein-Paare und Schraubensätze an jeden Kunden geschickt werden müssen.

Aufgabe 6 (mit Hilfsmitteln)

Das Unternehmen *Trenkel* bestellt für seine drei Deutschland-Standorte Fach- und Sachbücher für die hauseigenen Bibliotheken. Die Lieferung ist im Hauptsitz angekommen und muss nun per Kurier zu den verschiedenen Standorten gebracht werden.[1]

	Preis der Bücher in EUR	Lieferkosten in EUR	Abgabe an VG Wort[1] in EUR
Standort 1	1.045,50	121,50	97,00
Standort 2	1.921,50	205,50	141,00
Standort 3	1.905,50	213,50	177,00

	Preis der Bücher in EUR	Lieferkosten in EUR	Abgabe an VG Wort in EUR
Gesetze	30,50	3,50	0,00
Lexika	20,70	2,70	3,80
BWL-Bücher	65,30	6,50	4,20

Bestimmen Sie die Anzahl der Bücher, die für die einzelnen Standorte vorgesehen sind und erstellen Sie die Packliste für die drei Standorte.
Berechnen Sie die Gesamtkosten pro Standort, damit diese der entsprechenden Kostenstelle zugeordnet werden können.

---

1   VG Wort: Verwertungsgesellschaft, die die Abgaben für Kopien und andere Weiterverarbeitungen einsammelt und an die Urheber von Texten weiterleitet.

2.3 Mehrstufige Produktionsprozesse

Um die Betriebsabläufe in einem Produktionsbetrieb reibungslos zu gestalten, müssen verschiedene Teilprozesse ineinandergreifen: Das Lager muss immer die notwendigen Rohstoffe für die Produktion besitzen. Der Einkauf benötigt jederzeit die Informationen, wie viele Rohstoffe noch im Lager sind, damit rechtzeitig nachbestellt werden kann. Der Verkauf benötigt Kenntnisse über die Produktion, damit die richtigen Preise kalkuliert werden können. Um diesen Informationsfluss zu gewährleisten, wird u. a. der Produktionsprozess mithilfe von **Verflechtungsmodellen** dargestellt.

2.3.1 Lernsituationen

Lernsituation 1

Benötigte Kompetenzen für die Lernsituation 1
Kenntnisse aus der Sek. I; Rechnen mit Matrizen

Inhaltsbezogene Kompetenzen der Lernsituation 1
Mehrstufige Verflechtungsdiagramme; Vertiefung Rechnen mit Matrizen; Kosten-, Erlös- und Gewinnanalysen; Lineare Gleichungssysteme

Prozessbezogene Kompetenzen der Lernsituation 1
Mathematisch argumentieren; Probleme mathematisch lösen; mathematisch modellieren; mathematische Darstellungen verwenden; mit symbolischen, formalen und technischen Elementen umgehen; kommunizieren

Methode
homogene Gruppen inkl. Binnendifferenzierung[1]

Zeit
3 Doppelstunden

---

[1] Die Binnendifferenzierung entsteht beim Lösen des LGS, indem unterschiedliche Hilfen angeboten werden: Von „nur Verwendung des Buches" bis „Verwendung von konkreten Hilfekarten".

Das Unternehmen *Lundt-Schoko* stellt verschiedene Schokoladenspezialitäten her. Die Herstellung von vier Sorten Luxus-Schoko-Tafeln erfolgt in einem zweistufigen Produktionsprozess: Aus den Rohstoffen Kakaomasse, Kakaobutter, Zucker und Vanille werden zwei Zwischenprodukte (dunkle Schokomasse und helle Schokomasse) und dann die Endprodukte Feine Herbe, Zarte Bittere, Feine Milde und Zarte Milde hergestellt.

Die benötigten Mengen (ME) für die beiden Produktionsstufen werden in den beiden Tabellen zusammengefasst:

von \ nach	Dunkle Schokomasse Z_1	Helle Schokomasse Z_2
Kakaomasse R_1	4	2
Kakaobutter R_2	4	2
Zucker R_3	1	2
Vanille R_4	1	1

von \ nach	Feine Herbe E_1	Zarte Bittere E_2	Feine Milde E_3	Zarte Milde E_4
Dunkle Schokomasse Z_1	4	3	1	1
Helle Schokomasse Z_2	0	1	3	3

Die Geschäftsleitung des Unternehmens *Lundt-Schoko* möchte zum 50-jährigen Bestehen ein Mitarbeitermagazin herausgeben. Dort sollen u. a. die Rezepte und der Produktionsprozess der vier Sorten Luxus-Schoko erscheinen.

Stellen Sie für dieses Magazin den Produktionsprozess übersichtlich grafisch dar und ergänzen Sie die beiden Tabellen um eine Tabelle, die den Zusammenhang zwischen den Rohstoffen und den Endprodukten darstellt.

Im Zuge der Vorbereitungen auf das 50-jährige Jubiläum soll das Lager renoviert werden; dafür müssen die dort vorrätigen Rohstoffe verbraucht werden. Im Lager befinden sich noch 300 ME Kakaomasse, 300 ME Kakaobutter, 150 ME Zucker und 100 ME Vanille.
Ermitteln Sie für die Verkaufsabteilung die möglichen Produktionsmengen der vier Sorten Luxus-Schoko, die hergestellt werden können, wenn das Lager vollständig geräumt wird. Die Produktionsmengen sind immer ganzzahlig und aus Produktionsgründen müssen die Produktionsmengen von Feine Milde und Zarte Milde gleich groß sein.

Für die Herstellung entstehen neben den Fixkosten in Höhe von 500 EUR auch Kosten für die Rohstoffe, für die Produktion der Zwischenprodukte sowie für deren Weiterverarbeitung zu den Endprodukten:

Kakaomasse	Kakaobutter	Zucker	Vanille
10 EUR/ME	12 EUR/ME	5 EUR/ME	25 EUR/ME
Dunkle Schokomasse	Helle Schokomasse		
3 EUR/ME	2 EUR/ME		
Feine Herbe	Zarte Bittere	Feine Milde	Zarte Milde
4 EUR/ME	4 EUR/ME	3 EUR/ME	3 EUR/ME

Die Verkaufspreise der vier Sorten Luxus-Schoko liegen bei:

Feine Herbe	Zarte Bittere	Feine Milde	Zarte Milde
550 EUR/ME	480 EUR/ME	380 EUR/ME	410 EUR/ME

Untersuchen Sie, welche Produktionskombination mit den im Lager befindlichen Rohstoffen umgesetzt werden soll.

Lernsituation 2

Benötigte Kompetenzen für die Lernsituation 2
Kenntnisse aus der Sek. I; Rechnen mit Matrizen

Inhaltsbezogene Kompetenzen der Lernsituation 2
Mehrstufige Verflechtungsdiagramme; Vertiefung Rechnen mit Matrizen; Kosten-, Erlös- und Gewinnanalysen; Lineare Gleichungssysteme

Prozessbezogene Kompetenzen der Lernsituation 2
Mathematisch argumentieren; Probleme mathematisch lösen; mathematisch modellieren; mathematische Darstellungen verwenden; mit symbolischen, formalen und technischen Elementen umgehen; kommunizieren

Methode
Lernspirale[1]

Zeit
3 Doppelstunden

---

[1] Zum Lernspiral-Konzept vgl. Klippert, H.: Lernförderung im Fachunterricht. Leitfaden zum Arbeiten mit Lernspiralen. Donauwörth 2013; vgl. außerdem die entsprechenden Mathematik-Hefte im Auer-Verlag.

2.3 Mehrstufige Produktionsprozesse

1 Lesen Sie im Buch den Text Kapitel 2.3.2 und 2.3.3, S. 38–45. Fassen Sie die wichtigsten Inhalte stichwortartig zusammen.   **Allein**

2 Schreiben Sie einen **Spickzettel** zum Thema „Mehrstufige Produktionsprozesse". Sie dürfen 8 Wörter und so viele Bilder, wie Sie möchten, verwenden.   **Allein**

3 **Doppelkreis**: Erzählen Sie Ihrem Gegenüber die wichtigsten Inhalte zum Thema „Mehrstufige Produktionsprozesse". Verwenden Sie dafür Ihren Spickzettel.   **Tandem**

4 Lösen Sie mit Ihrem Tandempartner in Kapitel 2.3.4 eine der Aufgaben 1–4, S. 46–47 und eine der Aufgaben 5–8, S. 48–50.   **Tandem**

5 Stellen Sie Ihre Lösungen in der Gruppe vor, ergänzen und/oder verbessern Sie Ihre Lösungen mithilfe der Gruppe.
Lösen Sie in Kapitel 2.3.5 eine der Aufgaben 4 oder 5, S. 66 sowie eine der Aufgaben 6 oder 7, S. 66–67 und erstellen Sie jeweils eine Musterlösung.
Erstellen Sie ein **Plakat** zum Thema „Lineare Gleichungssysteme und Gauß-Algorithmus".   **Gruppe**

6 Präsentieren Sie Ihr Plakat auf einem **Marktplatz**.   **Plenum**

7 Planen Sie gemeinsam mithilfe des Buches, des Arbeitsheftes und/oder des Internets eine **Übungseinheit** zum Thema „Lineare Gleichungssysteme und Gauß-Algorithmus".   **Plenum**

8 Führen Sie die Übungseinheit durch und legen Sie vorher die Sozialform für die Durchführung fest.   **EA, PA, GA**

9 Reflektieren Sie Ihren Lernzuwachs und Ihren Lernerfolg.   **Plenum**

2.3.2 Wirtschaftliche Zusammenhänge

Produktionszusammenhang im mehrstufigen Produktionsprozess

In diesem Beispiel werden aus drei **Rohstoffen** zwei **Zwischenprodukte** hergestellt, um aus diesen wiederum drei verschiedene **Endprodukte** zu produzieren.

Rohstoff \ Zwischenprodukt	Z_1	Z_2
R_1	a_{11}	a_{12}
R_2	a_{21}	a_{22}
R_3	a_{31}	a_{32}

Die Elemente a_{mn} geben an, wie viele Mengeneinheiten (ME) des Rohstoffes m benötigt werden, um eine ME des jeweiligen Zwischenproduktes n herzustellen.

Die Datentabelle wird als **Produktionsmatrix** $A_{RZ} = \begin{pmatrix} a_{11} & a_{12} \\ a_{21} & a_{22} \\ a_{31} & a_{32} \end{pmatrix}$ zusammengefasst.

Zwischenprodukt \ Endprodukt	E_1	E_2	E_3
Z_1	b_{11}	b_{12}	b_{13}
Z_2	b_{21}	b_{22}	b_{23}

Die Elemente b_{nu} geben an, wie viele Mengeneinheiten (ME) des Zwischenproduktes n benötigt werden, um eine ME des jeweiligen Endproduktes u zu produzieren.

Die Datentabelle wird als **Produktionsmatrix** $B_{ZE} = \begin{pmatrix} b_{11} & b_{12} & b_{13} \\ b_{21} & b_{22} & b_{23} \end{pmatrix}$ zusammengefasst.

Um die benötigten Rohstoffmengen je Endprodukt zu ermitteln, wird die Formel $A_{RZ} \cdot B_{ZE} = C_{RE}$ verwendet. Die Matrix C_{RE} ist die **Bedarfsmatrix**.

Rohstoff \ Endprodukt	E_1	E_2	E_3
R_1	c_{11}	c_{12}	c_{13}
R_2	c_{21}	c_{22}	c_{23}
R_3	c_{31}	c_{32}	c_{33}

Die Elemente c_{mu} geben an, wie viele Mengeneinheiten (ME) des Rohstoffes m benötigt werden, um eine ME des jeweiligen Endproduktes u zu produzieren.

Die Datentabelle wird als Matrix $C_{RE} = \begin{pmatrix} c_{11} & c_{12} & c_{13} \\ c_{21} & c_{22} & c_{23} \\ c_{31} & c_{32} & c_{33} \end{pmatrix}$ zusammengefasst.

Verflechtungsdiagramm[1]

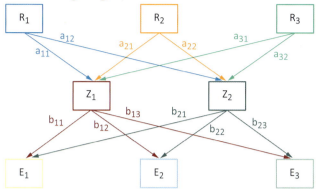

Die Pfeile geben die Richtung des Produktionsprozesses an.

Produktionsmenge

Die Berechnung der Rohstoffmengen, die beispielsweise für die Produktion einer externen Bestellung erforderlich sind, erfolgt mithilfe der Formel:

$\vec{r} = C_{RE} \cdot \vec{m}$

Der Vektor $\vec{m}$ enthält die Angaben für die einzelnen Endproduktmengen, die produziert werden sollen. Der Vektor $\vec{r}$ gibt den Rohstoffeinsatz für die gesamte Herstellung der Endprodukte an.

Produktionskosten

Die Produktionskosten müssen beispielsweise ermittelt werden, um die Verkaufspreise festzulegen und zu untersuchen, ob das Unternehmen bei vorgegebenen Preisen einen Gewinn erzielt, oder um festzustellen, ob die Einkaufspreise neu verhandelt werden sollten.

- Die **Rohstoffkosten** berechnen sich mithilfe der Formel: $\vec{k}_R^T \cdot C_{RE}$.

  Der Vektor $\vec{k}_R^T$ enthält die Preisangaben in Geldeinheiten pro Mengeneinheit (GE/ME) je Rohstoff.

- Die **Fertigungskosten** für die erste Produktionsstufe, also die Kosten für die Herstellung der Zwischenprodukte aus den Rohstoffen, berechnen sich mithilfe der Formel: $\vec{k}_Z^T \cdot B_{ZE}$.

  Der Vektor $\vec{k}_Z^T$ enthält die Angaben für die Kosten, die auf der ersten Produktionsstufe für die Produktion einer ME des jeweiligen Zwischenproduktes entstehen. Die Angaben erfolgen in GE/ME.

---

[1] Das Verflechtungsdiagramm wird auch Gozintograph genannt. Der Mathematiker Andrew Vazsonyi hat den Begriff Gozintograph nach dem fiktiven italienischen Mathematiker Zepartzat Gozinto („the part that goes into") eigentlich als Verballhornung geprägt. Mittlerweile ist der Begriff allgemein anerkannt.

- Die **Fertigungskosten** für die zweite Produktionsstufe, also die Kosten für die Verarbeitung der Zwischenprodukte zu Endprodukten, werden mithilfe des folgenden Vektors ermittelt: $\vec{k}_E^T$.
  Die Elemente des Vektors geben die Kosten an, die auf der zweiten Produktionsstufe für die Produktion einer ME des jeweiligen Endproduktes entstehen. Die Angaben erfolgen in GE/ME.

- Mithilfe dieser drei Berechnungen werden die **variablen Stückkosten** für die Produktion je einer Mengeneinheit der Endprodukte ermittelt:
  $$\vec{k}_v^T = \vec{k}_R^T \cdot C_{RE} + \vec{k}_Z^T \cdot B_{ZE} + \vec{k}_E^T.$$
  Die **variablen Kosten** für die gesamte Produktionsmenge berechnen sich dementsprechend durch: $K_v = \vec{k}_v^T \cdot \vec{m}$ und die **Gesamtkosten** für die gesamte Produktion durch $K = K_v + K_f$, wobei K_f die Fixkosten für die Produktion angibt.

Erlöse
Die Erlöse für den Verkauf der bestellten Produktionsmengen ergeben sich mithilfe der Formel: $E = \vec{p}^T \cdot \vec{m}$.
Der Vektor $\vec{p}^T$ enthält die Verkaufspreise für die Endprodukte in GE/ME.

Gewinn
Der Gewinn ermittelt sich aus der Differenz von Erlösen und Gesamtkosten:
$G = E - K$.

2.3.3 Analyse des Produktionsprozesses bei Vorgabe der Rahmenbedingungen

Im Rahmen der Preisfestsetzung und/oder der Überprüfung von Bestellungen werden mehrstufige Produktionsprozesse analysiert. Wenn alle Produktionszusammenhänge bekannt und alle Rahmenbedingungen geklärt sind, werden die vorhandenen Produktionen analysiert.

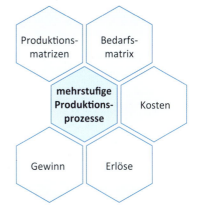

Beispiel 1

Der Gewürzproduzent *Himmelskraut* stellt drei verschiedene Pestos her. Dafür werden verschiedene Rohstoffe benötigt: Käse, Nüsse, Petersilie und Basilikum. Aus diesen Rohstoffen werden zwei Zwischenprodukte hergestellt: Grundmischung und Aromamischung. Aus diesen Zwischenprodukten werden wiederum

drei verschiedene Pesto-Sorten produziert: Pesto Milano, Pesto Venezia und Pesto Garda. Die für die Produktion benötigten Mengeneinheiten (ME) gehen aus der Tabelle hervor:

Rohstoffe \ Zwischenprodukte	Grundmischung	Aromamischung
Käse	18	0
Nüsse	22	0
Petersilie	0	10
Basilikum	0	12

Zwischenprodukte \ Endprodukte	Pesto Milano	Pesto Venezia	Pesto Garda
Grundmischung	5	10	15
Aromamischung	25	15	5

Die Abteilungsleitung der Produktion benötigt für jedes Produkt eine grafische Darstellung des Produktionsprozesses und eine tabellarische Darstellung der benötigten Rohstoffe.

Stellen Sie diesen Produktionsprozess mithilfe eines Verflechtungsdiagrammes und mithilfe von Matrizen dar. Beides soll verdeutlichen, welche Rohstoffmengen in die Zwischenprodukte eingehen und welche Mengen der Zwischenprodukte für die Endprodukte benötigt werden.

Berechnen Sie die Rohstoffmengen, die für eine Mengeneinheit des jeweiligen Pestos benötigt werden und erstellen Sie eine tabellarische Übersicht.

Lösungen
Verflechtungsdiagramm erstellen

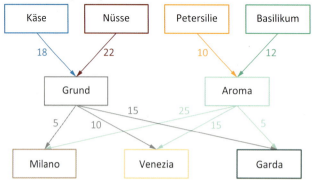

Matrizen aufstellen

$$A_{RZ} = \begin{pmatrix} 18 & 0 \\ 22 & 0 \\ 0 & 10 \\ 0 & 12 \end{pmatrix} \text{ und } B_{ZE} = \begin{pmatrix} 5 & 10 & 15 \\ 25 & 15 & 5 \end{pmatrix}$$

Rohstoffmengen je Endprodukt ermitteln

$A_{RZ} \cdot B_{ZE} = C_{RE}$

$$\begin{pmatrix} 18 & 0 \\ 22 & 0 \\ 0 & 10 \\ 0 & 12 \end{pmatrix} \cdot \begin{pmatrix} 5 & 10 & 15 \\ 25 & 15 & 5 \end{pmatrix} = \begin{pmatrix} 90 & 180 & 270 \\ 110 & 220 & 330 \\ 250 & 150 & 50 \\ 300 & 180 & 60 \end{pmatrix} = C_{RE}$$

Tabellarische Übersicht erstellen

Rohstoffe (ME) \ Endprodukte (1 ME)	Milano	Venezia	Garda
Käse	90	180	270
Nüsse	110	220	330
Petersilie	250	150	50
Basilikum	300	180	60

1. Spalte: Für eine ME des Pestos Milano werden 90 ME Käse, 110 ME Nüsse, 250 ME Petersilie und 300 ME Basilikum benötigt.

Beispiel 2

Der Abteilungsleiter der Controlling-Abteilung des Gewürzproduzenten *Himmelskraut* kalkuliert die Preise für die drei Pesto-Sorten (Milano, Venezia und Garda) je Mengeneinheit (ME). Als Basis für diese Kalkulation benötigt er die Höhe der variablen Stückkosten. Folgende Informationen liegen schon vor:

Rohstoffkosten

Rohstoffe	Preis
Käse (R_1)	275,00 EUR/ME
Nüsse (R_2)	395,00 EUR/ME
Petersilie (R_3)	100,00 EUR/ME
Basilikum (R_4)	125,00 EUR/ME

Herstellungskosten für die Zwischenprodukte

Zwischenprodukte	Preis
Grundmischung (Z_1)	8,70 EUR/ME
Aromamischung (Z_2)	5,60 EUR/ME

Die Verarbeitung der Zwischenprodukte zu den Endprodukten verursacht folgende

Verarbeitungskosten

Endprodukte	Preis
Pesto Milano (E_1)	7,30 EUR/ME
Pesto Venezia (E_2)	6,50 EUR/ME
Pesto Garda (E_3)	8,70 EUR/ME

Berechnen Sie als Basis für die Preisfestsetzung die variablen Stückkosten für die drei Pesto-Sorten.

Lösungen

Angaben aus Beispiel 1 für den Produktionsprozess übernehmen:

$$A_{RZ} = \begin{pmatrix} 18 & 0 \\ 22 & 0 \\ 0 & 10 \\ 0 & 12 \end{pmatrix}, \quad B_{ZE} = \begin{pmatrix} 5 & 10 & 15 \\ 25 & 15 & 5 \end{pmatrix} \quad \text{und} \quad C_{RE} = \begin{pmatrix} 90 & 180 & 270 \\ 110 & 220 & 330 \\ 250 & 150 & 50 \\ 300 & 180 & 60 \end{pmatrix}$$

Produktionskosten

$$\vec{k}_R^T = (275 \quad 395 \quad 100 \quad 125), \quad \vec{k}_Z^T = (8{,}70 \quad 5{,}60) \quad \text{und} \quad \vec{k}_E^T = (7{,}30 \quad 6{,}50 \quad 8{,}70)$$

Variable Stückkosten ermitteln

$$\vec{k}_v^T = \vec{k}_R^T \cdot C_{RE} + \vec{k}_Z^T \cdot B_{ZE} + \vec{k}_E^T$$

$$\vec{k}_v^T = (275 \quad 395 \quad 100 \quad 125) \cdot \begin{pmatrix} 90 & 180 & 270 \\ 110 & 220 & 330 \\ 250 & 150 & 50 \\ 300 & 180 & 60 \end{pmatrix} + (8{,}70 \quad 5{,}60) \cdot \begin{pmatrix} 5 & 10 & 15 \\ 25 & 15 & 5 \end{pmatrix}$$

$$+ (7{,}30 \quad 6{,}50 \quad 8{,}70)$$

$$\vec{k}_v^T = (130.700 \quad 173.900 \quad 217.100) + (183{,}5 \quad 171 \quad 158{,}5) + (7{,}30 \quad 6{,}50 \quad 8{,}70)$$

$$\vec{k}_v^T = (130.890{,}80 \quad 174.077{,}50 \quad 217.267{,}20)$$

Die variablen Stückkosten belaufen sich bei dem Pesto Milano auf 130.890,80 EUR, bei dem Pesto Venezia auf 174.077,50 EUR und bei dem Pesto Garda auf 217.267,20 EUR.

Beispiel 3

Der Abteilungsleiter der Controlling-Abteilung des Gewürzproduzenten *Himmelskraut* hat die Preise pro Mengeneinheit (ME) für die drei Pesto-Sorten (Milano, Venezia und Garda) festgelegt:

Sorte	Verkaufspreis
Pesto Milano (E_1)	250.000 EUR/ME
Pesto Venezia (E_2)	160.000 EUR/ME
Pesto Garda (E_3)	75.000 EUR/ME

Ein Großhandel bestellt folgenden Mengen des Pestos:

Sorte	Menge
Pesto Milano (E_1)	50 ME
Pesto Venezia (E_2)	30 ME
Pesto Garda (E_3)	40 ME

Untersuchen Sie, ob die Preisfestlegung sinnvoll ist, weil durch diese Bestellung Gewinn erzielt wird. Berücksichtigen Sie dabei Fixkosten in Höhe von 42.447,00 EUR.

Lösungen

Die variablen Stückkosten sind aus Beispiel 2 gegeben:
$$\vec{k}_v^T = (130.890{,}80 \quad 174.077{,}50 \quad 217.267{,}20)$$

Gesamtkosten ermitteln

$$K = \underbrace{\vec{k}_v^T \cdot \vec{m}}_{K_v} + K_f \quad \text{mit } \vec{m} = \begin{pmatrix} 50 \\ 30 \\ 40 \end{pmatrix}$$

$$\Rightarrow K = (130.890{,}80 \quad 174.077{,}50 \quad 217.267{,}20) \cdot \begin{pmatrix} 50 \\ 30 \\ 40 \end{pmatrix} + 42.447$$

$$= 20.457.553 + 42.447 = 20.500.000 \text{ EUR}$$

Erlöse ermitteln

$$E = \vec{p}^T \cdot \vec{m} \quad \text{mit } \vec{p}^T = (250.000 \quad 160.000 \quad 75.000)$$

$$\Rightarrow E = (250.000 \quad 160.000 \quad 75.000) \cdot \begin{pmatrix} 50 \\ 30 \\ 40 \end{pmatrix} = 20.300.000 \text{ EUR}$$

Gewinnermittlung

$G = E - K = 20.300.000 - 20.500.000 = -200.000$ EUR

Die Preiskalkulation ist nicht sinnvoll, denn mit diesem Auftrag erwirtschaftet der Gewürzproduzent *Himmelskraut* einen Verlust in Höhe von 200.000 EUR.

2.3.4 Übungen

1 Das Fertigerzeugnis A wird folgendermaßen produziert: Es setzt sich aus den Baugruppen E (drei Mengeneinheiten) und F (zwei Mengeneinheiten) zusammen. Für eine Mengeneinheit E werden sechs Einzelteile K und vier Einzelteile L benötigt, für eine Mengeneinheit F zwei Einzelteile K und drei Einzelteile L.
a) Erstellen Sie das zugehörige Verflechtungsdiagramm.
b) Bestimmen Sie die Anzahl der Einzelteile, die benötigt werden, um eine externe Nachfrage von fünf Teilen A zu befriedigen.

2 Ein Betrieb montiert aus Einzelteilen (E) drei Baugruppen (B) und fertigt aus diesen Baugruppen die Verkaufserzeugnisse (V). Die beiden Tabellen enthalten Stückzahlen.

	B_1	B_2	B_3
E_1	3	5	6
E_2	1	2	2
E_3	5	3	2
E_4	3	4	4

	V_1	V_2	V_3
B_1	3	6	0
B_2	4	1	6
B_3	5	4	5

a) Erklären Sie die beiden Tabellen und fertigen Sie daraus ein Verflechtungsdiagramm an.
b) Der Betrieb liefert an einen Kunden von V_1 300 Stück, von V_2 200 Stück und von V_3 400 Stück.
   Berechnen Sie die Anzahl der einzelnen Baugruppen bei dieser Lieferung.
c) Bestimmen Sie die notwendige Anzahl der Einzelteile für diese Lieferung.

2.3 Mehrstufige Produktionsprozesse

3 Gegeben ist der Produktionsablauf der Schokoladenfabrik *Genuss*. E_1, E_2 und E_3 sind drei verschiedene laktosefreie Schokoladensorten, Z_1 und Z_2 stehen für die halbfertigen Mischungen, R_1 steht für Zucker, R_2 für Kakao und R_3 für Fett. Die Angaben im Verflechtungsdiagramm erfolgen in Tonnen (t).

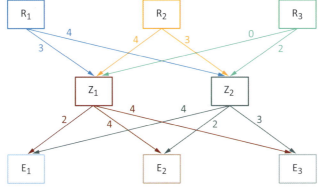

a) Erstellen Sie die Matrizen A_{RZ} und B_{ZE} für die beiden Produktionsstufen. Berechnen Sie die Bedarfsmatrix C_{RE}.
b) Ein Großkunde bestellt 100 t der Sorte E_1, 85 t der Sorte E_2 und 90 t E_3. Berechnen Sie den Rohstoffbedarf für diese Bestellung.

4 In der Düngemittelfabrik *Müller-Blühfreude* werden aus drei Grundstoffen G_1, G_2 und G_3 zunächst zwei Zwischenprodukte Z_1 und Z_2 hergestellt und daraus dann zwei Düngesorten D_1 und D_2. Die Angaben erfolgen in Tonnen (t).

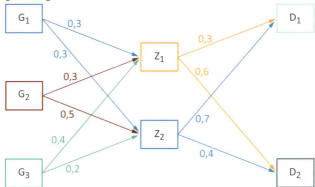

a) Stellen Sie die Matrizen A_{GZ} und B_{ZD} für die beiden Produktionsstufen auf und bestimmen Sie die Bedarfsmatrix C_{GD} für den gesamten Prozess.
b) Berechnen Sie die Grundstoffmengen in Tonnen (t), die insgesamt benötigt werden, wenn 3 t Dünger D_1 und 4 t Dünger D_2 benötigt werden.

5 Das Unternehmen *Farb & Co.* stellt verschiedene Wandfarben her. Für drei Endprodukte werden vier Rohstoffe bzw. drei Zwischenprodukte benötigt. Der Produktionsprozess wird in den beiden Tabellen dargestellt, die Angaben erfolgen in Mengeneinheiten (ME):

	Z_1	Z_2	Z_3
R_1	6	8	2
R_2	2	0	2
R_3	0	4	1
R_4	4	6	0

	E_1	E_2	E_3
Z_1	6	2	2
Z_2	2	4	4
Z_3	6	2	6

a) Die Abteilung Verkauf erhält eine Bestellung von 800 ME aller drei Farben.
Ermitteln Sie die benötigten Rohstoffmengen, damit das Lager diese in die Produktion senden kann.

b) Um die Rechnung zu erstellen, muss die Abteilung Verkauf die Preise der einzelnen Farben ermitteln. Die variablen Stückkosten setzen sich wie folgt zusammen:
$\vec{k}_R^T = (2 \quad 1 \quad 2 \quad 1)$, $\vec{k}_Z^T = (20 \quad 23 \quad 2)$ und $\vec{k}_E^T = (15 \quad 25 \quad 7)$.
Berechnen Sie die variablen Stückkosten pro Farbe und die Gesamtkosten für die Produktion von a) unter der Voraussetzung, dass Fixkosten in Höhe von 8.200 Geldeinheiten entstehen.

6 Gegen einen neuen Grippevirus werden von einem großen Pharmakonzern vier verschiedene Impfstoffe (E) aus fünf verschiedenen Rohstoffen (R) hergestellt. Die Zusammensetzung der Impfstoffe ergibt sich aus der Matrix

$$C_{RE} = \begin{pmatrix} 40 & 20 & 5 & 15 \\ 0 & 10 & 20 & 40 \\ 30 & 100 & 90 & 40 \\ 60 & 120 & 280 & 150 \\ 10 & 30 & 40 & 20 \end{pmatrix}.$$ Die Angaben sind in Mengeneinheiten (ME).

Der Konzern will für die nächste vorhergesagte Grippewelle den möglichen Gewinn ermitteln. Die Kosten ergeben sich aus:
$\vec{k}_R^T = (1{,}50 \quad 2{,}70 \quad 6{,}20 \quad 10 \quad 9{,}80)$, $\vec{k}_E^T = (8 \quad 10 \quad 12 \quad 9)$ und $K_f = 15.000$.
Der Erlös pro Impfstoff ergibt sich aus: $\vec{e}^T = (6.000 \quad 6.500 \quad 8.700 \quad 5.850)$.

a) Erklären Sie, welche Aussagen aus der Matrix C_{RE} gewonnen werden können. Formulieren Sie drei verschiedene Aussagen.

b) Erläutern Sie die Bedeutung der beiden Kostenvektoren.

c) Ermitteln Sie den Gewinn unter der Voraussetzung, dass die gesamte Produktion auch verkauft wird und der Staat aufgrund der Dringlichkeit einer Epidemieabwendung 1.000.000 EUR Staatszuschüsse zahlt. Für die Herstellung der Zwischenprodukte entstehen Kosten in Höhe von 540.000 EUR. Die geplanten Produktionszahlen in Mengeneinheiten sehen wie folgt aus:

E_1	E_2	E_3	E_4
120 000	150 000	200 000	220 000

7 Ein Unternehmen stellt aus vier Rohstoffen (R) im ersten Produktionsschritt vier Hilfsstoffe (H) her; daraus entstehen zwei Zwischenprodukte (Z) und schließlich zwei Endprodukte (E).

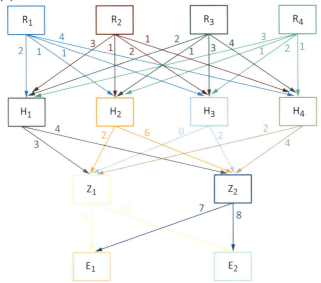

a) Bestimmen Sie die Matrizen A_{RH}, B_{HZ} und C_{ZE} für die drei Produktionsstufen.
b) Berechnen Sie die Matrix, aus der der Gesamtverbrauch der Rohstoffe für die Endprodukte hervorgeht.
c) Es werden 20 Mengeneinheiten (ME) von E_1 und 25 ME von E_2 am Markt abgesetzt.
Bestimmen Sie die Rohstoffkosten für 1 ME von E_1 bzw. E_2, wenn die Rohstoffe R_1 3,00 EUR/ME, R_2 4,00 EUR/ME, R_3 5,50 EUR/ME und R_4 3,50 EUR/ME kosten. Berechnen Sie die Gesamtkosten für die Produktion der Marktabgabe unter der Voraussetzung, dass Fixkosten in Höhe von 21.507,50 EUR entstehen.

8 Die *Max Müller GmbH* produziert gemäß folgendem Diagramm Lackpflegemittel für Autos.
E: Endprodukt, Z: Zwischenprodukt und R: Rohstoff.

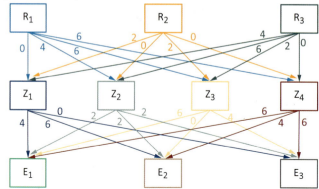

a) Berechnen Sie, wie viele Rohstoffe (untergliedert nach R_1, R_2 und R_3) die Abteilung vom Lager ordern muss, damit sie folgender Bestellung in Mengeneinheiten (ME) gerecht wird:
Bestellung des Kunden: 200 ME von E_1, 300 ME von E_2 und 400 ME von E_3.

b) Bei der Produktion entstehen Kosten in Geldeinheiten (GE) pro ME:
- für R_1: 2 GE/ME | für R_2: 5 GE/ME | für R_3: 4 GE/ME
- Fertigungskosten bei der Entstehung der Zwischenprodukte:
$\vec{k}_Z^T = (20 \quad 50 \quad 60 \quad 30)$
- Fertigungskosten bei der Entstehung der Endprodukte:
$\vec{k}_E^T = (30 \quad 40 \quad 60)$
- Fixkosten für die Bestellung K_f = 37.200 GE.

Berechnen Sie die Gesamtkosten für die Bestellung des Kunden und die variablen Kosten für eine Mengeneinheit je Endprodukt.

9 Ein Unternehmen stellt aus Rohstoffen Grundsubstanzen her und daraus wiederum Endprodukte. Die Kosten in Geldeinheiten pro Mengeneinheit (GE/ME) für die Rohstoffe bzw. für die Fertigung der Grundsubstanzen betragen

$$\vec{k}_R = \begin{pmatrix} 2 \\ t+1 \\ \frac{1}{7}(t^2 - 5t + 10) \\ 2 \end{pmatrix} \quad \text{und} \quad \vec{k}_G = \begin{pmatrix} \frac{1}{6}t^3 \\ -2t^2 + 6t + 26 \\ 2 \end{pmatrix}.$$

Die Kosten K in Abhängigkeit von t, die für die Fertigung einer ME der Grundsubstanzen anfallen, werden durch folgende Funktion bestimmt: $K(t) = \frac{1}{6}t^3 - t^2 + 8t + 67$.

a) Erklären Sie das Zustandekommen dieser Funktionsgleichung.
b) Bestimmen Sie t mit $t \in [0; 5]$, sodass die Kosten minimal werden.
   Geben Sie die minimalen Kosten an.
c) Bestimmen Sie den Wert für t, für den der Kostenzuwachs am kleinsten ist.

2.3.5 Analyse des Produktionsprozesses bei fehlenden Rahmenbedingungen

In einem Unternehmen kann es vorkommen, dass notwendige Informationen nicht vorliegen und benötigte Zusammenhänge erst ermittelt werden müssen. Wenn beispielsweise das Lager geräumt werden muss, um geplante Umstrukturierungen vorzunehmen, dann benötigen die Produktionsabteilung und der Verkauf die Anzahl der Produkte, die mit den Rohstoffen aus dem Lager noch hergestellt werden können. Je nach Komplexität der Zusammenhänge können die notwendigen Berechnungen nicht immer mit den bisherigen Mitteln der Matrizenrechnung gelöst werden.

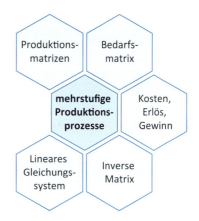

Immer dann, wenn eine inverse Matrix benötigt, aber nicht berechnet werden kann, weil es sich z. B. nicht um eine quadratische Matrix handelt, oder immer dann, wenn Parameter vorhanden sind, müssen die Probleme mithilfe von Linearen Gleichungssystemen (kurz: LGS) und dem Gauß'schen Eliminationsverfahren[1] gelöst werden.

Beispiel 1

Das Pharmaunternehmen *medi* stellt aus pflanzlichen Rohstoffen (R) verschiedene Grundsubstanzen (G) her. Aus diesen werden dann homöopathische Präparate (E) hergestellt. Von diesem Produktionsprozess sind die Mengenangaben der benötigten Rohstoffe pro Mengeneinheit (ME) des jeweiligen Präparats bekannt

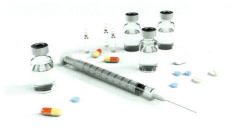

sowie die ME jeder Grundsubstanz für die Herstellung je einer ME des Endproduktes.

	E_1	E_2	E_3
R_1	6	16	2
R_2	20	22	16
R_3	31	9	18
R_4	16	16	10

	E_1	E_2	E_3
G_1	1	3	0
G_2	2	4	2
G_3	5	1	3

Zeichnen Sie das zugehörige Verflechtungsdiagramm und erklären Sie die Bedeutung der beiden obigen Tabellen.
Berechnen Sie, wie viele ME der einzelnen Rohstoffe benötigt werden, um je eine ME der Grundsubstanzen G herzustellen.

---

[1] Das Gauß'sche Eliminationsverfahren wird auch Gauß Algorithmus genannt. Das Gauß-Verfahren wird im Buch Jahrgang 11, S. 76 erklärt.

Das Unternehmen hat im Lager noch 50 ME von G_1, 140 ME von G_2 und 200 ME von G_3.
Berechnen Sie für die Abteilung Verkauf die Menge der Präparate, die mit diesen Grundstoffen hergestellt werden können.
Ermitteln Sie zur Rechnungserstellung die Menge an Rohstoffen, die zur Herstellung des Lagervorrates an Grundstoffen benötigt wurden.

Lösungen
Verflechtungsdiagramm

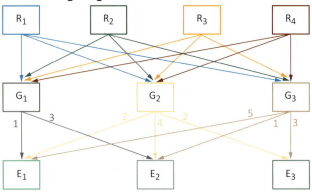

Interpretation der Tabellen

Die erste Tabelle stellt den Zusammenhang zwischen den Rohstoffen und den Endprodukten dar, d.h., es handelt sich um die Bedarfsmatrix C_{RE}. Die zweite Tabelle stellt die benötigten Grundsubstanzen je einer ME des Endproduktes dar, d.h., es handelt sich um die Produktionsmatrix B_{GE}.

Produktionsmatrix A_{RG} bestimmen

$A_{RG} \cdot B_{GE} = C_{RE}$
$A_{RG} = C_{RE} \cdot B_{GE}^{-1}$

$$A_{RG} = \begin{pmatrix} 6 & 16 & 2 \\ 20 & 22 & 16 \\ 31 & 9 & 18 \\ 16 & 16 & 10 \end{pmatrix} \cdot \begin{pmatrix} 1 & 3 & 0 \\ 2 & 4 & 2 \\ 5 & 1 & 3 \end{pmatrix}^{-1} = \begin{pmatrix} 6 & 16 & 2 \\ 20 & 22 & 16 \\ 31 & 9 & 18 \\ 16 & 16 & 10 \end{pmatrix} \cdot \underbrace{\begin{pmatrix} \frac{5}{11} & -\frac{9}{22} & \frac{3}{11} \\ \frac{2}{11} & \frac{3}{22} & -\frac{1}{11} \\ -\frac{9}{11} & \frac{7}{11} & -\frac{1}{11} \end{pmatrix}}_{B^{-1}}$$

$$= \begin{pmatrix} 4 & 1 & 0 \\ 0 & 5 & 2 \\ 1 & 0 & 6 \\ 2 & 2 & 2 \end{pmatrix}$$

	G_1	G_2	G_3
R_1	4	1	0
R_2	0	5	2
R_3	1	0	6
R_4	2	2	2

Hinweis: Die Angaben können im Verflechtungsdiagramm nachgetragen werden.

Menge der einzelnen Präparaten berechnen

$B_{GE} \cdot \vec{m} = \vec{g} \Rightarrow \vec{m} = B_{GE}^{-1} \cdot \vec{g}$

$$\begin{pmatrix} m_1 \\ m_2 \\ m_3 \end{pmatrix} = \begin{pmatrix} 1 & 3 & 0 \\ 2 & 4 & 2 \\ 5 & 1 & 3 \end{pmatrix}^{-1} \cdot \begin{pmatrix} 50 \\ 140 \\ 200 \end{pmatrix} = \underbrace{\begin{pmatrix} \frac{5}{11} & -\frac{9}{22} & \frac{3}{11} \\ \frac{2}{11} & \frac{3}{22} & -\frac{1}{11} \\ -\frac{9}{11} & \frac{7}{11} & -\frac{1}{11} \end{pmatrix}}_{B^{-1}} \cdot \begin{pmatrix} 50 \\ 140 \\ 200 \end{pmatrix} = \begin{pmatrix} 20 \\ 10 \\ 30 \end{pmatrix}$$

Mit dem Lagervorrat können 20 ME von E_1, 10 ME von E_2 und 30 ME von E_3 hergestellt werden.

Rohstoffmengen berechnen

$C_{RE} \cdot \vec{m} = \vec{r}$ oder $A_{RG} \cdot \vec{g} = \vec{r}$

$$\begin{pmatrix} 6 & 16 & 2 \\ 20 & 22 & 16 \\ 31 & 9 & 18 \\ 16 & 16 & 10 \end{pmatrix} \cdot \begin{pmatrix} 20 \\ 10 \\ 30 \end{pmatrix} = \begin{pmatrix} 340 \\ 1\,100 \\ 1\,250 \\ 780 \end{pmatrix} \text{ oder } \begin{pmatrix} 4 & 1 & 0 \\ 0 & 5 & 2 \\ 1 & 0 & 6 \\ 2 & 2 & 2 \end{pmatrix} \cdot \begin{pmatrix} 50 \\ 140 \\ 200 \end{pmatrix} = \begin{pmatrix} 340 \\ 1\,100 \\ 1\,250 \\ 780 \end{pmatrix}$$

Zur Herstellung der im Lager befindlichen Grundstoffe wurden 340 ME von R_1, 1 100 ME von R_2, 1 250 ME von R_3 sowie 780 ME von R_4 benötigt.

Beispiel 2

Das Pharmaunternehmen *medi* stellt verschiedene Sorten Kopfschmerztabletten für den freien Verkauf her; es werden zwei Rohstoffe benötigt, um daraus drei Zwischenprodukte herzustellen. Aus diesen Zwischenprodukten werden dann drei verschiedene Sorten Kopfschmerztabletten hergestellt.

Den Produktionszusammenhang hat die Forschungsabteilung in folgenden Matrizen zusammengefasst. Die Zusammenstellung weist Lücken auf, weil die Dokumentation nicht vollständig gewährleistet werden konnte.

$A_{RZ} = \begin{pmatrix} a_{11} & 3 & 5 \\ 2 & 4 & a_{23} \end{pmatrix}$, $B_{ZE} = \begin{pmatrix} 3 & 2 & 0 \\ 1 & 2 & 1 \\ 0 & b_{32} & 2 \end{pmatrix}$ und $C_{RE} = \begin{pmatrix} 6 & 18 & 13 \\ c_{21} & 14 & 6 \end{pmatrix}$

Die voraussichtlichen Produktionskosten wurden vom Controlling in EUR/Mengeneinheit (ME) ermittelt:

R_1	R_2
1,3 EUR/ME	1,7 EUR/ME

E_1	E_2	E_3
15 EUR/ME	20 EUR/ME	18 EUR/ME

Z_1	Z_2	Z_3
2,5 EUR/ME	2,7 EUR/ME	1,9 EUR/ME

Die Fixkosten betragen 22.000 EUR.

In jedem Monat sollen jeweils 150 ME der drei Sorten Kopfschmerztabletten hergestellt werden.
Ermitteln Sie die fehlenden Angaben der Forschungsabteilung und daraus resultierend die Rohstoffmengen, die für die Produktion jeden Monat benötigt werden. Berechnen Sie die Gesamtkosten für die Produktion.

Untersuchen Sie, ob das Pharmaunternehmen Gewinn erzielt, wenn der Preis pro ME Tabletten für Sorte E_1 220 EUR/ME, für Sorte E_2 190 EUR/ME und für Sorte E_3 210 EUR/ME beträgt.

Lösungen
Fehlende Werte der Produktion ermitteln

$A_{RZ} \cdot B_{ZE} = C_{RE}$

$$\begin{pmatrix} a_{11} & 3 & 5 \\ 2 & 4 & a_{23} \end{pmatrix} \cdot \begin{pmatrix} 3 & 2 & 0 \\ 1 & 2 & 1 \\ 0 & b_{32} & 2 \end{pmatrix} = \begin{pmatrix} 6 & 18 & 13 \\ c_{21} & 14 & 6 \end{pmatrix}$$

Mithilfe des schriftlichen Multiplizierens können die fehlenden Werte ermittelt werden:

- Multiplikation der ersten Zeile mit der ersten Spalte

  $3a_{11} + 3 \cdot 1 + 5 \cdot 0 = 6 \implies 3a_{11} = 3 \implies a_{11} = 1$

- Multiplikation der zweiten Zeile mit der dritten Spalte

  $2 \cdot 0 + 4 \cdot 1 + 2a_{23} = 6 \implies 2a_{23} = 2 \implies a_{23} = 1 \implies A_{RZ} = \begin{pmatrix} 1 & 3 & 5 \\ 2 & 4 & 1 \end{pmatrix}$

- Multiplikation der ersten Zeile mit der zweiten Spalte

  $1 \cdot 2 + 3 \cdot 2 + 5b_{32} = 18 \implies 5b_{32} = 10 \implies b_{32} = 2 \implies B_{ZE} = \begin{pmatrix} 3 & 2 & 0 \\ 1 & 2 & 1 \\ 0 & 2 & 2 \end{pmatrix}$

- Multiplikation der zweiten Zeile mit der ersten Spalte

  $2 \cdot 3 + 4 \cdot 1 + 1 \cdot 0 = c_{21} \implies c_{21} = 10 \implies C_{RE} = \begin{pmatrix} 6 & 18 & 13 \\ 10 & 14 & 6 \end{pmatrix}$

Benötigte Rohstoffmengen

$C_{RE} \cdot \vec{m} = \vec{r}$

$$\begin{pmatrix} 6 & 18 & 13 \\ 10 & 14 & 6 \end{pmatrix} \cdot \begin{pmatrix} 150 \\ 150 \\ 150 \end{pmatrix} = \begin{pmatrix} 5\,550 \\ 4\,500 \end{pmatrix}$$

Von Rohstoff R_1 werden jeden Monat 5 550 ME benötigt und von R_2 4 500 ME.

Gesamtkosten ermitteln

$K = K_v + K_f = \left(\vec{k}_R^T \cdot C_{RE} + \vec{k}_Z^T \cdot B_{ZE} + \vec{k}_E^T\right) \cdot \vec{m} + 22.000$

$\vec{k}_v^T = (1{,}3 \quad 1{,}7) \cdot \begin{pmatrix} 6 & 18 & 13 \\ 10 & 14 & 6 \end{pmatrix} + (2{,}5 \quad 2{,}7 \quad 1{,}9) \cdot \begin{pmatrix} 3 & 2 & 0 \\ 1 & 2 & 1 \\ 0 & 2 & 2 \end{pmatrix} + (15 \quad 20 \quad 18)$

$= (50 \quad 81{,}4 \quad 51{,}6)$

$K = (50 \quad 81{,}4 \quad 51{,}6) \cdot \begin{pmatrix} 150 \\ 150 \\ 150 \end{pmatrix} + 22.000 = 27.450 + 22.000 = 49.450$

Die Gesamtkosten belaufen sich auf 49.450 EUR.

Gewinnuntersuchung

$G = E - K = \vec{p}^T \cdot \vec{m} - K$

$E = (220 \quad 190 \quad 210) \cdot \begin{pmatrix} 150 \\ 150 \\ 150 \end{pmatrix} = 93.000$

$G = 93.000 - 49.450 = 43.550$

Das Pharmaunternehmen *medi* erwirtschaftet mit den Kopfschmerztabletten einen Gewinn in Höhe von 43.550 EUR.

Beispiel 3

Das Pharmaunternehmen *medi* stellt Medikamente gegen Pilzinfektionen her. Die notwendigen Rohstoffe (R) werden im ersten Produktionsschritt zu Zwischenprodukten (Z) und im zweiten Produktionsschritt zu drei Cremes (C) gegen Pilzinfektion verarbeitet. Die Produktionsabteilung hat die Herstellung wie folgt dokumentiert:

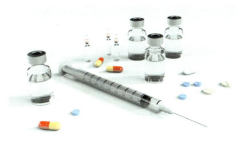

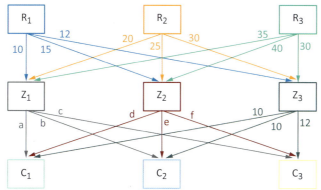

Rohstoff \ Creme	C_1	C_2	C_3
R_1	670	695	444
R_2	1 250	1 305	910
R_3	g	h	i

Berechnen Sie die fehlenden Größen a, b, c, d, e, f, g, h und i, damit der gesamte Produktionsprozess visualisiert werden kann.

Ein Mitarbeiter des Lagers hat festgestellt, dass nur noch folgende Mengen der Rohstoffe vorhanden sind:
R_1 640 Mengeneinheiten (ME), R_2 1 300 ME und R_3 1 750 ME.
Berechnen Sie für die Produktionsabteilung und den Verkauf, wie viele Zwischenprodukte Z_1, Z_2 und Z_3 mit dem gesamten Lagerbestand noch hergestellt werden können.

Lösungen
Berechnen der fehlenden Werte

$A_{RZ} \cdot B_{ZC} = C_{RC}$

$$\begin{pmatrix} 10 & 15 & 12 \\ 20 & 25 & 30 \\ 35 & 40 & 30 \end{pmatrix} \cdot \begin{pmatrix} a & b & c \\ d & e & f \\ 10 & 10 & 12 \end{pmatrix} = \begin{pmatrix} 670 & 695 & 444 \\ 1250 & 1305 & 910 \\ g & h & i \end{pmatrix}$$

Eine Lösung mithilfe der inversen Matrix von A_{RZ} ist nicht möglich, weil die Matrix C_{RC} ebenfalls unvollständig ist. Aus diesem Grund erfolgt die Lösung mithilfe eines Linearen Gleichungssystems.

LGS und erweiterte Koeffizientenmatrix aufstellen
Die Umformungen erfolgen mithilfe des Gauß-Algorithmus oder mittels GTR/CAS.

$\begin{vmatrix} 10a + 15d + 12 \cdot 10 = 670 \\ 20a + 25d + 30 \cdot 10 = 1250 \end{vmatrix} \Rightarrow \begin{vmatrix} 10a + 15d = 550 \\ 20a + 25d = 950 \end{vmatrix} \Rightarrow \begin{pmatrix} 10 & 15 & | & 550 \\ 20 & 25 & | & 950 \end{pmatrix}$

$\Rightarrow \begin{pmatrix} 1 & 0 & | & 10 \\ 0 & 1 & | & 30 \end{pmatrix} \Rightarrow a = 10$ und $d = 30$

$\begin{vmatrix} 10b + 15e + 12 \cdot 10 = 695 \\ 20b + 25e + 30 \cdot 10 = 1305 \end{vmatrix} \Rightarrow \begin{vmatrix} 10b + 15e = 575 \\ 20b + 25e = 1005 \end{vmatrix} \Rightarrow \begin{pmatrix} 10 & 15 & | & 575 \\ 20 & 25 & | & 1005 \end{pmatrix}$

$\Rightarrow \begin{pmatrix} 1 & 0 & | & 14 \\ 0 & 1 & | & 29 \end{pmatrix} \Rightarrow b = 14$ und $e = 29$

$\begin{vmatrix} 10c + 15f + 12 \cdot 12 = 444 \\ 20c + 25f + 30 \cdot 12 = 910 \end{vmatrix} \Rightarrow \begin{vmatrix} 10c + 15f = 300 \\ 20c + 25f = 550 \end{vmatrix} \Rightarrow \begin{pmatrix} 10 & 15 & | & 300 \\ 20 & 25 & | & 550 \end{pmatrix}$

$\Rightarrow \begin{pmatrix} 1 & 0 & | & 15 \\ 0 & 1 & | & 10 \end{pmatrix} \Rightarrow c = 15$ und $f = 10$

$$\underbrace{\begin{pmatrix} 10 & 15 & 12 \\ 20 & 25 & 30 \\ 35 & 40 & 30 \end{pmatrix}}_{A_{RZ}} \cdot \underbrace{\begin{pmatrix} 10 & 14 & 15 \\ 30 & 29 & 10 \\ 10 & 10 & 12 \end{pmatrix}}_{B_{ZC}} = \underbrace{\begin{pmatrix} 670 & 695 & 444 \\ 1250 & 1305 & 910 \\ 1850 & 1950 & 1285 \end{pmatrix}}_{C_{RC}}$$

Anzahl der Zwischenprodukte ermitteln

$A_{RZ} \cdot \vec{m}_Z = \vec{r}$

$\begin{pmatrix} 10 & 15 & 12 \\ 20 & 25 & 30 \\ 35 & 40 & 30 \end{pmatrix} \cdot \begin{pmatrix} m_1 \\ m_2 \\ m_3 \end{pmatrix} = \begin{pmatrix} 640 \\ 1\,300 \\ 1\,750 \end{pmatrix} \Rightarrow \left(\begin{array}{ccc|c} 10 & 15 & 12 & 640 \\ 20 & 25 & 30 & 1\,300 \\ 35 & 40 & 30 & 1\,750 \end{array} \right)$

$\Rightarrow \left(\begin{array}{ccc|c} 1 & 0 & 0 & 10 \\ 0 & 1 & 0 & 20 \\ 0 & 0 & 1 & 20 \end{array} \right) \Rightarrow \vec{m}_Z = \begin{pmatrix} 10 \\ 20 \\ 20 \end{pmatrix}$

Mit dem vorhandenen Lagerbestand können noch 10 ME von Z_1 sowie je 20 ME von Z_2 und Z_3 hergestellt werden.

Die **erweiterte Koeffizientenmatrix** $(A_{RZ}|\vec{r})$ kann mithilfe des GTR/CAS zur **erweiterten Einheitsmatrix** $(E|\vec{m})$ umgeformt werden oder händisch mithilfe des Gauß-Algorithmus:

$\left(\begin{array}{ccc|c} 10 & 15 & 12 & 640 \\ 20 & 25 & 30 & 1\,300 \\ 35 & 40 & 30 & 1\,750 \end{array} \right)$ $\quad |\cdot(-2) + \text{Zeile 2} \quad |\cdot(-3{,}5) + \text{Zeile 3}$

$\left(\begin{array}{ccc|c} 10 & 15 & 12 & 640 \\ 0 & -5 & 6 & 20 \\ 0 & -12{,}5 & -12 & -490 \end{array} \right)$ $\quad |\cdot 3 + \text{Zeile 1} \quad |\cdot 12{,}5 + (-5) \cdot \text{Zeile 3}$

$\left(\begin{array}{ccc|c} 10 & 0 & 30 & 700 \\ 0 & -5 & 6 & 20 \\ 0 & 0 & 135 & 2\,700 \end{array} \right)$ $\quad |\cdot \frac{1}{135}$

$\left(\begin{array}{ccc|c} 10 & 0 & 30 & 700 \\ 0 & -5 & 6 & 20 \\ 0 & 0 & 1 & 20 \end{array} \right)$ $\quad |\cdot(-6) + \text{Zeile 2} \quad |\cdot(-30) + \text{Zeile 1}$

$\left(\begin{array}{ccc|c} 10 & 0 & 0 & 100 \\ 0 & -5 & 0 & -100 \\ 0 & 0 & 1 & 20 \end{array} \right)$ $\quad \begin{array}{l} |\cdot \frac{1}{10} \\ |\cdot \left(-\frac{1}{5}\right) \end{array} \Rightarrow \left(\begin{array}{ccc|c} 1 & 0 & 0 & 10 \\ 0 & 1 & 0 & 20 \\ 0 & 0 & 1 & 20 \end{array} \right)$

Beispiel 4

Das Pharmaunternehmen *medi* stellt drei Impfstoffe gegen Hepatitis her. Die notwendigen Rohstoffe (R) werden im ersten Produktionsschritt zu Zwischenprodukten (Z) und im zweiten Produktionsschritt zu drei Impfstoffen (E) verarbeitet. Die Forschungsabteilung hat die Herstellung wie folgt – leider unvollständig – dokumentiert:

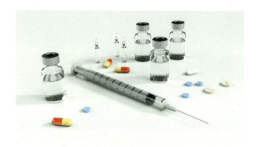

	Z_1	Z_2	Z_3
R_1	a	b	c
R_2	2	6	0

	E_1	E_2	E_3
Z_1	4	4	0
Z_2	2	4	2
Z_3	0	2	2

Die Rohstoffmengen pro Impfstoff E sind ebenfalls dokumentiert: Von R_1 werden 16 Mengeneinheiten (ME) für E_1, 32 ME für E_2 und 16 ME für E_3 benötigt. Von R_2 werden 20 ME für E_1, 32 ME für E_2 und 12 ME für E_3 benötigt. Die Forschungsabteilung hat auch mitgeteilt, dass grundsätzlich alle drei Rohstoffe in Kombination für einen Impfstoff benötigt werden.

Ermitteln Sie die fehlenden Angaben für die Rohstoffmengen von R_1 für jedes der drei Zwischenprodukte. Die Zusammensetzungen müssen laut Angaben der Forschungsabteilung positiv und ganzzahlig sein.

Lösungen

$A_{RZ} \cdot B_{ZE} = C_{RE}$

$$\begin{pmatrix} a & b & c \\ 2 & 6 & 0 \end{pmatrix} \cdot \begin{pmatrix} 4 & 4 & 0 \\ 2 & 4 & 2 \\ 0 & 2 & 2 \end{pmatrix} = \begin{pmatrix} 16 & 32 & 16 \\ 20 & 32 & 12 \end{pmatrix}$$

Da zur Matrix B_{ZE} keine inverse Matrix B_{ZE}^{-1} existiert, müssen die fehlenden Angaben mithilfe eines LGS berechnet werden.

LGS aufstellen

$$\begin{vmatrix} 4a + 2b + 0 \cdot c = 16 \\ 4a + 4b + 2c = 32 \\ 0 \cdot a + 2b + 2c = 16 \end{vmatrix} \Rightarrow \begin{pmatrix} 4 & 2 & 0 & | & 16 \\ 4 & 4 & 2 & | & 32 \\ 0 & 2 & 2 & | & 16 \end{pmatrix} \Rightarrow \begin{pmatrix} 1 & 0 & -0{,}5 & | & 0 \\ 0 & 1 & 1 & | & 8 \\ 0 & 0 & 0 & | & 0 \end{pmatrix}$$

Die erweiterte Koeffizientenmatrix, die mithilfe des GTR/CAS oder des Gauß-Algorithmus zur oberen Dreiecksmatrix umgeformt wird, weist eine Nullzeile auf, d. h., dass das LGS keine eindeutige Lösung besitzt, sondern **mehrdeutig lösbar** ist.

Bestimmen des Lösungsvektors

Mithilfe der letzten Zeile der Matrix wird die Variable c bestimmt. Da hier eine Nullzeile entstanden ist, muss für c ein Parameter verwendet werden: $c = t$

Mithilfe dieser „Lösung" können die Variablen a und b in Abhängigkeit von t bestimmt werden:

2. Zeile der Matrix: $b + c = 8 \Rightarrow b + t = 8 \Rightarrow b = 8 - t$
1. Zeile der Matrix: $a - 0{,}5c = 0 \Rightarrow a - 0{,}5t = 0 \Rightarrow a = 0{,}5t$

Dadurch entsteht der Lösungsvektor $\begin{pmatrix} a \\ b \\ c \end{pmatrix} = \begin{pmatrix} 0{,}5t \\ 8-t \\ t \end{pmatrix}$.

Für den Parameter t müssen gemäß Vorgabe positive und ganzzahlige Werte eingesetzt werden. Da $a = 0{,}5t$ gilt, können für t nur gerade natürliche Zahlen eingesetzt werden. Durch die Vorgabe $b = 8 - t$ werden die Zahlen, die für t eingesetzt werden können weiter eingeschränkt, denn es muss $t \leq 8$ gelten, damit b nicht negativ wird.
Folgende Lösungen ergeben sich:

t	Lösungsvektor	Kommentar	Rohstoff-Zwischenprodukt-Matrix
$t = 0$	$\begin{pmatrix} 0 \\ 8 \\ 0 \end{pmatrix}$	Impfstoff würde nur aus einem Rohstoff bestehen	
$t = 2$	$\begin{pmatrix} 1 \\ 6 \\ 2 \end{pmatrix}$	Mögliche Kombination für den Hepatitisimpfstoff	$A_{RZ} = \begin{pmatrix} 1 & 6 & 2 \\ 2 & 6 & 0 \end{pmatrix}$
$t = 4$	$\begin{pmatrix} 2 \\ 4 \\ 4 \end{pmatrix}$		$A_{RZ} = \begin{pmatrix} 2 & 4 & 4 \\ 2 & 6 & 0 \end{pmatrix}$
$t = 6$	$\begin{pmatrix} 3 \\ 2 \\ 6 \end{pmatrix}$		$A_{RZ} = \begin{pmatrix} 3 & 2 & 6 \\ 2 & 6 & 0 \end{pmatrix}$
$t = 8$	$\begin{pmatrix} 4 \\ 0 \\ 8 \end{pmatrix}$	Impfstoff würde nur aus zwei Rohstoffen bestehen.	

Bei **mehrdeutigen Gleichungssystemen** können beim Umformen zur erweiterten oberen Dreiecksmatrix auch mehrere Nullzeilen entstehen, sodass mit mehr als einem Parameter die Lösung bestimmt werden muss.

Wenn beispielsweise die nachfolgende erweiterte obere Dreiecksmatrix entstanden ist, um die Variablen a, b, c und d zu bestimmen, müssen aufgrund der beiden Nullzeilen zwei Parameter verwendet werden.

$\begin{pmatrix} 1 & 2 & 0 & 0 & | & 1 \\ 0 & 1 & 2 & 1 & | & 2 \\ 0 & 0 & 0 & 0 & | & 0 \\ 0 & 0 & 0 & 0 & | & 0 \end{pmatrix} \begin{matrix} \\ \\ \to c = s \\ \to d = t \end{matrix} \qquad \begin{pmatrix} 1 & 2 & 0 & 0 & | & 1 \\ 0 & 1 & 2 & 1 & | & 2 \\ 0 & 0 & 0 & 0 & | & 0 \\ 0 & 0 & 0 & 0 & | & 0 \end{pmatrix} \begin{matrix} \to 1a + 2b = 1 \\ \to 1b + 2c + d = 2 \\ \\ \end{matrix}$

Aus der 2. Zeile ergibt sich: $1b + 2s + t = 2 \Rightarrow b = 2 - 2s - t$.
Aus der 1. Zeile folgt: $1a + 2(2 - 2s - t) = 1 \Rightarrow a + 4 - 4s - 2t = 1$
$\Rightarrow a = -3 + 4s + 2t$.

Der Lösungsvektor sieht wie folgt aus:

$$\begin{pmatrix} a \\ b \\ c \\ d \end{pmatrix} = \begin{pmatrix} -3 + 4s + 2t \\ 2 - 2s - t \\ s \\ t \end{pmatrix} \text{ mit } s, t \in \mathbb{R}.$$

Beispiel 5

Das Pharmaunternehmen *medi* stellt drei Rheumasalben her. Von einem Großkunden, der Pflegeheime betreibt, hat das Unternehmen folgenden Auftrag erhalten:
von Salbe S_1 150 Stück, von S_2 180 Stück und von S_3 120 Stück.

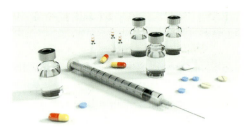

Für die Produktion werden drei Rohstoffe (R) benötigt. Im Lager sind noch folgende Mengen der Rohstoffe vorhanden:
R_1: 43 320 Mengeneinheiten (ME), R_2: 57 510 ME und R_3: 180 000 ME.
Der Produktionszusammenhang ist tabellarisch zusammengestellt.

Rohstoffe \ Salben	S_1	S_2	S_3
R_1	72	98	124
R_2	103	131	154
R_3	180	245	310

Untersuchen Sie, ob die Rohstoffe für die Erfüllung des Großauftrags ausreichen.

Lösungen

Die benötigten Mengen der einzelnen Rohstoffe werden in der Matrix C_{RS} zusammengefasst. Um festzustellen, ob die Materialien ausreichen, können zwei verschiedene Rechnungen durchgeführt werden:

- Die benötigte Rohstoffmenge wird ermittelt und mit dem Lagerbestand verglichen

$C_{RS} \cdot \vec{m}_S = \vec{r}$

$$\begin{pmatrix} 72 & 98 & 124 \\ 103 & 131 & 154 \\ 180 & 245 & 310 \end{pmatrix} \cdot \begin{pmatrix} 150 \\ 180 \\ 120 \end{pmatrix} = \begin{pmatrix} 43\,320 \\ 57\,510 \\ 180\,300 \end{pmatrix} = \begin{pmatrix} r_1 \\ r_2 \\ r_3 \end{pmatrix}$$

Die benötigten Rohstoffe R_1 und R_2 sind im Lager vorhanden. Die notwendige Menge von R_3 ist nicht im Lager vorhanden, es fehlen 300 ME:
($\underbrace{180\,300}_{\text{benötigt}} - \underbrace{180\,000}_{\text{vorhanden}} = \underbrace{300}_{\text{fehlende Rohstoffe}}$).

oder

- Es wird ermittelt, wie viele Salben mit den vorhanden Rohstoffen hergestellt werden können, und dann mit der Bestellmenge verglichen.

$C_{RS} \cdot \vec{m}_S = \vec{r}$

$$\begin{pmatrix} 72 & 98 & 124 \\ 103 & 131 & 154 \\ 180 & 245 & 310 \end{pmatrix} \cdot \begin{pmatrix} m_1 \\ m_2 \\ m_3 \end{pmatrix} = \begin{pmatrix} 43\,320 \\ 57\,510 \\ 180\,000 \end{pmatrix}$$

Aufstellen der erweiterten Koeffizientenmatrix und mit GTR/CAS umformen zur erweiterten oberen Dreiecksmatrix oder zur erweiterten Einheitsmatrix:

$$\left(\begin{array}{ccc|c} 72 & 98 & 124 & 43\,320 \\ 103 & 131 & 154 & 57\,510 \\ 180 & 245 & 310 & 180\,000 \end{array}\right) \Rightarrow \left(\begin{array}{ccc|c} 72 & 98 & 124 & 43\,320 \\ 0 & 662 & 1684 & 321\,240 \\ 0 & 0 & 0 & -300 \end{array}\right)$$

Die Koeffizientenmatrix weist eine Nullzeile auf, die erweitere Matrix aber nicht, d.h., dass das LGS nicht lösbar ist. In der dritten Zeile steht
$0 \cdot m_1 + 0 \cdot m_2 + 0 \cdot m_3 = -300 \Rightarrow 0 = -300$.
Es handelt sich um eine falsche Aussage. Daraus kann gefolgert werden, dass die Rohstoffe für den Großauftrag nicht ausreichen, von R_3 fehlen 300 ME.

Lösungsmengen bei linearen Gleichungssystemen

Ein **lineares Gleichungssystem** (LGS) der Form

$$\begin{vmatrix} a_{11} \cdot x_1 + a_{12} \cdot x_2 + a_{13} \cdot x_3 = b_1 \\ a_{21} \cdot x_1 + a_{22} \cdot x_2 + a_{23} \cdot x_3 = b_2 \\ a_{31} \cdot x_1 + a_{32} \cdot x_2 + a_{33} \cdot x_3 = b_3 \end{vmatrix}$$

wird mithilfe der Matrizenschreibweise $A \cdot \vec{x} = \vec{b}$ als **erweiterte Koeffizientenmatrix** geschrieben:

$$A \cdot \vec{x} = \underbrace{\begin{pmatrix} a_{11} & a_{12} & a_{13} \\ a_{21} & a_{22} & a_{23} \\ a_{31} & a_{32} & a_{33} \end{pmatrix}}_{\text{Koeffizientenmatrix}} \cdot \begin{pmatrix} x_1 \\ x_2 \\ x_3 \end{pmatrix} = \begin{pmatrix} b_1 \\ b_2 \\ b_3 \end{pmatrix} = \vec{b} \Rightarrow A|\vec{b} = \underbrace{\left(\begin{array}{ccc|c} a_{11} & a_{12} & a_{13} & b_1 \\ a_{21} & a_{22} & a_{23} & b_2 \\ a_{31} & a_{32} & a_{33} & b_3 \end{array}\right)}_{\text{erweiterte Koeffizientenmatrix}}$$

Diese Matrix wird mithilfe des Gauß-Algorithmus entweder zu einer erweiterten oberen Dreiecksmatrix oder zu einer erweiterten Einheitsmatrix umgeformt.

In einer erweiterten **oberen Dreiecksmatrix** sind alle Elemente unterhalb der Hauptdiagonalen 0 ($c_{21} = c_{31} = c_{32} = 0$) und in der Hauptdiagonalen und darüber stehen beliebige Werte ($c_{11}, c_{12}, c_{13}, c_{22}, c_{23}, c_{33} \in \mathbb{R}$): $C = \left(\begin{array}{ccc|c} c_{11} & c_{12} & c_{13} & \ldots \\ 0 & c_{22} & c_{23} & \ldots \\ 0 & 0 & c_{33} & \ldots \end{array}\right)$.

Fortsetzung

Lösungen linearer Gleichungssysteme können drei verschiedene Formen aufweisen:

1. Das LGS ist **eindeutig lösbar**: Es gibt genau eine Lösung für x_1, x_2 und x_3.

Die erweiterte Einheitsmatrix weist folgende Form auf: $\begin{pmatrix} 1 & 0 & 0 & | & x_1 \\ 0 & 1 & 0 & | & x_2 \\ 0 & 0 & 1 & | & x_3 \end{pmatrix}$.

Die Lösungen für x_1, x_2 und x_3 sind direkt ablesbar.

2. Das LGS ist **mehrdeutig lösbar**: Beim Umformen zur erweiterten oberen Dreiecksmatrix entstehen eine oder mehrere Nullzeilen. Zur Ermittlung der Lösungsmenge werden Parameter für die durch die Nullzeilen nicht eindeutig bestimmbaren Variablen eingesetzt und dann die anderen Variablen in Abhängigkeit der Parameter bestimmt.

Die erweiterte obere Dreiecksmatrix weist beispielsweise folgende Form auf:

$C = \begin{pmatrix} c_{11} & c_{12} & c_{13} & | & \ldots \\ 0 & c_{22} & c_{23} & | & \ldots \\ 0 & 0 & 0 & | & 0 \end{pmatrix}$.

Mit $x_3 = t$ können die Variablen x_2 und x_1 in Abhängigkeit von t ermittelt werden.

3. Das LGS ist **nicht lösbar**: Beim Umformen zur erweiterten oberen Dreiecksmatrix entsteht in der Koeffizientenmatrix eine Nullzeile, aber **nicht** in der erweiterten Koeffizientenmatrix. Damit entsteht eine Widerspruchszeile und das LGS ist nicht lösbar.

Die erweiterte obere Dreiecksmatrix weist beispielsweise folgende Form auf:

$C = \begin{pmatrix} c_{11} & c_{12} & c_{13} & | & \ldots \\ 0 & c_{22} & c_{23} & | & \ldots \\ 0 & 0 & 0 & | & s \end{pmatrix}$ mit $s \neq 0$.

In der letzten Zeile würde sich die Gleichung $0 \cdot x_1 + 0 \cdot x_2 + 0 \cdot x_3 = s$ ergeben, dies würde bedeuten, dass $s = 0$. Dies ist aber ausgeschlossen (siehe oben).

Bisher wurden Lineare Gleichungssysteme (LGS) betrachtet, bei denen alle Koeffizienten bekannt waren und auf deren Basis die entsprechende Lösungsmenge bestimmt werden konnte. Es existieren aber auch LGS, bei denen nicht alle Koeffizienten bekannt sind, weil die hinter dem LGS liegende Aufgabe ein Problem in Abhängigkeit von einem **Parameter** beinhaltet. In diesem Fall muss das LGS mithilfe des CAS oder händisch mithilfe des Gauß-Algorithmus in Abhängigkeit des/der Parameter gelöst werden. Es wird eine **Fallunterscheidung** durchgeführt, die anhand der zu bestimmenden Definitionsbereiche der Parameter erfolgt. So kann festgestellt werden, unter welchen Voraussetzungen das LGS eindeutig, mehrdeutig oder gar nicht lösbar ist.

Beispiel 1

Variablen: $x, y \in \mathbb{R}$
Parameter: $a \in \mathbb{R}$

$$\begin{vmatrix} 2x + y = 2a \\ 3x - 1{,}5y = a \end{vmatrix} \Rightarrow \begin{pmatrix} 2 & 1 & | & 2a \\ 3 & -1{,}5 & | & a \end{pmatrix} \begin{matrix} \cdot(-3) \\ \cdot 2 \end{matrix}\!\!+ \Rightarrow \begin{pmatrix} 2 & 1 & | & 2a \\ 0 & -6 & | & -4a \end{pmatrix}$$

2. Zeile: $-6y = -4a \Rightarrow y = \frac{4}{6}a = \frac{2}{3}a$

1. Zeile: $2x + y = 2a \Rightarrow 2x + \underbrace{\frac{2}{3}a}_{y} = 2a \Rightarrow 2x = \frac{4}{3}a \Rightarrow x = \frac{2}{3}a$

Das LGS ist für alle $a \in \mathbb{R}$ eindeutig lösbar: $\begin{pmatrix} x \\ y \end{pmatrix} = \begin{pmatrix} \frac{2}{3}a \\ \frac{2}{3}a \end{pmatrix}$

Beispiel 2

Variablen: $x, y \in \mathbb{R}$
Parameter: $a \in \mathbb{R}$

$$\begin{vmatrix} 2x + ay = 4 \\ 3x - 1{,}5y = 5 \end{vmatrix} \Rightarrow \begin{pmatrix} 2 & a & | & 4 \\ 3 & -1{,}5 & | & 5 \end{pmatrix} \begin{matrix} \cdot(-3) \\ \cdot 2 \end{matrix}\!\!+ \Rightarrow \begin{pmatrix} 2 & a & | & 4 \\ 0 & -3a-3 & | & -2 \end{pmatrix}$$

2. Zeile: $(-3a - 3) \cdot y = -2 \Rightarrow y = \frac{-2}{-3a-3}$

Diese Umformung kann nur dann durchgeführt werden, wenn $-3a - 3 \neq 0$, weil die Division durch Null nicht definiert ist. Daraus ergibt sich, dass $a \neq -1$ sein muss.

Fallunterscheidung

$a = -1$	$\begin{pmatrix} 2 & a & \mid & 4 \\ 0 & -3a-3 & \mid & -2 \end{pmatrix} \Rightarrow \begin{pmatrix} 2 & -1 & \mid & 4 \\ 0 & 0 & \mid & -2 \end{pmatrix}$ Das LGS ist **nicht lösbar**, weil die zweite Zeile einen Widerspruch enthält: $0x + 0y \neq -2$.
$a \neq -1$	$\begin{pmatrix} 2 & a & \mid & 4 \\ 0 & -3a-3 & \mid & -2 \end{pmatrix}$ Mit $y = \frac{-2}{-3a-3}$ $2x + ay = 4 \Rightarrow 2x + a \cdot \underbrace{\frac{-2}{-3a-3}}_{y} = 4 \Rightarrow 2x - \frac{2a}{-3a-3} = 4$ $\Rightarrow 2x = 4 + \frac{2a}{-3a-3} \Rightarrow x = 2 + \frac{a}{-3a-3}$ $\begin{pmatrix} x \\ y \end{pmatrix} = \begin{pmatrix} 2 + \frac{a}{-3a-3} \\ \frac{-2}{-3a-3} \end{pmatrix}$ Das LGS ist **eindeutig lösbar**.

Beispiel 3

Variablen: $x, y \in \mathbb{R}$
Parameter: $a \in \mathbb{R}$

$$\left|\begin{matrix} 4x + ay = -2 \\ ax + y = 1 \end{matrix}\right| \Rightarrow \begin{pmatrix} 4 & a & | & -2 \\ a & 1 & | & 1 \end{pmatrix} \begin{matrix} \cdot a \\ \cdot(-4) \end{matrix} \Big] + \Rightarrow \begin{pmatrix} 4 & a & | & -2 \\ 0 & a^2 - 4 & | & -2a - 4 \end{pmatrix}$$

2. Zeile: $(a^2 - 4) \cdot y = -2a - 4 \Rightarrow y = \frac{-2a - 4}{a^2 - 4}$

Diese Umformung kann nur dann durchgeführt werden, wenn $a^2 - 4 \neq 0$, weil die Division durch Null nicht definiert ist. Daraus ergibt sich, dass $a \neq -2 \vee a \neq 2$ $\Rightarrow a \in \mathbb{R} \setminus \{-2; 2\}$ sein muss.

Fallunterscheidung

$a = -2$	$\begin{pmatrix} 4 & a & \| & -2 \\ 0 & a^2 - 4 & \| & -2a - 4 \end{pmatrix} \Rightarrow \begin{pmatrix} 4 & -2 & \| & -2 \\ 0 & 0 & \| & 0 \end{pmatrix}$ Das LGS ist **mehrdeutig lösbar**, weil in der zweiten Zeile eine Nullzeile entstanden ist. Mit $y = t \Rightarrow 4x - 2t = -2 \Rightarrow 4x = -2 + 2t \Rightarrow x = -0{,}5 + 0{,}5t$ $\begin{pmatrix} x \\ y \end{pmatrix} = \begin{pmatrix} -0{,}5 + 0{,}5t \\ t \end{pmatrix}$ mit $t \in \mathbb{R}$
$a = 2$	$\begin{pmatrix} 4 & a & \| & -2 \\ 0 & a^2 - 4 & \| & -2a - 4 \end{pmatrix} \Rightarrow \begin{pmatrix} 4 & 2 & \| & -2 \\ 0 & 0 & \| & -8 \end{pmatrix}$ Das LGS ist **nicht lösbar**, weil in der zweiten Zeile ein Widerspruch entstanden ist. $0x + 0y \neq -8$
$a \in \mathbb{R} \setminus \{-2; 2\}$	$\begin{pmatrix} 4 & a & \| & -2 \\ 0 & a^2 - 4 & \| & -2a - 4 \end{pmatrix}$ Mit $y = \frac{-2a - 4}{a^2 - 4}$ $4x + ay = -2 \Rightarrow 4x + a \cdot \underbrace{\frac{-2a - 4}{a^2 - 4}}_{y} = -2$ $\Rightarrow 4x + \frac{-2a^2 - 4a}{a^2 - 4} = -2 \Rightarrow 4x = -2 - \frac{-2a^2 - 4a}{a^2 - 4} \Rightarrow x = -0{,}5 - \frac{-2a^2 - 4a}{4(a^2 - 4)}$ $\begin{pmatrix} x \\ y \end{pmatrix} = \begin{pmatrix} -0{,}5 - \frac{-2a^2 - 4a}{4(a^2 - 4)} \\ \frac{-2a - 4}{a^2 - 4} \end{pmatrix}$ Das LGS ist **eindeutig lösbar**.

2.3.6 Übungen

1 Schreiben Sie das LGS als erweiterte Koeffizientenmatrix und bestimmen Sie die Lösungsmenge.

a) $\begin{vmatrix} x_1 + x_2 + x_3 = 2 \\ 2x_1 - x_2 - 2x_3 = -2 \\ x_1 + 4x_2 + 3x_3 = 2 \end{vmatrix}$
b) $\begin{vmatrix} 9x + 14y + 17z = 15 \\ 12x + 16y + 6z = 11 \\ 6x + 18y + 7z = 10 \end{vmatrix}$
c) $\begin{vmatrix} 6x_1 - 2x_2 + 4x_3 = -36 \\ 9x_1 + 5x_2 - 3x_3 = -3 \\ -3x_1 + x_2 - 5x_3 = 25 \end{vmatrix}$

d) $\begin{vmatrix} 2x_1 - x_2 + 3x_3 = 1 \\ x_1 + 4x_2 - 5x_3 = 11 \\ -x_1 - 2x_2 + 7x_3 = -21 \end{vmatrix}$
e) $\begin{vmatrix} x + y + z = 1 \\ 2x + 3y - 3z = 0 \\ 3x + 4y - 4z = 1 \end{vmatrix}$
f) $\begin{vmatrix} 4y + 8z = 4x + 12 \\ -x - 3 = -y - 2z \\ 2x - 2y = 4z - 6 \end{vmatrix}$

g) $\begin{vmatrix} 2x + y + 5z = 17 \\ -10x + 15y - 50z = 70 \\ -8x + 8y - 35z = 28 \end{vmatrix}$
h) $\begin{vmatrix} 2x - y + 3u = 10 \\ x - 3z + u = -4 \\ y + 0{,}5u - 3 = -0{,}5z \\ x - y - 3 = 0 \end{vmatrix}$
i) $\begin{vmatrix} x + 3y - 4z = -6 \\ 2x - 2y + z = 5 \\ x + y - 2z = -2 \\ 3x - y + 2z = 6 \end{vmatrix}$

2 Bestimmen Sie den Lösungsvektor $\vec{x}$.

a) $\begin{pmatrix} 2 & 1 & -4 \\ 3 & 2 & -7 \\ 4 & -3 & 2 \end{pmatrix} \cdot \begin{pmatrix} x_1 \\ x_2 \\ x_3 \end{pmatrix} = \begin{pmatrix} 1 \\ 1 \\ 7 \end{pmatrix}$
b) $\begin{pmatrix} 3 & 5 & -1 \\ 2 & -3 & -8 \\ -1 & 2 & -5 \end{pmatrix} \cdot \begin{pmatrix} x_1 \\ x_2 \\ x_3 \end{pmatrix} = \begin{pmatrix} -7 \\ 6 \\ 23 \end{pmatrix}$

c) $\begin{pmatrix} 16 & -3 & 1 \\ 2 & 3 & 2 \\ 1 & 1 & 1 \end{pmatrix} \cdot \begin{pmatrix} x_1 \\ x_2 \\ x_3 \end{pmatrix} = \begin{pmatrix} 21 \\ 3 \\ 2 \end{pmatrix}$
d) $\begin{pmatrix} 1 & 1 & -1 & 3 \\ 2 & 1 & 1 & 4 \\ 2 & 3 & -5 & 8 \\ -1 & 1 & -5 & 1 \end{pmatrix} \cdot \begin{pmatrix} w \\ x \\ y \\ z \end{pmatrix} = \begin{pmatrix} -3 \\ -1 \\ -11 \\ -7 \end{pmatrix}$

e) $\begin{pmatrix} 2 & 2 & 0 & 0 \\ 2 & 0 & 2 & 0 \\ 3 & 5 & 7 & 9 \end{pmatrix} \cdot \begin{pmatrix} w \\ x \\ y \\ z \end{pmatrix} = \begin{pmatrix} 10 \\ 20 \\ 30 \end{pmatrix}$
f) $\begin{pmatrix} -6 & -8 & 5 \\ 3 & -3 & 6 \\ 5 & -5 & -5 \end{pmatrix} \cdot \begin{pmatrix} x \\ y \\ z \end{pmatrix} = \begin{pmatrix} -22 \\ -3 \\ -5 \end{pmatrix}$

g) $\begin{pmatrix} 2 & -3 & 1 \\ 3 & 6 & -8 \\ 1 & 0 & 1 \end{pmatrix} \cdot \begin{pmatrix} x \\ y \\ z \end{pmatrix} = \begin{pmatrix} -6 \\ 34 \\ 5 \end{pmatrix}$
h) $\begin{pmatrix} 2 & 6 & -3 & 12 \\ 4 & 3 & 3 & 15 \\ 4 & -3 & 6 & 6 \\ 0 & -3 & 5 & -2 \end{pmatrix} \cdot \begin{pmatrix} w \\ x \\ y \\ z \end{pmatrix} = \begin{pmatrix} -6 \\ 6 \\ 6 \\ 14 \end{pmatrix}$

i) $\begin{pmatrix} 3 & 4 & -2 \\ -2 & -1 & 1 \\ 1 & 0{,}5 & -0{,}5 \end{pmatrix} \cdot \begin{pmatrix} x \\ y \\ z \end{pmatrix} = \begin{pmatrix} 5 \\ -1 \\ 2 \end{pmatrix}$

3 Bestimmen Sie die Werte für die Parameter a und b mit $a, b \in \mathbb{R}$, sodass das Gleichungssystem eindeutig lösbar, mehrdeutig lösbar bzw. nicht lösbar ist.

a) $\begin{vmatrix} x_1 + x_2 = a \\ 2x_1 - 3x_2 = 2a \end{vmatrix}$
b) $\begin{pmatrix} 2 & a \\ a & -1 \end{pmatrix} \cdot \begin{pmatrix} x \\ y \end{pmatrix} = \begin{pmatrix} -3 \\ 1 \end{pmatrix}$
c) $\begin{pmatrix} a & 2a \\ -2 & -1 \end{pmatrix} \cdot \begin{pmatrix} x \\ y \end{pmatrix} = \begin{pmatrix} 6 \\ 4 \end{pmatrix}$

d) $\begin{pmatrix} -4 & -8 \\ 8 & 2a \end{pmatrix} \cdot \begin{pmatrix} x_1 \\ x_2 \end{pmatrix} = \begin{pmatrix} -8 \\ 8 \end{pmatrix}$
e) $\begin{vmatrix} 3x - 2y + z - 2a = 0 \\ 5x - 4y - z - 2 = 0 \\ 1x + 3y - 2z - 2a - 6 = 0 \end{vmatrix}$
f) $\begin{vmatrix} x_1 - x_2 - x_3 = a \\ x_1 - x_2 + x_3 = 2 \\ x_1 - x_2 = a + 1 \end{vmatrix}$

4 Ein Unternehmen produziert in zwei Stufen zwei verschiedene Fertigteige für Pizza. Aus diesem Produktionsprozess sind folgende Zusammenhänge bekannt:

	E_1	E_2
Z_1	5	6
Z_2	7	8

	E_1	E_2
R_1	278	324
R_2	230	268

a) Zeichnen Sie das zugehörige Verflechtungsdiagramm.
b) Berechnen Sie die Rohstoffe, die je Zwischenprodukt benötigt werden.

5 Eine Tischlerei fertigt in zwei Stufen drei verschiedene Tische. Das Lager hat folgende Anforderungen für die Produktion bekommen:

	Z_1	Z_2	Z_3
R_1	7	1	3
R_2	2	4	1
R_3	5	6	3

	E_1	E_2	E_3
R_1	134	152	170
R_2	81	79	77
R_3	165	169	173

Berechnen Sie die Einheiten der Zwischenprodukte, die jeweils in das Endprodukt eingehen.

6 Die Produktion von sterilen Wattestäbchen für Infektionsabstriche wird über einen zweistufigen Produktionsprozess beschrieben. Von dieser Produktion sind die Matrizen A_{RZ} (1. Produktionsstufe) und C_{RE} (Bedarfsmatrix) bekannt:

$$A_{RZ} = \begin{pmatrix} 1,4 & 1,1 & 1,0 \\ 0,2 & 0,4 & 0,4 \\ 0,2 & 0,3 & 0,41 \\ e & f & 0,2 \end{pmatrix} \text{ und}$$

$$C_{RE} = \begin{pmatrix} 504 & 732 & 958 \\ 112 & 180 & 256 \\ 104 & 168 & 226 \\ 80 & 120 & 160 \end{pmatrix}$$

a) Bestimmen Sie die fehlende Matrix B_{ZE}.
b) Erklären Sie die Bedeutung der einzelnen Matrizen für den Produktionsprozess.

2.3 Mehrstufige Produktionsprozesse

7 Die Herstellung von Kosmetik zur Abdeckung von Narben erfolgt über zwei Produktionsstufen:

$$A_{RZ} = \begin{pmatrix} 20 & 8 & 19 \\ 35 & 14 & 44 \\ e & f & 25 \end{pmatrix}, \quad B_{ZE} = \begin{pmatrix} 2 & 0 & 1 \\ 3 & 1 & 2 \\ 1 & 2 & 4 \end{pmatrix} \quad \text{und} \quad C_{RE} = \begin{pmatrix} 83 & 46 & 112 \\ a & b & c \\ 105 & 60 & d \end{pmatrix}$$

a) Bestimmen Sie die Parameter a, b, c, d, e und f.
b) Zeichnen Sie das zugehörige Verflechtungsdiagramm.

8 Bei einem Unternehmen sind die Bedarfsmatrix C_{RE} und die Produktionsmatrix B_{ZE} bekannt:

$$C_{RE} = \begin{pmatrix} 190 & 290 & 200 \\ 95 & 145 & 100 \\ 155 & 205 & 175 \end{pmatrix} \quad \text{und} \quad B_{ZE} = \begin{pmatrix} 2 & 2 & 4 \\ 7 & 9 & 5 \\ 1 & 3 & 2 \end{pmatrix}$$

a) Berechnen Sie die Matrix A_{RZ} und interpretieren Sie die zweite Zeile sowie die dritte Spalte der Matrix.
b) Berechnen Sie die Rohstoffkosten in Geldeinheiten für die Produktion von 7 Mengeneinheiten (ME) E_1, 6 ME E_2 und 5 ME E_3, wenn $\vec{k}_R^T = (3{,}5 \quad 4{,}8 \quad 5{,}2)$ gilt.

9 Das Unternehmen *Fruchtig* produziert in zwei verschiedenen Abteilungen Fruchtsäfte. Die erste Abteilung stellt aus den Rohstoffen (R) die Zwischenprodukte (Z) her. Die zweite Abteilung stellt dann aus den Zwischenprodukten die Fruchtsäfte (E) her. Der Materialfluss ist durch folgende Tabellen gegeben:

	Z_1	Z_2	Z_3
R_1	1	3	0
R_2	0	6	2
R_3	a	0	b
R_4	1	3	1

	E_1	E_2	E_3
Z_1	2	1	4
Z_2	8	10	1
Z_3	6	2	2

a) Bestimmen Sie die fehlenden Werte a und b, mit $a, b \in \mathbb{R}$, wenn die Bedarfsmatrix C_{RE} wie folgt lautet:

$$C_{RE} = \begin{pmatrix} 26 & 31 & 7 \\ 60 & 64 & 10 \\ 16 & 6 & 12 \\ 32 & 33 & 9 \end{pmatrix}$$

b) Ein Kunde bestellt bei dem Unternehmen *Fruchtig* 12 Mengeneinheiten (ME) des Fruchtsaftes E_3. Im Lager befinden sich noch 75 ME von Z_1 und 100 ME von Z_3. Ermitteln Sie, ob die Bestände Z_1 und Z_3 ausreichen, um die Lieferung an den Kunden durchzuführen.
Berechnen Sie, wie viele Mengeneinheiten Z_1, Z_2 und Z_3 für diesen Auftrag zusätzlich hergestellt werden müssen.
Bestimmen Sie, wie viele Einheiten E_1 und E_2 bei dieser Produktion hergestellt werden.

Fortsetzung

c) Zeichnen Sie für diese Bestellung das zugehörige Verflechtungsdiagramm.
d) Ermitteln Sie für diese Bestellung den Gewinn, wenn die Herstellung Gesamtkosten in Höhe 150 Geldeinheiten (GE) verursacht hat und die Säfte für folgende Preise verkauft werden:

E_1	E_2	E_3
12 GE/ME	7,5 GE/ME	8,6 GE/ME

10 Ein Maschinenbaubetrieb stellt aus vier Grundstoffen (G) im ersten Produktionsschritt zwei Zwischenprodukte (Z) und schließlich drei Endprodukte (E) her.

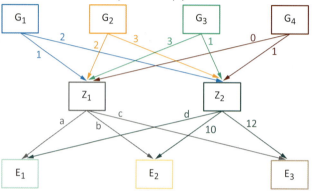

a) Bestimmen Sie die Matrizen A_{GZ} und B_{ZE} für die einzelnen Produktionsstufen. Bestimmen Sie die Parameter a, b, c und d, wenn die Bedarfsmatrix folgendermaßen lautet:

$$C_{GE} = \begin{pmatrix} 15 & 24 & 30 \\ 25 & 38 & 48 \\ 20 & 22 & 30 \\ 5 & 10 & 12 \end{pmatrix}$$

Berechnen Sie den Bedarf an Grundstoffen bei einer Bestellung von 100 Mengeneinheiten (ME) von E_1, 150 ME von E_2 und 75 ME von E_3.

b) Bestimmen Sie C_{GE}^{-1} und erklären Sie das Verfahren zur Berechnung von C_{GE}^{-1}.

11 Eine Aufgabe geht auf Reisen.

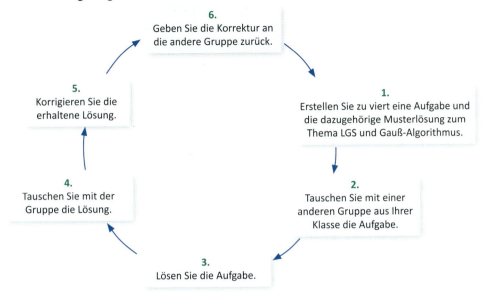

12 Erläutern Sie anhand selbst gewählter Beispiele die unterschiedlichen Lösungsmengen bei linearen Gleichungssystemen.
Präsentieren Sie Ihre Zusammenstellung in geeigneter Weise.

2.3.7 Übungsaufgaben für Klausuren und Prüfungen

Aufgabe 1 (ohne Hilfsmittel)

Stellen Sie einen beliebigen zweistufigen Produktionsprozess grafisch dar und erläutern Sie die Berechnung der notwendigen Rohstoffmengen je Endprodukt.

Aufgabe 2 (ohne Hilfsmittel)

Bestimmen Sie für den nachfolgenden zweistufigen Produktionsprozess die fehlenden Werte $a, b, c \in \mathbb{R}$.

$$A_{RZ} = \begin{pmatrix} 1 & 3 & 5 \\ 2 & 4 & 6 \\ 1 & 5 & 3 \end{pmatrix}, \quad B_{ZE} = \begin{pmatrix} 2 & 3 & 4 \\ 6 & b & 4 \\ 1 & c & 3 \end{pmatrix} \quad \text{und} \quad C_{RE} = \begin{pmatrix} a & 28 & 31 \\ 34 & 38 & 42 \\ 35 & 34 & 33 \end{pmatrix}$$

Aufgabe 3 (mit Hilfsmitteln)

Die *Schneiderei Zastrow* fertigt Jeanshosen in zwei Produktionsschritten. Im ersten Schritt werden die Stoffe zugeschnitten und die Einzelteile geheftet. Im zweiten Produktionsschritt werden die Einzelteile zusammengenäht. Der Produktionszusammenhang in Mengeneinheiten (ME) ist aus den folgenden Tabellen ersichtlich:

Materialien \ Einzelteile	E_1	E_2	E_3
M_1	5	6	7
M_2	8	9	5
M_3	e	f	8

Materialien \ Hosen	H_1	H_2	H_3
M_1	72	98	124
M_2	a	b	c
M_3	84	114	d

Einzelteile \ Hosen	H_1	H_2	H_3
E_1	1	1	1
E_2	10	12	14
E_3	1	3	5

Stellen Sie für die Produktionsabteilung den Herstellungsprozess der Jeans mithilfe eines Verflechtungsdiagrammes dar; das Diagramm soll alle notwendigen Angaben enthalten.

Ermitteln Sie für das Lager die notwendigen Materialmengen für die Herstellung je einer ME der drei Jeans und erstellen Sie eine tabellarische Übersicht.

Die *Schneiderei Zastrow* liefert einen Großauftrag an drei verschiedene Filialen (F) einer großen Ladenkette. Die Verkaufsmengen sind in der Tabelle zusammengestellt (Einheiten in Tausend Stück).

Filialen \ Hosen	H_1	H_2	H_3
F_1	4	2	6
F_2	4	4	8
F_3	8	0	8

Der Abteilungsleiter der Controlling-Abteilung der *Schneiderei Zastrow* hat von dem Geschäftsführer der Ladenkette die Information erhalten, dass die einzelnen Filialen folgende Umsätze mit den Jeans erzielen müssen, damit zukünftig weitere Aufträge erteilt werden:

Filialen	F_1	F_2	F_3
Umsatz	34	48	40

Die Angaben erfolgen in Tausend Geldeinheiten. Außerdem hat der Geschäftsführer mitgeteilt, dass der Preis p_2 für Jeans H_2 doppelt so hoch ist wie der Preis p_1 für Jeans H_1.
Berechnen Sie für den Abteilungsleiter der Controlling-Abteilung die zugrunde liegenden Verkaufspreise (p_1, p_2, p_3), damit der Abteilungsleiter auf dieser Basis die Gewinnspanne der Ladenkette ermitteln kann.

Aufgabe 4 (mit Hilfsmitteln)

Ein Unternehmen stellt Messing-Kleinteile für die Möbelindustrie her. Vier Grundprodukte (R) werden zu drei Sortimenten (Z) zusammengestellt. Diese Sortimente werden zusammen in zwei verschiedenen Kleinteilsätzen (E) angeboten. Folgende Listen sind für die Herstellung bekannt; die Angaben erfolgen in Mengeneinheiten (ME):

	Z_1	Z_2	Z_3
R_1	100	200	0
R_2	200	200	400
R_3	200	300	400
R_4	400	300	600

	E_1	E_2
Z_1	8	a + b
Z_2	a	16
Z_3	20	b

	E_1	E_2
R_1	2 800	4 700
R_2	11 600	8 200
R_3	12 600	9 800
R_4	18 200	13 800

Folgenden Kosten liegen dem Produktionsprozess zugrunde; die Angaben erfolgen in Geldeinheiten pro Mengeneinheiten (GE/ME):
$\vec{k}_R^T = (0,5 \quad 0,8 \quad 1,0 \quad 1,5)$, $\vec{k}_Z^T = (5 \quad 15 \quad 10)$ und $\vec{k}_E^T = (40 \quad 32)$
Die Verkaufspreise werden durch den Preisvektor dargestellt; die Angaben erfolgen in GE/ME: $\vec{p}^T = (27.000 \quad 78.400)$

Fortsetzung

a) Stellen Sie den Produktionsprozess mithilfe der Matrizenrechnung dar.
   Berechnen Sie die fehlenden Werte für a und b mit $a, b \in \mathbb{R}$.
b) Das Unternehmen erhält einen Auftrag von einem bekannten Möbelhersteller. Dieser benötigt 400 ME des Kleinteilsatzes K_1 und 500 ME des Kleinteilsatzes K_2. Das Unternehmen hat die Fixkosten dieses Auftrages auf 1.500.000 GE kalkuliert. Bestimmen Sie die variablen Stückkosten dieses Auftrages und berechnen Sie die Gesamtkosten.
   Ermitteln Sie für den Kundenauftrag den Erlös des Produzenten und den erzielten Gewinn.

Aufgabe 5 (mit Hilfsmitteln)

Ein Produzent stellt aus vier Rohstoffen R_1, R_2, R_3 und R_4 drei Zwischenprodukte Z_1, Z_2 und Z_3 her, um daraus im nächsten Produktionsschritt drei Endprodukte E_1, E_2 und E_3 herzustellen. Die folgende Tabelle gibt an, wie viele Mengeneinheiten (ME) der Rohstoffe zur Herstellung je Einheit der Zwischenprodukte benötigt werden.

	Z_1	Z_2	Z_3
R_1	0,7	0,55	0,5
R_2	0,1	0,2	0,2
R_3	0,1	0,15	0,2
R_4	0,1	0,1	0,1

Die folgende Tabelle gibt an, wie viele Einheiten der jeweiligen Zwischenprodukte pro Endprodukt benötigt werden.

	E_1	E_2	E_3
Z_1	240	300	320
Z_2	80	120	280
Z_3	80	180	200

Die Kosten in Geldeinheiten pro Mengeneinheit (GE/ME) für die jeweiligen Rohstoffe sind durch den folgenden Kostenvektor gegeben: $\vec{k}_R^T = (25 \quad 15 \quad 10 \quad 5)$.
Die Fertigungskosten in GE/ME für die jeweiligen Zwischenprodukte sind durch folgenden Vektor gegeben:
$\vec{k}_Z^T = (8 \quad 10 \quad 12)$. Die Endmontagekosten in GE/ME je Endprodukt sind gegeben durch: $\vec{k}_E^T = (4.000 \quad 4.800 \quad 6.000)$.
Im Lager sind noch 1 712 ME von R_1, 424 ME von R_2 und 384 ME von R_3 sowie ausreichend ME von R_4 vorrätig.
Stellen Sie diesen Produktionszusammenhang geeignet grafisch dar.
Bereiten Sie eine Tischvorlage für Ihren Abteilungsleiter vor, in der Sie die Ergebnisse der nachfolgenden Arbeitsaufträge gut strukturiert darstellen:

- Ermitteln Sie die Rohstoffmengen, die pro Endprodukt benötigt werden.
- Berechnen Sie die Endproduktmengen, die sich aus den Zwischenproduktmengen $\vec{r}_Z^T = (1\,360 \quad 800 \quad 640)$ herstellen lassen.
- Berechnen Sie die Gesamtkosten für die Herstellung von folgenden Endprodukten: 10 ME von E_1, 5 ME von E_2 und 7 ME von E_3. Die Fixkosten für diese Produktion belaufen sich auf 9.410 GE.
- Ermitteln Sie die Zwischenproduktmengen, die sich mit den Lagerbeständen an Rohstoffen produzieren lassen; geben Sie die Menge von R_4 an, die dafür benötigt wird.

2.3.8 Aufgaben aus dem Zentralabitur Niedersachsen
2.3.8.1 Hilfsmittelfreie Aufgaben

ZA 2015 | Haupttermin | eA | P4

Ein Betrieb erzeugt aus drei Rohstoffen (R_1, R_2, R_3) drei Zwischenprodukte (Z_1, Z_2, Z_3), die zu drei Endprodukten (E_1, E_2, E_3) weiterverarbeitet werden.

Es gibt Werte für a und b, sodass die Zusammenhänge durch den folgenden Verflechtungsgraphen und die Rohstoff-Endprodukt-Tabelle gegeben sind.

Verflechtungsgraph
Angaben in Mengeneinheiten

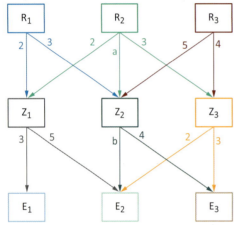

Rohstoff-Endprodukt-Tabelle
Anzahl der benötigten Mengeneinheiten der Rohstoffe je Mengeneinheit des Endproduktes

Rohstoffe \ Endprodukte	E_1	E_2	E_3
R_1	6	16	12
R_2	6	21	25
R_3	0	18	32

a) Der Zusammenhang Rohstoff-Zwischenprodukt wird durch eine Matrix A_{RZ}, der Zusammenhang Zwischenprodukt-Endprodukt durch eine Matrix B_{ZE} und der Zusammenhang Rohstoff-Endprodukt durch eine Matrix C_{RE} beschrieben.
Geben Sie eine Beziehung zwischen diesen drei Matrizen an.

b) Bestimmen Sie die im Verflechtungsgraphen fehlenden Werte für a und b.

ZA 2017 | Haupttermin | eA | P5

In einem Produktionsprozess werden aus den Rohstoffen Zwischenprodukte und daraus die Endprodukte hergestellt. Die Verflechtung kann den folgenden Matrizen entnommen werden. Die Werte sind in Mengeneinheiten (ME) angegeben.

$$A_{RZ} = \begin{pmatrix} 2 & 1 & 0 \\ 0 & 0 & 1 \\ 2 & 0 & 2 \end{pmatrix}, \quad B_{ZE} = \begin{pmatrix} 3 & 5 \\ a & 6 \\ 0 & 4 \end{pmatrix}, \quad C_{RE} = \begin{pmatrix} 14 & 16 \\ 0 & 4 \\ 6 & 18 \end{pmatrix}, \quad a \in \mathbb{R}_{\geq 0}$$

a) Berechnen Sie den Wert für a.
   Der Rohstoff R_2 fällt dauerhaft aus.
   Untersuchen Sie, welches Endprodukt weiterhin produziert werden kann.

b) Der Rohstoff R_2 kann durch zwei andere Rohstoffe R_{21} und R_{22} ersetzt werden. Eine Mengeneinheit (ME) von R_2 wird ersetzt durch 3 ME von R_{21} und 5 ME von R_{22}.
   Bestimmen Sie die neue Rohstoff-Zwischenprodukt-Matrix, in der die Rohstoffe R_{21} und R_{22} berücksichtigt werden.

ZA 2018 | Haupttermin | gA | P4

In einem mehrstufigen Prozess sind folgende Produktionszusammenhänge in Mengeneinheiten (ME) bekannt:

Rohstoff-Zwischenproduktmatrix mit $A_{RZ} = \begin{pmatrix} 1 & 0 & 1 \\ 1 & 2 & 0 \\ 2 & 2 & 2 \end{pmatrix}$,

Zwischenprodukt-Endproduktmatrix mit $B_{ZE} = \begin{pmatrix} 1 & 2 \\ 2 & 3 \\ 1 & 1 \end{pmatrix}$

sowie der aktuelle Lagerbestand der Rohstoffe $\vec{r} = \begin{pmatrix} 40 \\ 50 \\ 120 \end{pmatrix}$.

a) Bestimmen Sie die Rohstoff-Endproduktmatrix C_{RE}.

b) Bestimmen Sie die Anzahl an Zwischenprodukten in ME, die mithilfe des vorhandenen Lagerbestandes an Rohstoffen hergestellt werden können.

ZA 2019 | Haupttermin | eA | P5

Eine Unternehmung stellt aus zwei Rohstoffen R_1 und R_2 drei verschiedene Mischungen M_1, M_2 und M_3 her. Die folgende Tabelle gibt für jede dieser Mischungen an, wie viele Mengeneinheiten von R_1 und R_2 pro Mengeneinheit der betreffenden Mischung benötigt werden.

	M_1	M_2	M_3
R_1	8	6	11
R_2	8	10	5

Die zugehörige Matrix wird mit A_{RM} bezeichnet.

Die Mischungen werden an Großkunden verkauft, die diese verpacken und in den Handel bringen. Folgende Bestellung zweier Kunden K_1 und K_2 liegt vor:

	K_1	K_2
M_1	30	0
M_2	20	20
M_3	0	10

Die zugehörige Matrix wird mit B_{MK} bezeichnet.

a) Berechnen Sie die zugehörige Matrix C_{RK} und interpretieren Sie das Matrixelement in der ersten Zeile und ersten Spalte im Sachzusammenhang.

b) Die Unternehmung muss die benötigten Rohstoffe einkaufen. Die Kosten einer Mengeneinheit von R_1 betragen dabei 75 % der Kosten einer Mengeneinheit von R_2. Die Rohstoffkosten, die bei der Herstellung einer Mengeneinheit der Mischung M_1 entstehen, betragen 2.800 EUR.
Berechnen Sie die Kosten einer Mengeneinheit von R_2.

2.3.8.2 Aufgaben aus dem Wahlteil

ZA 2014 | Haupttermin | GTR | eA | 3B
Ein Unternehmen, das Rasierwasser herstellt, hat nachfolgenden Produktionszusammenhang. Die Angaben sind in Mengeneinheiten (ME), $a \in [5; 8] \wedge a \in \mathbb{N}$ ist ein Parameter, der die Produktion in unterschiedlichen Ländern widerspiegelt:

	Z_1	Z_2	Z_3
R_1	100	200	0
R_2	200	200	400
R_3	200	300	400
R_4	400	300	600

Rohstoffe: R_1, R_2, R_3, R_4
Zwischenprodukte: Z_1, Z_2, Z_3
Endprodukte: E_1, E_2

	E_1	E_2
Z_1	8	2a
Z_2	a	16
Z_3	20	a

a) Für den Produktionsprozess und für die Angabe der Inhaltsstoffe auf der Verpackung werden mehrere Informationen benötigt:
Stellen Sie den Produktionsprozess mit allen Werten grafisch dar.
Berechnen Sie die benötigten Mengenangaben der einzelnen Rohstoffe für die Produktion je einer Mengeneinheit (ME) der beiden Rasierwasser in Abhängigkeit vom Parameter a.
Geben Sie an, wie viele Rohstoffmengen mindestens und wie viele höchstens für je eine ME der Endprodukte vorrätig sein müssen.

b) An ein Werk im Ausland werden 100 ME von Z_1, 75 ME von Z_2 und 80 ME von Z_3 verkauft. Die Einkaufspreise für die Rohstoffe liegen für R_1 bei 3 Geldeinheiten pro Mengeneinheit (GE/ME), für R_2 bei 3,5 GE/ME, für R_3 bei 6 GE/ME und für R_4 bei 10 GE/ME. Der Verkaufspreis pro Zwischenprodukteinheit liegt für Z_1 bei 110 % der Rohstoffkosten, für Z_2 bei 200 % und für Z_3 bei 150 %.
Bestimmen Sie die Höhe des Überschusses, der aus diesem Verkauf resultiert.

c) In einem Land wird mit dem Paramter $a = 6$ produziert. Für die Preiskalkulation benötigt die Unternehmensleitung den Fertigungskostenvektor $\vec{k}_z^T$ der ersten Produktionsstufe. Bei der Produktion für eine ME von E_1 entstehen Fertigungskosten für die Zwischenprodukte in Höhe von 15 GE/ME und für eine ME von E_2 in Höhe von 24 GE/ME.
Berechnen Sie das Kostenintervall für Z_3.

ZA 2016 | Haupttermin | GTR | eA | 3B

Das Unternehmen *BIOSAFT* produziert Smoothies in einem zweistufigen Produktionsprozess zunächst aus den Rohstoffen Obst (R_1), Gemüse (R_2) und Wasser (R_3) die Zwischenprodukte Obstbasis (Z_1), Gemüsebasis (Z_2) und eine fruchtige Wasserbasis (Z_3), die anschließend zu den Endprodukten Obst-Smoothie (E_1), Grüner-Smoothie (E_2) und Obst-Gemüse-Smoothie (E_3) verarbeitet werden. Folgende Informationen in Mengeneinheiten (ME) sind bekannt:

$$B_{ZE} = \begin{pmatrix} 4 & 2 & 1{,}4 \\ 2 & 3{,}5 & 2{,}5 \\ 0 & 2{,}5 & 1{,}8 \end{pmatrix} \quad C_{RE} = \begin{pmatrix} 36 & 28 & 19{,}8 \\ 18 & 34 & 24{,}3 \\ 8 & 24 & 17{,}2 \end{pmatrix}$$

a) Der Discounter *OLDI* überlegt, die Smoothies von *BIOSAFT* in sein Sortiment aufzunehmen und ist bereit, einen einheitlichen Preis von 35 Geldeinheiten (GE) je ME Smoothie zu bezahlen.
Der Auftrag von *OLDI* an *BIOSAFT* umfasst 500 ME Obst-Smoothies und 200 ME Grüner-Smoothie. *BIOSAFT* möchte den Auftrag kalkulieren.
Folgende Informationen bezüglich der Produktionskosten sind bekannt:

Rohstoffkosten in GE/ME		Fertigungskosten der 1. Produktionsstufe in GE/ME		Fertigungskosten der 2. Produktionsstufe in GE/ME	
R_1	0,6	Z_1	0,5	E_1	0,4
R_2	0,4	Z_2	0,5	E_2	0,45
R_3	0,1	Z_3	0,2	E_3	0,37

Fixkosten: 228 GE je Auftrag

Interpretieren Sie das Element b_{31} der Matrix B_{ZE} im Sachzusammenhang.
Bestimmen Sie die variablen Stückkosten je einer Mengeneinheit der Endprodukte.
Berechnen Sie die variablen Kosten für diesen Auftrag.
Begründen Sie rechnerisch, ob *BIOSAFT* den Auftrag annehmen sollte.

Im Folgenden verändert sich aufgrund von Ernteschwankungen der Rohstoffpreis für Obst, während die übrigen Preise konstant bleiben.
Bestimmen Sie die für *BIOSAFT* maximal akzeptable prozentuale Preissteigerung für Obst, wenn der Gewinn für diesen Auftrag nicht negativ werden soll.

b) Von der Rohstoff-Zwischenprodukt-Matrix A_{RZ} ist bekannt, dass von Obst viermal so viel zur Produktion einer Mengeneinheit der Obstbasis benötigt wird wie zur Produktion einer Mengeneinheit der Gemüsebasis, hingegen von Gemüse siebenmal so viel zur Produktion einer Mengeneinheit der Gemüsebasis wie zur Produktion einer Mengeneinheit der Obstbasis. Der Rohstoff Wasser wird für die Fertigung der Gemüsebasis nicht benötigt.
Bestimmen Sie die fehlende Rohstoff-Zwischenprodukt-Matrix A_{RZ}.

ZA 2018 | Haupttermin | GTR | eA | 3B

Ein Spielzeughersteller produziert Fidget Spinner. Die hochwertigen Plastikrahmen der Fidget Spinner werden in drei Stufen gefertigt. In der ersten Stufe werden aus den drei Rohstoffen R_1, R_2 und R_3 die drei Zwischenprodukte Z_1, Z_2 und Z_3 gefertigt. In der zweiten Stufe werden aus diesen Zwischenprodukten die beiden Plastikrahmen P_1 und P_2 gegossen. Anschließend wird jede Mengeneinheit (ME) der Plastikrahmen mit vier ME Kugellagern bestückt. Die nachfolgenden Tabellen geben die benötigten ME zur Herstellung jeweils einer ME Plastikrahmen an.

	P_1	P_2
R_1	8	6
R_2	8	7
R_3	13	5

	Z_1	Z_2	Z_3
R_1	2	2	2
R_2	3	2	1
R_3	0	4	5

a) Die technische Dokumentation und einige wirtschaftliche Kalkulationen für die Plastikrahmen sind zu erstellen. Sie bekommen von dem Qualitätsbeauftragten folgende Aufgaben:
Zeichnen Sie für den Produktionsprozess der Plastikrahmen das zugehörige Verflechtungsdiagramm.
Erläutern Sie mithilfe eines Beispiels die Berechnung eines Elements der Rohstoff-Endproduktmatrix C_{RP} und interpretieren Sie das Ergebnis im Sachzusammenhang.

Die aktuellen Rohstoffpreise betragen 0,12 EUR je ME von R_1, 0,09 EUR je ME von R_2 und 0,10 EUR je ME von R_3. In der Kalkulation sollen die Materialkosten für die Produktion je einer ME von P_1 und P_2 ausgewiesen werden.
Berechnen Sie diese Materialkosten.

Der Mindestbestand an Zwischenprodukten ist mit 3 000 ME je Zwischenprodukt und der Mindestbestand an Plastikrahmen ist mit je 1 000 ME angegeben.
Ermitteln Sie die Kapitalbindung der für den Mindestbestand benötigten Rohstoffmengen.

b) Die Rohstoffkosten von P_1 dürfen laut Kalkulation 3,14 EUR, die von P_2 1,96 EUR nicht übersteigen. Der Rohstoffpreis von R_1 unterliegt starken Schwankungen und steigt auf 0,15 EUR je ME.
Ermitteln Sie die Preise für die Rohstoffe R_2 und R_3, die unter diesen Bedingungen beim Einkauf nicht überschritten werden dürfen.

Ein Auftrag über 10 000 ME Fidget Spinner der Art P_1 und 7 500 ME Fidget Spinner der Art P_2 erbringt einen Gewinn von 15.000 EUR. Die Kugellager werden für 0,24 EUR je ME von einem Zulieferer bezogen.

Fortsetzung

Die Fertigungskosten der Zwischenprodukte je einer ME des Endproduktes für die jeweilige Verarbeitungsstufe belaufen sich auf: $\vec{k}_Z^T \cdot B_{ZP} = (1{,}02 \quad 0{,}62)$. Die Fertigungskosten für eine ME der Endprodukte belaufen sich auf: $\vec{k}_E^T = (0{,}25 \quad 0{,}22)$.
Das Unternehmen kalkuliert mit den maximal möglichen Rohstoffpreisen.
Die Kosten für den Einbau der vier ME Kugellager werden mit 1,20 EUR je ME Plastikrahmen angegeben. Das Unternehmen möchte für diesen Auftrag eine Wirtschaftlichkeit von $W = \frac{E}{K} = \frac{8}{7}$ realisieren.
Berechnen Sie die Höhe der Fixkosten, die in diesem Fall nicht überschritten werden dürfen und die Höhe des Erlöses.

ZA 2019 | Haupttermin | GTR | eA | 3A

Das Unternehmen *Gebrüder Bart GmbH* produziert hochwertige Berufsbekleidung für unterschiedliche Bereiche. Um den hohen qualitativen Ansprüchen zu genügen, finden das Weben der Stoffe und die Konfektionierung der Bekleidung an einem Standort statt. In einem zweistufigen Produktionsprozess werden aus den Fasern Baumwolle (F_1), Viskose (F_2), Elasthan (F_3), Polyamid (F_4) und Polyester (F_5) u. a. drei unterschiedliche Stoffe S_1, S_2 und S_3 hergestellt, aus denen anschließend die Bekleidungsmodelle M_1, M_2 und M_3 angefertigt werden. Als Grundlage für die Kalkulation werden folgende Informationen in Mengeneinheiten (ME) zur Verfügung gestellt:

$$A_{FS} = \begin{pmatrix} 1 & 5 & 3 \\ 0 & 2 & 3 \\ 2 & 0 & 1 \\ 0 & 1 & 0 \\ 5 & 1 & 2 \end{pmatrix}, \quad B_{SM} = \begin{pmatrix} 4 & 2 & 6 \\ 2 & 1 & 4 \\ 8 & 6 & 2 \end{pmatrix}.$$

a) Ein Großkunde möchte seine Belegschaft neu einkleiden und bestellt 200 ME von M_1, 180 ME von M_2 und 120 ME von M_3.
Bestimmen Sie die Mengen von F_1, F_2, F_3, F_4 und F_5, die für diesen Auftrag benötigt werden.

Die *Gebrüder Bart GmbH* möchte die Kostenstruktur für diesen Auftrag analysieren. Die Kosten des Produktionsprozesses in Geldeinheiten pro Mengeneinheit (GE/ME) sind den nachfolgenden Tabellen zu entnehmen:

Fasern	Preise (GE/ME)
F_1	0,6
F_2	1,2
F_3	0,8
F_4	0,3
F_5	0,2

Herstellung der Stoffe	Kosten (GE/ME)
S_1	6
S_2	4
S_3	3

Herstellung der Bekleidungsmodelle	Kosten (GE/ME)
M_1	45
M_2	36
M_3	52

Bestimmen Sie die variablen Kosten für diesen Auftrag.

Um den Auftrag schneller erfüllen zu können, wird überlegt, den Stoff S_3 von einem Fremdunternehmen einzukaufen.
Berechnen Sie dafür die benötigten ME von S_3.
Bestimmen Sie den maximalen Einkaufspreis für eine ME von S_3, wenn sich die variablen Kosten nicht erhöhen sollen.
Bestimmen Sie die Einsparungen der Mengen von F_1, F_2, F_3, F_4 und F_5, die durch den Einkauf von S_3 entstehen.

b) Die *Gebrüder Bart GmbH* nimmt ein neues Bekleidungsmodell M_4 in ihr Sortiment auf. Die Zusammensetzung von einer ME M_4 ist durch die folgende Tabelle gegeben:

	M_4
S_1	3
S_2	4
S_3	1

Bestimmen Sie für das neu zu erstellende Etikett mit den Pflegehinweisen die prozentuale Faserzusammensetzung für M_4.

2.4 Leontief-Modell

Das Leontief-Modell, das nach dem Nobelpreisträger Wassily Leontief[1] benannt wurde, ist ein Modell zur **Input-Output-Analyse**, das vorwiegend für volkswirtschaftliche, aber auch für betriebswirtschaftliche Untersuchungen eingesetzt wird. Die zentrale Frage dieses Modells lautet: „Mit welchem Einsatz von Faktoren (Input) erstellen die einzelnen Sektoren einer Volkswirtschaft oder einzelne Abteilungen oder Zweigwerke eines Unternehmens ihre Produkte (Output)?" Die Input-Output-Analyse ist eine Methode der volkswirtschaftlichen Gesamtrechnung, mit deren Hilfe die Auswirkungen beispielsweise von Beschäftigungs-, Preis- oder Nachfrageänderungen bestimmt werden können. Sie verbindet exakte Zahlen mit Wirtschaftstheorien.

2.4.1 Lernsituationen
Lernsituation 1

Benötigte Kompetenzen für die Lernsituation 1
Rechnen mit Matrizen und Vektoren; Lösen von LGS

Inhaltsbezogene Kompetenzen der Lernsituation 1
Leontief-Modell

Prozessbezogene Kompetenzen der Lernsituation 1
Probleme mathematisch lösen; mathematisch modellieren; mit symbolischen, formalen und technischen Elementen umgehen; kommunizieren

Methode
ICH-DU-WIR

Zeit
3 Doppelstunden

Der Wirtschaftsausschuss eines kleinen Inselstaates untersucht die Verflechtungen der einzelnen Wirtschaftssektoren für die aktuelle Produktionsperiode und für zukünftige Produktionsperioden. Die ersten Auswertungen haben folgende Daten ergeben; die Angaben erfolgen in Geldeinheiten (GE):

---

[1] Wasily Leontief wurde 1905 in München geboren und ist 1999 in New York gestorben. Er erhielt 1973 den Nobelpreis für Wirtschaftswissenschaften für seine Ausarbeitungen zur Input-Output-Analyse.

2.4 Leontief-Modell

von \ nach		Verbraucher			Konsum y_i	Gesamt-produktion x_i
		Sektor 1	Sektor 2	Sektor 3		
Produzenten	Sektor 1	5	15	10	20	50
	Sektor 2	6	a	8	10	30
	Sektor 3	4	12	14	b	40

Für die nächste Ausschusssitzung sollen die Verflechtungen der Sektoren grafisch dargestellt werden, damit die Zusammenhänge anschaulich verdeutlicht werden.
Erstellen Sie das zugehörige Verflechtungsdiagramm.

Außerdem sollen die Auswirkungen folgender wirtschaftlicher Veränderungen beschrieben werden:
- Die Marktnachfrage erhöht sich in jedem Sektor um 10 %.
- Die Gesamtproduktion aller drei Sektoren erhöht sich jeweils um 10 GE.
- Nur der Sektor 3 erhöht seine Gesamtproduktion um 20 %.

Untersuchen Sie die einzelnen Auswirkungen der drei möglichen Veränderungen.

Der Vorschlag eines Ausschussmitgliedes besagt, dass für die nächste Produktionsperiode die Marktabgabe im Verhältnis 2 : 1 : 1 erfolgen soll. Gleichzeitig soll aus umweltpolitischen Gründen die Gesamtproduktion von Sektor 1 auf 125 GE beschränkt werden.
Erstellen Sie für diese Situation eine neue Input-Output-Tabelle.

Fassen Sie Ihre Analysen in einer **Präsentation** für den Wirtschaftsausschuss zusammen.

ICH (Einzelarbeit)		■ Aufgaben lesen und wichtige Informationen rausschreiben ■ Informationen zum Lösen der Aufgabe „sammeln" und stichwortartig zusammenfassen
DU (Partnerarbeit)		■ notierte Informationen vergleichen ■ gesammelte Informationen vergleichen, ergänzen und verbessern ■ Aufgabe gemeinsam bearbeiten
WIR (Gruppenarbeit)		■ Lösungen vergleichen, ergänzen und verbessern ■ Handlungsprodukte erstellen

2.4.2 Wirtschaftliche Zusammenhänge

Das **Leontief-Modell** zeigt als **Input-Output-Modell** die Verflechtungen der Ströme von Gütern und Dienstleistungen innerhalb einer Volkswirtschaft oder innerhalb eines Konzerns oder eines Unternehmens auf. Die Ströme von Gütern und Dienstleistungen werden in Geldeinheiten angegeben, damit eine Vergleichbarkeit zwischen den unterschiedlichen Gütern und/oder Dienstleistungen ermöglicht wird.

Folgende Prämissen liegen dem Leontief-Modell zugrunde:
- Die technologischen Bedingungen bleiben im Betrachtungszeitraum konstant.
- Die produzierten Mengeneinheiten können nicht mit verschiedenen Faktorkombinationen erzielt werden.
- Die Produktionsfaktoren Arbeit und Faktorpreise bleiben unberücksichtigt.
- Wenn eine Produktion mit einem bestimmten Einsatz der Produktionsfaktoren erzielt werden kann, dann bringt der k-fache Einsatz der Produktionsfaktoren auch die k-fache Produktionsmenge hervor.

Der Verflechtungsprozess der wirtschaftlichen Ströme von Gütern und Dienstleistungen lässt sich in einer **Input-Output-Tabelle** darstellen:

		Verbraucher				
		Sektor 1	Sektor 2	Sektor 3	Konsum y_i	Gesamtproduktion x_i
Produzenten	Sektor 1	x_{11}	x_{12}	x_{13}	y_1	x_1
	Sektor 2	x_{21}	x_{22}	x_{23}	y_2	x_2
	Sektor 3	x_{31}	x_{32}	x_{33}	y_3	x_3

Die Ströme der Güter/Dienstleistungen der einzelnen Sektoren werden mit x_{ij} bezeichnet: Der Sektor i (Produzent) liefert an den Sektor j (Verbraucher).

Die Gesamtproduktion der einzelnen Sektoren ergibt sich aus $x_i = \sum_{j=1}^{n} x_{ij} + y_i$; y_i spiegelt die Abgabe an die Konsumenten wider.

Der **Sektor 1** produziert insgesamt Güter und Dienstleistungen im Wert von x_1 Geldeinheiten (GE). Von dieser Produktion benötigt der Sektor selbst für zukünftige Produktionen Güter und Dienstleistungen im Wert von x_{11} GE, dies wird als **Eigenverbrauch** definiert. Die verbleibende Produktion geht an den Sektor 2 in Höhe von x_{12} GE, an Sektor 3 in Höhe von x_{13} GE sowie an den Markt und steht den Konsumenten in Höhe von y_1 GE zur Verfügung: $x_1 = x_{11} + x_{12} + x_{13} + y_1$.

Für den Sektor 2 und 3 gelten die gleichen Zusammenhänge: $x_2 = x_{21} + x_{22} + x_{23} + y_2$ sowie $x_3 = x_{31} + x_{32} + x_{33} + y_3$. Dabei stellen x_{22} und x_{33} jeweils den Eigenverbrauch der Sektoren 2 und 3 dar.

Die grafische Darstellung der Verflechtungszusammenhänge erfolgt mithilfe eines **Verflechtungsdiagrammes**, das auch als **Input-Output-Diagramm** oder Gozintograph bezeichnet wird.

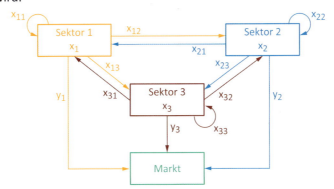

Der Eigenverbrauch x_{11}, x_{22} und x_{33} wird mithilfe von sogenannten Schleifen dargestellt.

Aus dem Verflechtungsdiagramm lassen sich zwei verschiedene Matrizen ableiten:

Die **Sektorenmatrix** $X = \begin{pmatrix} x_{11} & x_{12} & x_{13} \\ x_{21} & x_{22} & x_{23} \\ x_{31} & x_{32} & x_{33} \end{pmatrix}$ stellt spaltenweise den Input und zeilenweise den Output der einzelnen Sektoren dar.

Die **Technologie-Matrix** A stellt innerhalb der Spalten dar, wie viele GE in Form von Gütern/Dienstleistungen des Sektors i benötigt werden, um Güter/Dienstleistungen im Wert von einer GE im Sektor j zu erzeugen:

$$A = \begin{pmatrix} \frac{x_{11}}{x_1} & \frac{x_{12}}{x_2} & \frac{x_{13}}{x_3} \\ \frac{x_{21}}{x_1} & \frac{x_{22}}{x_2} & \frac{x_{23}}{x_3} \\ \frac{x_{31}}{x_1} & \frac{x_{32}}{x_2} & \frac{x_{33}}{x_3} \end{pmatrix}$$

Die **Leontief-Inverse** $(E - A)^{-1}$ entspricht der invertierten Matrix, die sich aus der Differenz der Einheitsmatrix E mit der Technologiematrix A ergibt. Nur wenn die Leontief-Inverse existiert und keine negativen Elemente enthält, kann *jede* externe Nachfrage, d. h. alle Konsumwünsche, am Markt befriedigt werden.

Die Marktabgabe an die Konsumenten wird im **Konsumvektor** zusammengefasst:

$$\vec{y} = \begin{pmatrix} y_1 \\ y_2 \\ y_3 \end{pmatrix} \text{ mit } y_i \geq 0$$

Die Gesamtproduktion der einzelnen Sektoren spiegelt der **Produktionsvektor** wider:

$$\vec{x} = \begin{pmatrix} x_1 \\ x_2 \\ x_3 \end{pmatrix} = \begin{pmatrix} x_{11} + x_{12} + x_{13} + y_1 \\ x_{21} + x_{22} + x_{23} + y_2 \\ x_{31} + x_{32} + x_{33} + y_3 \end{pmatrix} \text{ mit } x_i \geq 0$$

Folgende Zusammenhänge gelten zwischen der Technologiematrix und den Vektoren für den Konsum und die Gesamtproduktion:

$$\vec{x} = A \cdot \vec{x} + \vec{y} \qquad \vec{y} = (E - A) \cdot \vec{x} \qquad \vec{x} = (E - A)^{-1} \cdot \vec{y}$$

Die Formeln leiten sich wie folgt voneinander ab:

$$
\begin{aligned}
\vec{x} &= A \cdot \vec{x} + \vec{y} & &\mid -\vec{y} \\
\vec{x} - \vec{y} &= A \cdot \vec{x} & &\mid -\vec{x} \\
-\vec{y} &= A \cdot \vec{x} - \vec{x} & &\mid \cdot (-1) \\
\vec{y} &= \underline{\vec{x}} - A \cdot \vec{x} & &\mid \vec{x} \text{ ausklammern} \\
&\ E \cdot \vec{x} \\
\vec{y} &= (E - A) \cdot \vec{x}
\end{aligned}
$$

$$
\begin{aligned}
\vec{y} &= (E - A) \cdot \vec{x} \mid \cdot (E - A)^{-1} \text{ links} \\
(E - A)^{-1} \cdot \vec{y} &= \underbrace{(E - A)^{-1} \cdot (E - A)}_{E} \cdot \vec{x} \\
(E - A)^{-1} \cdot \vec{y} &= \vec{x} \\
\vec{x} &= (E - A)^{-1} \cdot \vec{y}
\end{aligned}
$$

2.4.3 Volks- und betriebswirtschaftliche Analysen

Im Rahmen der Input-Output-Analyse von Leontief werden die Ströme[1] der Güter und Dienstleitungen zwischen volkswirtschaftlichen Sektoren, produzierenden und verbrauchenden Abteilungen oder Zweigwerken in einem bestimmten Zeitraum mithilfe der Matrizenrechnung analysiert. Die Matrizenrechnung liefert den Rahmen für eine möglichst exakte Beschreibung der Wirtschaftsstrukturen und erlaubt damit eine Prognose über die Auswirkungen wirtschaftlicher Eingriffe[2].

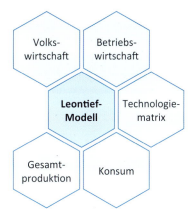

2.4.3.1 Analysen auf Basis vorhandener Informationen

Wenn alle notwendigen Informationen der aktuellen Verflechtungen vorhanden sind, können Prognosen für weitere Perioden erstellt werden.

Beispiel 1

Drei Sektoren einer Volkswirtschaft sind nach dem Leontief-Modell miteinander verbunden. Die nachfolgende Tabelle stellt die Ströme der Güter und Dienstleistungen zwischen diesen Sektoren dar. Die Angaben erfolgen in Geldeinheiten (GE).

		Verbraucher				
		Landwirtschaft	Industrie	Verkehrswesen	Konsum	Gesamtproduktion
Produzenten	Landwirtschaft	2	5	5	8	x_1
	Industrie	6	10	2,5	31,5	x_2
	Verkehrswesen	8	5	7,5	4,5	x_3

---

[1] Ströme stellen den Kauf und Verkauf von Gütern und Dienstleistungen dar.
[2] Wirtschaftliche Eingriffe können z. B. Steuern und Subventionen sein, veränderte Nachfragemodalitäten sowie veränderte Produktionsmöglichkeiten aufgrund von Investitionen oder geänderten Finanzierungen.

a) Eine Marktanalyse hat ergeben, dass die Landwirtschaft in der nächsten Periode Güter und Dienstleistungen im Wert von 16 GE für die Konsumnachfrage bereitstellen sollte, die Industrie im Wert von 63 GE und das Verkehrswesen in Höhe von 9 GE.
Bestimmen Sie den zukünftigen volkswirtschaftlichen Produktionsvektor $\vec{x}_{neu}$.

b) Weitere Analysen haben ergeben, dass die Landwirtschaft in der darauffolgenden Periode insgesamt Güter und Dienstleistungen im Wert von 24 GE produzieren kann, die Industrie im Wert von 60 GE und das Verkehrswesen in Höhe von 33 GE. Ermitteln Sie den Wert der Güter und Dienstleistungen, die dann für den Konsum bereitstehen.
Zeichnen Sie für diese zukünftige Periode das zugehörige Verflechtungsdiagramm.

Lösungen

a) **Aufstellen der Technologie-Matrix**
Berechnung der Gesamtproduktion
Landwirtschaft: $\quad x_1 = x_{11} + x_{12} + x_{13} + y_1 = 2 + 5 + 5 + 8 = 20$
Industrie: $\quad x_2 = x_{21} + x_{22} + x_{12} + y_2 = 6 + 10 + 2{,}5 + 31{,}5 = 50$
Verkehrswesen: $\quad x_3 = x_{31} + x_{32} + x_{33} + y_3 = 8 + 5 + 7{,}5 + 4{,}5 = 25$

$$A = \begin{pmatrix} \frac{x_{11}}{x_1} & \frac{x_{12}}{x_2} & \frac{x_{13}}{x_3} \\ \frac{x_{21}}{x_1} & \frac{x_{22}}{x_2} & \frac{x_{23}}{x_3} \\ \frac{x_{31}}{x_1} & \frac{x_{32}}{x_2} & \frac{x_{33}}{x_3} \end{pmatrix} = \begin{pmatrix} \frac{2}{20} & \frac{5}{50} & \frac{5}{25} \\ \frac{6}{20} & \frac{10}{50} & \frac{2{,}5}{25} \\ \frac{8}{20} & \frac{5}{50} & \frac{7{,}5}{25} \end{pmatrix} = \begin{pmatrix} \frac{1}{10} & \frac{1}{10} & \frac{1}{5} \\ \frac{3}{10} & \frac{1}{5} & \frac{1}{10} \\ \frac{2}{5} & \frac{1}{10} & \frac{3}{10} \end{pmatrix}$$

Interpretation
Um Güter und Dienstleistungen im Wert von 1 GE in dem Sektor Landwirtschaft zu produzieren, werden $\frac{1}{10}$ vom Output des Sektors Landwirtschaft benötigt (Eigenverbrauch), $\frac{3}{10}$ vom Output des Sektors Industrie und $\frac{2}{5}$ vom Output des Sektors Verkehrswesen. In der Spalte stehen die Werte, die zur Produktion benötigt werden, also die technologischen Bedingungen der Produktion in der Landwirtschaft.

Aufstellen des neuen Konsumvektors

$$\vec{y}_{neu} = \begin{pmatrix} 16 \\ 63 \\ 9 \end{pmatrix}$$

Berechnen des neuen Produktionsvektors

$\vec{x} = (E - A)^{-1} \cdot \vec{y}$

Bestimmen der Leontief-Inversen

$$(E - A) = \begin{pmatrix} 1 & 0 & 0 \\ 0 & 1 & 0 \\ 0 & 0 & 1 \end{pmatrix} - \begin{pmatrix} \frac{2}{20} & \frac{5}{50} & \frac{5}{25} \\ \frac{6}{20} & \frac{10}{50} & \frac{2,5}{25} \\ \frac{8}{20} & \frac{5}{50} & \frac{7,5}{25} \end{pmatrix} = \begin{pmatrix} \frac{18}{20} & -\frac{1}{10} & -\frac{1}{5} \\ -\frac{3}{10} & \frac{40}{50} & -\frac{1}{10} \\ -\frac{4}{10} & -\frac{1}{10} & \frac{17,5}{25} \end{pmatrix}$$

(Hinweis: Die negativen Elemente in der Matrix sind gekürzt).

$$(E - A)^{-1} = \begin{pmatrix} \frac{18}{20} & -\frac{1}{10} & -\frac{1}{5} \\ -\frac{3}{10} & \frac{40}{50} & -\frac{1}{10} \\ -\frac{4}{10} & -\frac{1}{10} & \frac{17,5}{25} \end{pmatrix}^{-1} = \begin{pmatrix} \frac{11}{8} & \frac{9}{40} & \frac{17}{40} \\ \frac{5}{8} & \frac{11}{8} & \frac{3}{8} \\ \frac{7}{8} & \frac{13}{40} & \frac{69}{40} \end{pmatrix}$$

Die Leontief-Inverse kann mithilfe des GTR/CAS ermittelt werden oder händisch mithilfe des Gauß-Algorithmus[1]. $(E - A \mid E) \rightarrow (E \mid (E - A)^{-1})$. Da alle Elemente der Leontief-Inversen positiv sind, kann jede beliebige Marktnachfrage befriedigt werden.

$\vec{x}_{neu} = (E - A)^{-1} \cdot \vec{y}_{neu}$

$$\vec{x}_{neu} = \begin{pmatrix} \frac{11}{8} & \frac{9}{40} & \frac{17}{40} \\ \frac{5}{8} & \frac{11}{8} & \frac{3}{8} \\ \frac{7}{8} & \frac{13}{40} & \frac{69}{40} \end{pmatrix} \cdot \begin{pmatrix} 16 \\ 63 \\ 9 \end{pmatrix} = \begin{pmatrix} 40 \\ 100 \\ 50 \end{pmatrix}$$

In der nächsten Periode müssen von dem Sektor Landwirtschaft Güter und Dienstleistungen im Wert von 40 GE, vom Sektor Industrie in Höhe von 100 GE und vom Sektor Verkehrswesen im Wert von 50 GE produziert werden, damit der geforderte Konsum erreicht werden kann.

Da die Konsumabgaben der einzelnen Sektoren verdoppelt werden sollen, muss auch die Produktion der einzelnen Sektoren verdoppelt werden.

b) **Berechnen der neuen Konsumabgaben**

$\vec{y}_{neu+} = (E - A) \cdot \vec{x}_{neu+}$

$\vec{x}_{neu+} = \begin{pmatrix} 24 \\ 60 \\ 33 \end{pmatrix}$

$$\vec{y}_{neu+} = \begin{pmatrix} \frac{18}{20} & -\frac{1}{10} & -\frac{1}{5} \\ -\frac{3}{10} & \frac{40}{50} & -\frac{1}{10} \\ -\frac{4}{10} & -\frac{1}{10} & \frac{17,5}{25} \end{pmatrix} \cdot \begin{pmatrix} 24 \\ 60 \\ 33 \end{pmatrix} = \begin{pmatrix} 9 \\ 37,5 \\ 7,5 \end{pmatrix}$$

Die Landwirtschaft kann bei der vorgegebenen Gesamtproduktion Güter und Dienstleistungen im Wert von 9 GE an die Konsumenten abgeben, die Industrie in Höhe von 37,5 GE und das Verkehrswesen im Wert von 7,5 GE.

---

[1] Verfahren zum Bestimmen einer Inversen, siehe S. 22–24 und S. 27–28
Händische Berechnung dieser Leontief-Inversen, siehe S. 91.

Ermittlung der einzelnen Abgaben von Sektor an Sektor

Mithilfe der Technologiematrix und dem Produktionsvektor werden die fehlenden Werte, die die Ströme von Sektor zu Sektor widerspiegeln, berechnet. Es gibt zwei Berechnungsmöglichkeiten:

- $A \cdot \vec{x} = \begin{pmatrix} \frac{2}{20} & \frac{5}{50} & \frac{5}{25} \\ \frac{6}{20} & \frac{10}{50} & \frac{2,5}{25} \\ \frac{8}{20} & \frac{5}{50} & \frac{7,5}{25} \end{pmatrix} \cdot \begin{pmatrix} 24 \\ 60 \\ 33 \end{pmatrix} = \begin{pmatrix} \frac{2}{20} \cdot 24 + \frac{5}{50} \cdot 60 + \frac{5}{25} \cdot 33 \\ \frac{6}{20} \cdot 24 + \frac{10}{50} \cdot 60 + \frac{2,5}{25} \cdot 33 \\ \frac{8}{20} \cdot 24 + \frac{5}{50} \cdot 60 + \frac{7,5}{25} \cdot 33 \end{pmatrix} = \begin{pmatrix} 2,4 + 6 + 6,6 \\ 7,2 + 12 + 3,3 \\ 9,6 + 6 + 9,9 \end{pmatrix}$

oder

- $A = \begin{pmatrix} a_{11} & a_{12} & a_{13} \\ a_{21} & a_{22} & a_{23} \\ a_{31} & a_{32} & a_{33} \end{pmatrix} = \begin{pmatrix} \frac{2}{20} & \frac{5}{50} & \frac{5}{25} \\ \frac{6}{20} & \frac{10}{50} & \frac{2,5}{25} \\ \frac{8}{20} & \frac{5}{50} & \frac{7,5}{25} \end{pmatrix}$ und $\vec{x}_{neu+} = \begin{pmatrix} 24 \\ 60 \\ 33 \end{pmatrix}$

Landwirtschaft

$a_{11} = \frac{x_{11}}{x_1} = \frac{x_{11}}{24} = \frac{2}{20} \Rightarrow x_{11} = \frac{2}{20} \cdot 24 = 2,4$

$a_{12} = \frac{x_{12}}{x_2} = \frac{x_{12}}{60} = \frac{5}{50} \Rightarrow x_{12} = \frac{5}{50} \cdot 60 = 6$

$a_{13} = \frac{x_{13}}{x_3} = \frac{x_{13}}{33} = \frac{5}{25} \Rightarrow x_{13} = \frac{5}{25} \cdot 33 = 6,6$

Industrie

$a_{21} = \frac{x_{21}}{x_1} = \frac{x_{21}}{24} = \frac{6}{20} \Rightarrow x_{21} = \frac{6}{20} \cdot 24 = 7,2$

$a_{22} = \frac{x_{22}}{x_2} = \frac{x_{22}}{60} = \frac{10}{50} \Rightarrow x_{22} = \frac{10}{50} \cdot 60 = 12$

$a_{23} = \frac{x_{23}}{x_3} = \frac{x_{23}}{33} = \frac{2,5}{25} \Rightarrow x_{23} = \frac{2,5}{25} \cdot 33 = 3,3$

Verkehrswesen

$a_{31} = \frac{x_{31}}{x_1} = \frac{x_{31}}{24} = \frac{8}{20} \Rightarrow x_{31} = \frac{8}{20} \cdot 24 = 9,6$

$a_{32} = \frac{x_{32}}{x_2} = \frac{x_{32}}{60} = \frac{5}{50} \Rightarrow x_{32} = \frac{5}{50} \cdot 60 = 6$

$a_{33} = \frac{x_{33}}{x_3} = \frac{x_{33}}{33} = \frac{7,5}{25} \Rightarrow x_{33} = \frac{7,5}{25} \cdot 33 = 9,9$

Verflechtungsdiagramm für die übernächste Periode

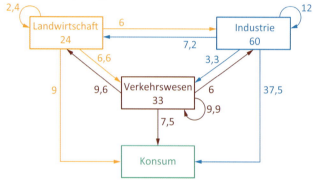

Ermittlung der Leontief-Inversen mithilfe des Gauß-Algorithmus

$$\underbrace{\begin{pmatrix} \frac{18}{20} & -\frac{1}{10} & -\frac{1}{5} \\ -\frac{3}{10} & \frac{40}{50} & -\frac{1}{10} \\ -\frac{4}{10} & -\frac{1}{10} & \frac{17{,}5}{25} \end{pmatrix}}_{E-A} \left| \underbrace{\begin{pmatrix} 1 & 0 & 0 \\ 0 & 1 & 0 \\ 0 & 0 & 1 \end{pmatrix}}_{E} \right. \begin{array}{l} \cdot 10 \\ \cdot 10 \\ \cdot 10 \end{array}$$

$$\begin{pmatrix} 9 & -1 & -2 \\ -3 & 8 & -1 \\ -4 & -1 & 7 \end{pmatrix} \left| \begin{pmatrix} 10 & 0 & 0 \\ 0 & 10 & 0 \\ 0 & 0 & 10 \end{pmatrix} \right. \begin{array}{l} \cdot 4 \\ \cdot 3 + \text{Zeile 1} \\ \cdot 9 + \text{Zeile 1} \end{array}$$

$$\begin{pmatrix} 9 & -1 & -2 \\ 0 & 23 & -5 \\ 0 & -13 & 55 \end{pmatrix} \left| \begin{pmatrix} 10 & 0 & 0 \\ 10 & 30 & 0 \\ 40 & 0 & 90 \end{pmatrix} \right. \begin{array}{l} \cdot 23 + \text{Zeile 2} \\ \cdot 13 \\ \cdot 23 + \text{Zeile 2} \end{array}$$

$$\begin{pmatrix} 207 & 0 & -51 \\ 0 & 23 & -5 \\ 0 & 0 & 1200 \end{pmatrix} \left| \begin{pmatrix} 240 & 30 & 0 \\ 10 & 30 & 0 \\ 1050 & 390 & 2070 \end{pmatrix} \right. \begin{array}{l} \cdot 1200 + \text{Zeile 3} \\ \cdot 240 + \text{Zeile 3} \\ \cdot 51 \end{array}$$

$$\begin{pmatrix} 248\,400 & 0 & 0 \\ 0 & 5520 & 0 \\ 0 & 0 & 1200 \end{pmatrix} \left| \begin{pmatrix} 341\,550 & 55\,890 & 105\,570 \\ 3450 & 7590 & 2070 \\ 1050 & 390 & 2070 \end{pmatrix} \right. \begin{array}{l} \cdot \left(-\frac{1}{248\,400}\right) \\ \cdot \frac{1}{5520} \\ \cdot \frac{1}{1200} \end{array}$$

$$\underbrace{\begin{pmatrix} 1 & 0 & 0 \\ 0 & 1 & 0 \\ 0 & 0 & 1 \end{pmatrix}}_{E} \left| \underbrace{\begin{pmatrix} \frac{11}{8} & \frac{9}{40} & \frac{17}{40} \\ \frac{5}{8} & \frac{11}{8} & \frac{3}{8} \\ \frac{7}{8} & \frac{13}{40} & \frac{69}{40} \end{pmatrix}}_{(E-A)^{-1}} \right.$$

2.4.3.2 Übungen

1 Eine Volkswirtschaft besteht aus den drei Sektoren *Landwirtschaft*, *Industrie* und *Verkehrswesen*. Jeder Sektor verbraucht einen Teil der Produktion selbst. Jeder Sektor beliefert auch die jeweils anderen und den Markt.

Die Landwirtschaft verbraucht in einer Produktionsperiode Güter/Dienstleistungen im Wert von einer Geldeinheit (GE) selbst, gibt an die Industrie Güter/Dienstleistungen im Wert von 1 GE und an das Verkehrswesen im Wert von 2 GE sowie an den Konsum in Höhe von 1 GE weiter.

Die Industrie produziert insgesamt Güter/Dienstleistungen im Wert von 7 GE und verbraucht davon Güter/Dienstleistungen im Wert von 1 GE selbst. Sie gibt an die Landwirtschaft Güter/Dienstleistungen im Wert 2 GE und an das Verkehrswesen in Höhe von 1 GE ab.

Das Verkehrswesen produziert Güter/Dienstleistungen in Höhe von 6 GE und gibt an die Landwirtschaft Güter/Dienstleistungen im Wert 2 GE, an die Industrie in Höhe von 1 GE und an den Konsum im Wert von 2 GE ab.

a) Vervollständigen Sie die Input-Output-Tabelle mithilfe des Informationstextes.

Input-Output-Tabelle:

Produzenten \ Verbraucher	Landwirtschaft	Industrie	Verkehrswesen	Konsum	Gesamtproduktion
Landwirtschaft	$x_{11} = 1$	$x_{12} = 1$	$x_{13} = 2$	$y_1 = 1$	
Industrie					
Verkehrswesen					

b) Neben der Tabellendarstellung können die Verflechtungen der einzelnen Sektoren einer Volkswirtschaft in einem Verflechtungsdiagramm dargestellt werden. Vervollständigen Sie das nachfolgende Diagramm.

Verflechtungsdiagramm:

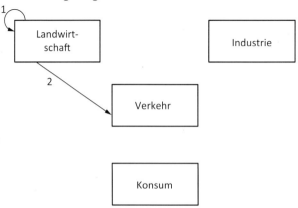

c) Die Daten der Input-Output-Tabelle bzw. das Verflechtungsdiagramm können als Technologiematrix A dargestellt werden.
Vervollständigen Sie die Technologiematrix und interpretieren Sie die erste Spalte.

$$A = \begin{pmatrix} \frac{x_{11}}{x_1} & \frac{x_{12}}{x_2} & \frac{x_{13}}{x_3} \\ \frac{x_{21}}{x_1} & \frac{x_{22}}{x_2} & \frac{x_{23}}{x_3} \\ \frac{x_{31}}{x_1} & \frac{x_{32}}{x_2} & \frac{x_{33}}{x_3} \end{pmatrix} = \begin{pmatrix} \frac{1}{5} & \frac{1}{7} & - \\ \frac{2}{5} & - & - \\ - & - & - \end{pmatrix}$$

2 Für die Technologiematrix A, den Produktionsvektor $\vec{x}$ und den Konsumvektor $\vec{y}$ gelten folgende Zusammenhänge: $\vec{y} = (E - A) \cdot \vec{x}$ und $\vec{x} = (E - A)^{-1} \cdot \vec{y}$.

a) Überprüfen Sie die Gültigkeit dieses Zusammenhangs anhand der Aufgabe 1.
b) Ermitteln Sie für das nächste Quartal den Marktvektor, wenn die Landwirtschaft Güter und Dienstleistungen im Wert von 20 GE, die Industrie in Höhe von 14 GE und das Verkehrswesen insgesamt im Wert von 12 GE produzieren.
c) Marktforschungen haben ergeben, dass die einzelnen Sektoren für das nächste Halbjahr jeweils Güter und Dienstleistungen im Wert von 19 GE an den Markt abgeben sollten.
Ermitteln Sie die dann benötigten Produktionsmengen in GE für das Halbjahr.
d) Bereiten Sie ein gut strukturiertes **Handout** mit Ihren Arbeitsergebnissen vor, sodass Ihre Ergebnisse graphisch und rechnerisch verdeutlicht werden.

3 Bereiten Sie eine Informationsveranstaltung vor, bei der Sie die Grundlagen und Zusammenhänge des Leontief-Modells darstellen.
Erläutern Sie dabei auch, wie die Leontief-Inverse $(E - A)^{-1}$ rechnerisch ohne Einsatz eines GTR/CAS ermittelt werden kann. Gehen Sie bei Ihren Erläuterungen auch auf den Gauß-Algorithmus ein.

4 Der *Wirtschaftsausschuss der Regierung des Landes ABC* analysiert die Güter- und Dienstleistungsströme in Geldeinheiten (GE). Durch folgende Tabelle werden die erhobenen Daten dargestellt:

Verbraucher / Produzenten	Landwirtschaft	Industrie	Verkehr	Banken	Gesamtproduktion
Landwirtschaft	20	30	5	5	70
Industrie	10	110	65	40	325
Verkehr	10	60	55	50	275
Banken	30	125	150	5	330

a) Für eine bessere Übersicht benötigt der Wirtschaftsausschuss eine andere Darstellungsform der Daten.
Zeichnen Sie das vollständige zugehörige Verflechtungsdiagramm.

Fortsetzung

b) Der Wirtschaftsausschuss geht davon aus, dass in der nächsten Periode die gesamtwirtschaftliche Produktion wie folgt aussehen wird: $\vec{x} = \begin{pmatrix} 105 \\ 325 \\ 275 \\ 396 \end{pmatrix}$.

Bestimmen Sie die dann möglichen Abgaben an die Konsumenten.

5 Folgendes Verflechtungsdiagramm stellt den Fluss der Güter und Dienstleistungen einer *Volkswirtschaft XY* dar. Die Werte sind in Geldeinheiten (GE) angegeben.

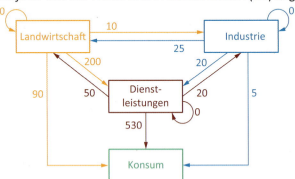

Marktumfragen haben ergeben, dass in der nächsten Periode Güter und Dienstleistungen in Höhe von 101,5 GE von der Landwirtschaft, 10,15 GE von der Industrie und 406 GE aus dem Dienstleistungsgewerbe nachgefragt werden.
Ermitteln Sie die dafür benötigten Produktionsmengen.

6 Für eine Volkswirtschaft wurde folgende Technologiematrix erstellt:

$A = \begin{pmatrix} 0,5 & 0,1 & 0,1 \\ 0,2 & 0,5 & 0,1 \\ 0,1 & 0,2 & 0,5 \end{pmatrix}$

a) Erklären Sie das Zustandekommen der Matrix.
b) Interpretieren Sie die zweite Spalte der Matrix.
c) Erstellen Sie die zugehörige Input-Output-Tabelle unter der Voraussetzung, dass $\vec{x} = \begin{pmatrix} 1\,000 \\ 2\,000 \\ 3\,000 \end{pmatrix}$ gilt.
d) Berechnen Sie mithilfe des Gauß-Algorithmus die Leontief-Inverse. Erläutern Sie, ob jede externe Nachfrage befriedigt werden kann.

7 Eine Aufgabe geht auf Reisen.

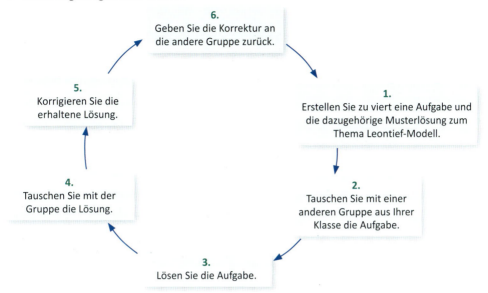

2.4.3.3 Analysen auf Basis nicht vollständig vorhandener Informationen

Wenn nicht alle notwendigen Informationen der aktuellen Verflechtungen vorhanden sind, können Prognosen für weitere Perioden erst dann erstellt werden, wenn die fehlenden Informationen ermittelt wurden.

Beispiel 1

Der Automobilhersteller *C.A.R.* hat drei Zweigwerke in Deutschland. Diese Zweigwerke sind nach dem Leontief-Modell miteinander verbunden.
Die Verflechtungen werden durch die nachfolgende Tabelle verdeutlicht:

nach von	Zweigwerk 1	Zweigwerk 2	Zweigwerk 3	Markt/ Konsum	Gesamt- produktion
Zweigwerk 1	3	a	1	4	12
Zweigwerk 2	3	4	2	7	b
Zweigwerk 3	3	0	2	c	8

Die Abgabe an den Markt soll im nächsten Jahr im Verhältnis 9 : 3 : 3 erfolgen. Ermitteln Sie die benötigten Produktionsmengen unter der Voraussetzung, dass das Zweigwerk 3 aufgrund seiner Kapazitätsgrenze insgesamt nur Güter und Dienstleistungen im Wert von 32 GE produzieren kann.

Lösungen
Ermittlung der Parameter

$a = x_{12} = x_1 - y_1 - x_{11} - x_{13} = 12 - 4 - 3 - 1 = 4$
Zweigwerk 1 gibt Güter/Dienstleistungen im Wert von 4 GE an Zweigwerk 2 ab.

$b = x_2 = x_{21} + x_{22} + x_{23} + y_2 = 3 + 4 + 2 + 7 + = 16$
Zweigwerk 2 produziert insgesamt Güter/Dienstleistungen im Wert von 16 GE.

$c = y_3 = x_3 - x_{31} - x_{32} - x_{33} = 8 - 3 - 0 - 2 = 3$
Zweigwerk 3 gibt Güter/Dienstleistungen im Wert von 3 GE an den Markt ab.

Technologiematrix aufstellen

$$A = \begin{pmatrix} \frac{x_{11}}{x_1} & \frac{x_{12}}{x_2} & \frac{x_{13}}{x_3} \\ \frac{x_{21}}{x_1} & \frac{x_{22}}{x_2} & \frac{x_{23}}{x_3} \\ \frac{x_{31}}{x_1} & \frac{x_{32}}{x_2} & \frac{x_{33}}{x_3} \end{pmatrix} = \begin{pmatrix} \frac{3}{12} & \frac{4}{16} & \frac{1}{8} \\ \frac{3}{12} & \frac{4}{16} & \frac{2}{8} \\ \frac{3}{12} & \frac{0}{16} & \frac{4}{8} \end{pmatrix} = \begin{pmatrix} 0{,}25 & 0{,}25 & 0{,}125 \\ 0{,}25 & 0{,}25 & 0{,}25 \\ 0{,}25 & 0 & 0{,}5 \end{pmatrix}$$

2.4 Leontief-Modell

Produktionsmengen ermitteln

$\vec{x} = (E - A)^{-1} \cdot \vec{y}$

$\vec{x} = \begin{pmatrix} 0{,}75 & -0{,}25 & -0{,}125 \\ -0{,}25 & 0{,}75 & -0{,}25 \\ -0{,}25 & 1 & 0{,}5 \end{pmatrix}^{-1} \cdot \begin{pmatrix} 9y \\ 3y \\ 3y \end{pmatrix}$

$\begin{pmatrix} x_1 \\ x_2 \\ 32 \end{pmatrix} = \begin{pmatrix} \frac{16}{9} & \frac{16}{27} & \frac{20}{27} \\ \frac{8}{9} & \frac{44}{27} & \frac{28}{27} \\ \frac{8}{9} & \frac{8}{27} & \frac{64}{27} \end{pmatrix} \cdot \begin{pmatrix} 9y \\ 3y \\ 3y \end{pmatrix}$

LGS aufstellen

$\left| \begin{array}{l} \frac{16}{9} \cdot 9y + \frac{16}{27} \cdot 3y + \frac{20}{27} \cdot 3y = x_1 \\ \frac{8}{9} \cdot 9y + \frac{44}{27} \cdot 3y + \frac{28}{27} \cdot 3y = x_2 \\ \frac{8}{9} \cdot 9y + \frac{8}{27} \cdot 3y + \frac{64}{27} \cdot 3y = 32 \end{array} \right| \Rightarrow \left| \begin{array}{l} 20y = x_1 \\ 16y = x_2 \\ 16y = 32 \end{array} \right| \Rightarrow y = 2 \Rightarrow \left| \begin{array}{l} 20 \cdot 2 = 40 = x_1 \\ 16 \cdot 2 = 32 = x_2 \end{array} \right|$

Lösungen und Interpretationen

$\vec{y} = \begin{pmatrix} 9y \\ 3y \\ 3y \end{pmatrix} = \begin{pmatrix} 9 \cdot 2 \\ 3 \cdot 2 \\ 3 \cdot 2 \end{pmatrix} = \begin{pmatrix} 18 \\ 6 \\ 6 \end{pmatrix}$ und $\vec{x} = \begin{pmatrix} x_1 \\ x_2 \\ 32 \end{pmatrix} = \begin{pmatrix} 40 \\ 32 \\ 32 \end{pmatrix}$

Die einzelnen Zweigwerke müssen im nächsten Jahr Güter/Dienstleistungen in Höhe von 40 GE (Zweigwerk 1) bzw. 32 GE (Zweigwerk 2 und 3) produzieren. Auf diese Weise kann der Markt mit Gütern/Dienstleistung im Wert von 18 GE von Zweigwerk 1, mit 6 GE von Zweigwerk 2 und mit 6 GE von Zweigwerk 3 beliefert werden.

Beispiel 2

Der Automobilhersteller *C.A.R.* ist als Tochterunternehmen eines internationalen Herstellers mit zwei weiteren Herstellern nach dem Leontief-Modell verflochten.
C.A.R. stellt als Tochterunternehmen 1 Mittelklassewagen her; das Tochterunternehmen 2 stellt preiswerte Klein-

wagen her und das Tochterunternehmen 3 produziert Luxusfahrzeuge.
Aus dieser Verflechtung ist die Leontief-Inverse $(E - A)^{-1}$ bekannt:

$(E - A)^{-1} = \begin{pmatrix} 2 & \frac{2}{3} & \frac{2}{3} \\ \frac{1}{3} & \frac{38}{27} & \frac{8}{27} \\ \frac{2}{3} & \frac{16}{27} & \frac{46}{27} \end{pmatrix}$

Die Geschäftsführung des Mutterkonzerns plant für das nächste Jahr mit zwei Produktionsalternativen:

Alternative 1			Alternative 2		
T_1	T_2	T_3	T_1	T_2	T_3
200 GE	300 GE	150 GE	300 GE	300 GE	150 GE

Für den Jahresbericht sollen die Prognosen für das nächste Jahr tabellarisch abgedruckt werden.
Erstellen Sie für beide Alternativen die Input-Output-Tabelle für das nächste Jahr und vergleichen Sie diese.

Im Verlauf des nächsten Jahres ändert der internationale Autohersteller aufgrund der Wirtschaftskrise seine Planungen:

$$A = \begin{pmatrix} \frac{1}{5} & \frac{1}{5} & \frac{1}{5} \\ 0 & \frac{2}{5} & \frac{3}{10} \\ \frac{2}{5} & \frac{4}{5} & \frac{1}{5} \end{pmatrix} \text{ und } \vec{y} = \begin{pmatrix} 12 \\ 60 - 3t \\ t^2 \end{pmatrix}$$

Für den Halbjahresbericht müssen die Planänderungen dokumentiert werden.
Dafür werden einige Angaben benötigt:
Ermitteln Sie den Wert von t, bei dem die Produktion des Konzerns am geringsten wird.
Berechnen Sie für diesen Wert den Produktionsvektor.
Untersuchen Sie, ob sich jede externe Nachfrage durch die neue Produktionsplanung realisieren lässt.
Erstellen Sie für den Halbjahresbericht das zugehörige Verflechtungsdiagramm.

Lösung
Vergleich der Produktionsalternativen

$\vec{y} = (E - A) \cdot \vec{x}$

Die Inverse der Leontief-Inversen ergibt die Matrix $(E - A)$,
weil $((E - A)^{-1})^{-1} = (E - A)^{(-1) \cdot (-1)} = (E - A)^1$.

$$((E-A)^{-1})^{-1} = \begin{pmatrix} 2 & \frac{2}{3} & \frac{2}{3} \\ \frac{1}{3} & \frac{38}{27} & \frac{8}{27} \\ \frac{2}{3} & \frac{16}{27} & \frac{46}{27} \end{pmatrix}^{-1} = \begin{pmatrix} \frac{3}{5} & -\frac{1}{5} & -\frac{1}{5} \\ -\frac{1}{10} & \frac{4}{5} & -\frac{1}{10} \\ -\frac{1}{5} & -\frac{1}{5} & \frac{7}{10} \end{pmatrix} \text{ und } \vec{x}_{A1} = \begin{pmatrix} 200 \\ 300 \\ 150 \end{pmatrix} \text{ und}$$

$$\vec{x}_{A2} = \begin{pmatrix} 300 \\ 300 \\ 150 \end{pmatrix}$$

- $\vec{y}_{A1} = \begin{pmatrix} \frac{3}{5} & -\frac{1}{5} & -\frac{1}{5} \\ -\frac{1}{10} & \frac{4}{5} & -\frac{1}{10} \\ -\frac{1}{5} & -\frac{1}{5} & \frac{7}{10} \end{pmatrix} \cdot \begin{pmatrix} 200 \\ 300 \\ 150 \end{pmatrix} = \begin{pmatrix} 30 \\ 205 \\ 5 \end{pmatrix}$ **oder**

2.4 Leontief-Modell

- $\vec{y}_{A2} = \begin{pmatrix} \frac{3}{5} & -\frac{1}{5} & -\frac{1}{5} \\ -\frac{1}{10} & \frac{4}{5} & -\frac{1}{10} \\ -\frac{1}{5} & -\frac{1}{5} & \frac{7}{10} \end{pmatrix} \cdot \begin{pmatrix} 300 \\ 300 \\ 150 \end{pmatrix} = \begin{pmatrix} 90 \\ 195 \\ -15 \end{pmatrix}$

Das Tochterunternehmen C.A.R. (T_1) kann seine Produktion gemäß Alternative 2 nicht allein erhöhen. Die Verflechtungen innerhalb des Gesamtunternehmens führen sonst dazu, dass das Tochterunternehmen 3 vom Markt Güter und Dienstleistungen im Wert von 15 GE erhalten müsste. Dies ist unrealistisch! Aus diesem Grund muss die Input-Output-Tabelle nur für Alternative 1 erstellt werden.

Input-Output-Tabelle erstellen

$E - A = \begin{pmatrix} \frac{3}{5} & -\frac{1}{5} & -\frac{1}{5} \\ -\frac{1}{10} & \frac{4}{5} & -\frac{1}{10} \\ -\frac{1}{5} & -\frac{1}{5} & \frac{7}{10} \end{pmatrix} \Rightarrow \begin{pmatrix} 1 & 0 & 0 \\ 0 & 1 & 0 \\ 0 & 0 & 1 \end{pmatrix} - A = \begin{pmatrix} \frac{3}{5} & -\frac{1}{5} & -\frac{1}{5} \\ -\frac{1}{10} & \frac{4}{5} & -\frac{1}{10} \\ -\frac{1}{5} & -\frac{1}{5} & \frac{7}{10} \end{pmatrix}$

$A = \begin{pmatrix} 1 & 0 & 0 \\ 0 & 1 & 0 \\ 0 & 0 & 1 \end{pmatrix} - \begin{pmatrix} \frac{3}{5} & -\frac{1}{5} & -\frac{1}{5} \\ -\frac{1}{10} & \frac{4}{5} & -\frac{1}{10} \\ -\frac{1}{5} & -\frac{1}{5} & \frac{7}{10} \end{pmatrix} = \begin{pmatrix} \frac{2}{5} & \frac{1}{5} & \frac{1}{5} \\ \frac{1}{10} & \frac{1}{5} & \frac{1}{10} \\ \frac{1}{5} & \frac{1}{5} & \frac{3}{10} \end{pmatrix}$

$A \cdot \vec{x} = \begin{pmatrix} \frac{2}{5} & \frac{1}{5} & \frac{1}{5} \\ \frac{1}{10} & \frac{1}{5} & \frac{1}{10} \\ \frac{1}{5} & \frac{1}{5} & \frac{3}{10} \end{pmatrix} \cdot \begin{pmatrix} 200 \\ 300 \\ 150 \end{pmatrix} = \begin{pmatrix} \frac{2}{5} \cdot 200 + \frac{1}{5} \cdot 300 + \frac{1}{5} \cdot 150 \\ \frac{1}{10} \cdot 200 + \frac{1}{5} \cdot 300 + \frac{1}{10} \cdot 150 \\ \frac{1}{5} \cdot 200 + \frac{1}{5} \cdot 300 + \frac{3}{10} \cdot 150 \end{pmatrix} = \begin{pmatrix} 80 + 60 + 30 \\ 20 + 60 + 15 \\ 40 + 60 + 45 \end{pmatrix}$

nach von	T_1 (C.A.R.)	T_2	T_3	Markt	Gesamt- produktion
T_1	80	60	30	30	200
T_2	20	60	15	205	300
T_3	40	60	45	5	150

Wert für t ermitteln

$A = \begin{pmatrix} \frac{1}{5} & \frac{1}{5} & \frac{1}{5} \\ 0 & \frac{2}{5} & \frac{3}{10} \\ \frac{2}{5} & \frac{4}{5} & \frac{1}{5} \end{pmatrix}$ und $\vec{y} = \begin{pmatrix} 12 \\ 60 - 3t \\ t^2 \end{pmatrix}$

mit $y_i \geq 0 \Rightarrow 60 - 3t \geq 0 \Rightarrow 20 \geq t$.
Der Definitionsbereich für t lautet: $D(t) = [0; 20]$.
$\vec{x} = (E - A)^{-1} \cdot \vec{y}$

$$\vec{x} = \begin{pmatrix} \frac{4}{5} & -\frac{1}{5} & -\frac{1}{5} \\ 0 & \frac{3}{5} & -\frac{3}{10} \\ -\frac{2}{5} & -\frac{4}{5} & \frac{4}{5} \end{pmatrix}^{-1} \cdot \begin{pmatrix} 12 \\ 60 - 3t \\ t^2 \end{pmatrix} = \underbrace{\begin{pmatrix} 2 & \frac{8}{3} & 1{,}5 \\ 1 & \frac{14}{3} & 2 \\ 2 & 6 & 4 \end{pmatrix}}_{\text{Leontief-Inverse}} \cdot \begin{pmatrix} 12 \\ 60 - 3t \\ t^2 \end{pmatrix}$$

$$= \begin{pmatrix} 2 \cdot 12 + \frac{8}{3} \cdot (60 - 3t) + 1{,}5 \cdot t^2 \\ 1 \cdot 12 + \frac{14}{3} \cdot (60 - 3t) + 2 \cdot t^2 \\ 2 \cdot 12 + 6 \cdot (60 - 3t) + 4 \cdot t^2 \end{pmatrix}$$

Da die Leontief-Inverse nur positive Elemente hat, kann jede externe Nachfrage befriedigt werden.

$$\vec{x} = \begin{pmatrix} 184 - 8t + 1{,}5t^2 \\ 292 - 14t + 2\ t^2 \\ 384 - 18t + 4\ t^2 \end{pmatrix} \text{ mit } \sum x_i = f(t)$$

$f(t) = (184 - 8t + 1{,}5t^2) + (292 - 14t + 2t^2) + (384 - 18t + 4t^2)$
$f(t) = 860 - 40t + 7{,}5t^2$

Das Minimum wird mithilfe des GTR/CAS ermittelt:

$T\left(\frac{8}{3} \middle| \frac{2420}{3}\right)$

Wenn $t = \frac{8}{3}$ ist, wird die Gesamtproduktion minimal. Die minimale Produktionsmenge in GE beträgt insgesamt $\frac{2420}{3}$, d. h. ca. 806,67 GE.

Produktionsvektor ermitteln

$$\vec{x} = \begin{pmatrix} 184 - 8t + 1{,}5t^2 \\ 292 - 14t + 2t^2 \\ 384 - 18t + 4t^2 \end{pmatrix} \text{ mit } t = \frac{8}{3} \Rightarrow \vec{x} = \begin{pmatrix} 184 - 8 \cdot \frac{8}{3} + 1{,}5 \cdot \left(\frac{8}{3}\right)^2 \\ 292 - 14 \cdot \frac{8}{3} + 2 \cdot \left(\frac{8}{3}\right)^2 \\ 384 - 18 \cdot \frac{8}{3} + 4 \cdot \left(\frac{8}{3}\right)^2 \end{pmatrix} = \begin{pmatrix} \frac{520}{3} \\ \frac{2420}{9} \\ \frac{3280}{9} \end{pmatrix}$$

Berechnung der Werte für das Verflechtungsdiagramm anhand eines Beispiels

$\frac{x_{11}}{x_1} = \frac{1}{5} = \frac{x_{11}}{\frac{520}{3}} \Rightarrow x_{11} = \frac{104}{3} \approx 34{,}67$

2.4.3.4 Übungen

1 Ein großes Stahlunternehmen besteht aus drei verschiedenen Tochterunternehmen (T_1, T_2 und T_3). Diese drei Unternehmen sind nach dem Leontief-Modell miteinander verflochten. Die Leontief-Inverse und die Angaben der letzten Produktionsmengen spiegeln diese Verflechtungen wider:

$$(E-A)^{-1} = \frac{1}{93}\begin{pmatrix} 190 & 130 & 165 \\ 110 & 320 & 120 \\ 60 & 90 & 150 \end{pmatrix} \text{ und } \vec{x} = \begin{pmatrix} 180 \\ 220 \\ 120 \end{pmatrix}$$

a) Als Basis für die zukünftige Verflechtungsplanung wird eine tabellarisch Darstellung der Zusammenhänge benötigt.
Erstellen Sie die zugehörige Input-Output-Tabelle.

b) Die Geschäftsführung hat die Vorgabe erteilt, dass die drei Tochterunternehmen im nächsten Jahr für den nationalen Markt folgende Mengen Stahl produzieren sollen: $x_1 = 250$, $x_2 = 150$ und $x_3 = 100$. Für die Planungen in den drei Tochterunternehmen werden weitere Daten benötigt:
Ermitteln Sie den Wert der Stahlprodukte in Geldeinheiten (GE), der dann insgesamt an den Markt abgegeben werden kann.
Ermitteln Sie das Unternehmen, das den größten prozentualen Anteil seiner Produktion an den Markt abgibt.

c) Auf dem internationalen Markt werden im nächsten Jahr voraussichtlich Stahlprodukte im Wert von höchstens 142 GE abgesetzt. Die Konzernplanung sieht vor, dass dieser Bedarf von den drei Tochterunternehmen im Verhältnis 2:1:2 gedeckt wird. Für die Mitteilung an die Geschäftsführungen der Tochterunternehmen werden konkrete Zahlen benötigt.
Ermitteln Sie den Wert der Stahlprodukte, die von den Unternehmen für den internationalen Markt produziert werden müssen.

2 Drei Hersteller von TV-Geräten sind als Tochterunternehmen eines großen Technik-Mutterkonzerns nach dem Leontief-Modell miteinander verflochten. Für eine gemeinsame Strategiesitzung benötigen die Teilnehmer detailliertere Analysen.

von \ nach	Hersteller A	Hersteller B	Hersteller C	Markt	Gesamt-produktion
Hersteller A	6	3	a	5	20
Hersteller B	b	12	12	2	30
Hersteller C	1	3	36	20	c

a) Die letzten Marktanalysen haben gezeigt, dass sich die Nachfrage nach TV-Geräten der Hersteller A und B erhöht hat. Aus diesem Grund soll die Gesamtproduktion des Herstellers A und des Herstellers B um 50 % erhöht werden. Die Produktion von Hersteller C kann aus betriebswirtschaftlichen Gründen nicht geändert werden.
Ermitteln Sie für die Strategiesitzung den neuen Marktvektor und berechnen Sie die prozentuale Steigerung der jeweiligen Abgabe an den Markt.

b) Auf der Strategiesitzung soll diskutiert werden, ob Hersteller A seinen Marktanteil weiter erhöhen und TV Geräte im Wert von mindestens 15 Geldeinheiten (GE) an den Markt abgeben sollte. Dafür müsste der Hersteller A seine Produktion von Gütern und Dienstleistungen auf einen Wert von 40 GE erhöhen. Der Hersteller C kann seine Kapazitäten nicht ausweiten. Der Mutterkonzern will verhindern, dass durch diese Maßnahmen weitere drastische Marktverschiebungen entstehen, weil das zu Umstrukturierungen innerhalb des Konzerns führen würde. Deshalb setzt der Mutterkonzern fest, dass alle drei Hersteller TV Geräte im Wert von mindestens 15 GE an den Markt abgeben sollen.
Berechnen Sie die Gesamtproduktion von Hersteller B und vergleichen Sie diese mit der Ausgangssituation.

3 Drei Abteilungen eines Unternehmens, das Rückhaltesysteme für Babys und Kleinkinder für Autos herstellt, sind nach dem Leontief-Modell miteinander gegenseitig verflochten. Diese Abteilungen beliefern sich z. B. mit Stoffen, Gurten und Plastikteilen. Nicht nur die Rückhaltesysteme, sondern auch Ersatzteile (neue Bezüge, neue Gurtsysteme und Griffe) werden am Markt verkauft.

a) Für den Jahresabschluss des Konzerns wird eine grafische Übersicht der Verflechtungen benötigt.
Ergänzen Sie das nachfolgende Verflechtungsdiagramm unter der Voraussetzung, dass folgende Leontief-Inverse gilt:

$$(E-A)^{-1} = \frac{1}{1613} \cdot \begin{pmatrix} 2340 & 890 & 1090 \\ 920 & 2280 & 980 \\ 400 & 290 & 2530 \end{pmatrix}.$$

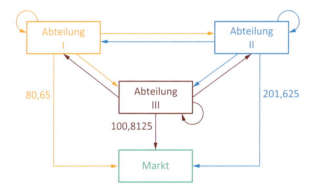

b) Im neuen Geschäftsjahr wird ein veraltetes Rückhaltesystem aus der Produktion genommen und dafür ein neues ergänzt. Daraus ergibt sich eine veränderte Technologiematrix A^*:

$$A^* = \begin{pmatrix} 0{,}6 & 0{,}15 & a_{13} \\ 0 & 0{,}3 & a_{23} \\ 0{,}3 & 0{,}6 & 0 \end{pmatrix}.$$

Die nachfolgende Tabelle zeigt die geplanten Produktions- und Marktwerte der Güter/Dienstleistungen in Geldeinheiten:

Abteilung	I	II	III
Marktnachfrage	20	110	140
Produktion	x_1	$2x_1$	500

Berechnen Sie die Werte der Güter/Dienstleistungen, die von jeder Abteilung produziert werden müssen.

4 Drei Sektoren (A, B und C) einer Volkswirtschaft sind nach dem Leontief-Modell miteinander verflochten. Die Angaben in der Tabelle erfolgen in Geldeinheiten (GE).

von \ nach	A	B	C	Markt
A	80	24	50	86
B	40	132	90	38
C	0	30	100	120

a) Der Wirtschaftsausschuss prognostiziert, dass sich die wirtschaftliche Gesamtsituation in der nächsten Periode ändern wird. Laut Vorhersage wird die Abgabe an den Markt zukünftig durch den Konsumvektor $\vec{y} = \begin{pmatrix} 141{,}5 \\ 283 \\ 424{,}5 \end{pmatrix}$ dargestellt.

Ermitteln Sie für weitere Prognosen des Wirtschaftsausschusses, wie viele Güter und Dienstleistungen in GE die einzelnen Sektoren zukünftig produzieren müssen.

b) Absatzschwierigkeiten in der neuen Periode fordern neue Prognosen durch den Wirtschaftsausschuss. Berücksichtigt werden muss, dass der Sektor B keine Güter mehr an den Markt abgeben kann. Die Produktionsmengen der beiden anderen Sektoren müssen zukünftig gleich groß sein.
Ermitteln Sie für eine genauere Vorhersage den Zusammenhang zwischen den Produktionsmengen x_1 und x_2.
Berechnen Sie die prozentuale Produktionsabgabe der Sektoren A und C an den Markt.

c) Für die mittelfristige Planung legt der Wirtschaftsausschuss den Produktionsvektor $\vec{x} = \begin{pmatrix} 600 \\ 400\,t \\ \frac{600}{t} \end{pmatrix}$ mit $t \in [0; 1]$ zugrunde.

Berechnen Sie in Abhängigkeit von t die mittelfristige Marktabgabe in GE.
Bestimmen Sie t so, dass die Summe der Marktanteile aller drei Sektoren minimal wird.
Ermitteln Sie die minimale Summe der Marktabgaben.

5 Drei Abteilungen eines Unternehmens, das u. a. Fußbälle herstellt, sind nach dem Leontief-Modell miteinander verflochten. Diese Verflechtungen sind aus folgendem Diagramm ersichtlich:

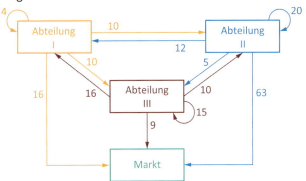

Die Controlling-Abteilung führt quartalsweise Analysen der Produktionszusammenhänge durch, um auf Marktänderungen reagieren zu können. Führen Sie im Rahmen dieser Analysen die nachfolgenden Untersuchungen durch:

a) Ermitteln Sie für den nächsten Produktionszeitraum den Marktvektor $\vec{y}$ unter der Voraussetzung, dass Abteilung I insgesamt Fußbälle im Wert von 50 Geldeinheiten (GE) produzieren kann, Abteilung II im Wert von 120 GE und Abteilung III im Wert von 60 GE.

b) Im Nachhinein hat sich herausgestellt, dass die Marktnachfrage nach den Fußbällen aus Abteilung I um 5 GE geringer, die Nachfrage nach Fußbällen der Abteilung II um 5 GE höher und die Nachfrage nach Fußbällen der Abteilung III sehr viel größer war: Es hätten sogar Bälle im Wert von 30 GE mehr abgesetzt werden können. Allerdings liegt die Kapazitätsgrenze der Abteilung III bei Gütern/Dienstleistungen im Wert von $\frac{2480}{47}$ GE.

Untersuchen Sie, welchen Wert die Güter und Dienstleistungen der Abteilungen I und II haben müssten, um der eigentlichen Nachfrage gerecht zu werden und geben Sie an, welchen Wert die Güter und Dienstleistungen haben würden, die Abteilung III dann an den Markt abgeben könnte.

6 Ein Unternehmen, das Beton herstellt, hat seine drei Werke nach dem Leontief-Modell verflochten.
Die zugehörige Technologiematrix A stellt den Zusammenhang dar:

$$A = \begin{pmatrix} 0{,}1 & 0{,}2 & 0{,}05 \\ 0{,}4 & 0{,}25 & 0{,}025 \\ 0{,}4 & 0{,}1 & 0{,}1 \end{pmatrix}$$

Erklären Sie dem Auszubildenden in der Verwaltung des Unternehmens das Zustandekommen der Technologiematrix und interpretieren Sie beispielhaft die dritte Spalte dieser Matrix.

Erstellen Sie mit dem Auszubildenden die zugehörige Input-Output-Tabelle unter der Voraussetzung, dass die Gesamtproduktion von Werk 1 und Werk 2 jeweils bei Gütern im Wert von 100 Geldeinheiten (GE) liegt und die von Werk 3 doppelt so hoch ist.

Für das nächste Jahr geht die Geschäftsführung des Unternehmens von folgendem Produktionsvektor aus: $\vec{x} = \begin{pmatrix} 50 - t \\ 25 \\ t^2 \end{pmatrix}$; t ist ein marktabhängiger Parameter.

Bestimmen Sie den sinnvollen Definitionsbereich für t, wenn die gesamte Marktabgabe aller drei Werke 50 GE nicht übersteigen kann.
Ermitteln Sie die maximal mögliche und die minimal notwendige Abgabe der einzelnen Werke an den Markt.

2.4.4 Übungsaufgaben für Klausuren und Prüfungen

Aufgabe 1 (ohne Hilfsmittel)
Erklären Sie drei Unterschiede zwischen dem *Leontief-Modell* und dem Verflechtungsmodell bei *mehrstufigen Prozessen*.

Aufgabe 2 (ohne Hilfsmittel)
Das Unternehmen *SportFit* stellt in drei Abteilungen unterschiedliche Hanteln für den Sportbedarf her. Diese drei Abteilungen sind nach dem Leontief-Modell miteinander verflochten.

von \ nach	Abteilung 1	Abteilung 2	Abteilung 3	Konsum	Produktion
Abteilung 1	a	4	10	20	40
Abteilung 2	6	9	8	b	30
Abteilung 3	5	5	c	10	30

a) Zeichnen Sie das zugehörige Verflechtungsdiagramm.
b) Erstellen Sie die zugehörige Technologie-Matrix A.

Aufgabe 3 (ohne Hilfsmittel)

An der niedersächsischen Nordseeküste werden landestypische Souvenirs verkauft. Die Herstellung von Plüschtieren (Robben, Fische, Seesterne, Seepferdchen) erfolgt in einem Unternehmen, deren Abteilungen nach dem Leontief-Modell miteinander verflochten sind. Dieser Zusammenhang wird mithilfe der Leontief-Inversen

$(E - A)^{-1} = \begin{pmatrix} 2 & \frac{8}{3} & \frac{3}{2} \\ 1 & \frac{14}{3} & 2 \\ 2 & 6 & 4 \end{pmatrix}$ dargestellt.

Erklären Sie, aus wie vielen Abteilungen das Unternehmen besteht.
Erläutern Sie, ob das Unternehmen in der Lage ist, jede beliebige Nachfrage der Urlauber zu erfüllen.
Erläutern Sie die Entstehung der Leontief-Inversen.

2.4.5 Aufgaben aus dem Zentralabitur Niedersachsen
2.4.5.1 Hilfsmittelfreie Aufgaben

ZA 2018 | Haupttermin | gA | P4

Eine Volkswirtschaft ist nach dem Leontief-Modell verflochten. Folgende Ströme der Güter und Dienstleistungen in Geldeinheiten (GE) sind vorhanden:

Input-Output-Tabelle

von \ nach	Sektor 1	Sektor 2	Konsum	Gesamtproduktion
Sektor 1	5	a	3	10
Sektor 2	4	6	b	15

Für das Leontief-Modell gilt folgende Formel: $(E - A) \cdot \vec{x} = \vec{y}$

a) Erklären Sie die ökonomische Bedeutung der einzelnen Formel-Elemente.

b) Stellen Sie für die oben angegebene Input-Output-Tabelle die Leontief-Matrix $(E - A)$ auf.

ZA 2019 | Haupttermin | gA | P4

Zwei Unternehmen sind nach dem Leontief-Modell miteinander verflochten. Die Zusammenhänge sind in der folgenden Input-Output-Tabelle ersichtlich. Die Angaben erfolgen in Geldeinheiten (GE).

	Unternehmen A	Unternehmen B	Konsum (Marktabgabe)	Gesamtproduktion
Unternehmen A	2	4	4	10
Unternehmen B	a	b	5	20

Es gilt folgende Technologiematrix: $A = \begin{pmatrix} 0{,}2 & 0{,}2 \\ 0{,}5 & 0{,}5 \end{pmatrix}$.

a) Bestimmen Sie die Werte für die Parameter a und b.

b) Gegeben ist eine unvollständige Rechnung.
Ergänzen Sie die fehlenden Rechenschritte, die zu einer eindeutigen Lösung führen und erläutern Sie die Bedeutung der Lösung im Sachzusammenhang.

$$((E-A)|E) = \begin{pmatrix} 0{,}8 & -0{,}2 & | & 1 & 0 \\ -0{,}5 & 0{,}5 & | & 0 & 1 \end{pmatrix} \begin{matrix} | \cdot 10 \\ | \cdot 10 \end{matrix} \Rightarrow \begin{pmatrix} 8 & -2 & | & 10 & 0 \\ -5 & 5 & | & 0 & 10 \end{pmatrix} \begin{matrix} | \cdot 5 \\ | \cdot 8 \end{matrix}$$

$$\Rightarrow \begin{pmatrix} 40 & -10 & | & 50 & 0 \\ -40 & 40 & | & 0 & 80 \end{pmatrix} \rightarrow +$$

$$\Rightarrow \begin{pmatrix} 40 & -10 & | & 50 & 0 \\ 0 & 30 & | & 50 & 80 \end{pmatrix}$$

2.4.5.2 Aufgaben aus dem Wahlteil

ZA 2015 | Haupttermin | GTR | eA | 3A

Das Statistische Bundesamt ist Herausgeber der *„Input-Output-Rechnung im Überblick"* und bildet darin die Verflechtungen der einzelnen Sektoren der Bundesrepublik Deutschland nach dem Leontief-Modell ab. Die folgende Tabelle ist ein Auszug aus der zusammengefassten *„Input-Output-Tabelle [...] der inländischen Produktion und Importe zu Herstellungspreisen in Mrd. Euro"* (GE):

Input		Output				Produktion
		Landwirtschaft	Industrie	Dienstleistung	Konsum	
	Landwirtschaft	8,2	32,6	3,6	26,8	71,2
	Industrie	12,4	972,2	159,5	1541,6	2685,7
	Dienstleistung	11,4	350,5	726,2	1452,5	2540,6

Die Regierung und die Opposition nutzen solche Daten zur Beurteilung der konjunkturellen Entwicklung und für ihr wirtschaftspolitisches Handeln. Die Opposition ist der Ansicht, dass die Krisen im nahen Ausland einen Teil der Konsumenten stark verunsichern und dass somit die konjunkturelle Erholung in Deutschland gefährdet sei: „Wenn es uns gelingt Anreize zu schaffen, sodass die Industrie ihre Produktion um 5 % erhöht, dann wird der gesamte Konsum ebenfalls um 5 % steigen." Die Bundesregierung hingegen setzt auf eine Produktionssteigerung in allen Bereichen in Höhe von 2 % und kontert, dass dies zu einem deutlich höheren Konsum führe.

a) Stellen Sie die in der Tabelle dargestellten Zusammenhänge in einem Verflechtungsdiagramm dar.
Überprüfen Sie die These der Opposition, indem Sie die prozentuale Veränderung des gesamten Konsums ermitteln.

Wenn der Vorschlag der Bundesregierung umgesetzt wird, dann ergibt sich folgender Konsumvektor: $\vec{y} = \begin{pmatrix} 27{,}336 \\ 1572{,}432 \\ 1481{,}550 \end{pmatrix}$
Berechnen Sie die prozentuale Veränderung der Marktabgabe.
Vergleichen Sie die Ergebnisse der beiden Prognosen.

b) Um den zukünftigen Konsum zu simulieren, verwendet das Statistische Bundesamt im Folgenden eine vereinfachte Technologiematrix $A = \begin{pmatrix} 0{,}1 & 0{,}1 & 0{,}1 \\ 0{,}2 & 0{,}4 & 0{,}4 \\ 0{,}2 & 0{,}1 & 0{,}2 \end{pmatrix}$.
Da keine genauen Angaben über die Nachfrage im übernächsten Wirtschaftsjahr gemacht werden können, wird mittelfristig eine Produktion von Landwirtschaft, Industrie und Dienstleistung im Verhältnis 1 : 5 : 3 zugrundegelegt.
Ermitteln Sie den neuen Produktionsvektor $\vec{x}_{neu}$, wenn die Marktabgabe aller drei Bereiche insgesamt auf 4.000 GE steigen soll.
Erstellen Sie die zugehörige Input-Output-Tabelle.

ZA 2016 | Haupttermin | GTR | eA | 3B

Deutschland ist eines der führenden Industrieländer und daher Großverbraucher mineralischer Rohstoffe. Die Versorgung des Technologiestandorts Deutschland mit eigenen Rohstoffen ist deshalb ein wichtiger Industriezweig.
Die Bundesanstalt für Geowissenschaften und Rohstoffe hat für das Jahr 2013 folgende Zahlen veröffentlicht:
In Deutschland wurden ca. 546 Mio. Tonnen (t) mineralische Rohstoffe (Steine, Erden, Industrieminerale), 193 Mio. t Kohle/Öl (Braunkohle, Steinkohle, Erdöl), 10,7 Mrd. m³ (20 Mio. t) Erdgas und 6,8 Mio. m³ (3 Mio. t) Torf produziert.
Die Verflechtung der vier Industriezweige der Rohstoffgewinnung (mineralische Rohstoffe, Kohle/Öl, Erdgas, Torf) kann mit dem Leontief-Modell beschrieben werden. Die Technologiematrix A der Verflechtung lautet:

$$A = \begin{pmatrix} \frac{41}{546} & \frac{36}{193} & \frac{1}{10} & 0 \\ \frac{2}{91} & \frac{40}{193} & \frac{1}{20} & \frac{1}{3} \\ \frac{1}{546} & \frac{2}{193} & \frac{1}{20} & 0 \\ 0 & 0 & 0 & \frac{1}{3} \end{pmatrix}$$

a) Interpretieren Sie die Werte der dritten Spalte der Technologiematrix.

Für einen Auftrag werden 50 Mio. t mineralische Rohstoffe benötigt.
Berechnen Sie, wie viele Tonnen der Sektor Kohle/Öl direkt an den Sektor mineralische Rohstoffe liefern muss.

Die Bundesanstalt für Geowissenschaften und Rohstoffe möchte zusätzlich die Zahlen der Marktabgabe von eigenen Rohstoffen für das Jahr 2013 veröffentlichen.
Bestimmen Sie diese Marktabgabe.

Die Produktion von Erdgas soll in den folgenden Jahren gesteigert werden. Folgender Ansatz wird für den neuen Produktionsvektor $\vec{x} = \begin{pmatrix} 546 \\ 193 \\ 20 + t \\ 3 \end{pmatrix}$, $t \in \mathbb{R}_{>0}$ gemacht.

Ermitteln Sie die maximal mögliche Erdgasproduktionsmenge und die entsprechende Marktabgabe der einzelnen Bereiche.

2.4 Leontief-Modell

b) Aufgrund von CO_2-Beschränkungen ist die Produktion von Kohle/Öl im Jahr 2015 stark reduziert worden. Die damit einhergehende Veränderung der Verflechtung der drei Industriezweige (mineralische Rohstoffe, Kohle/Öl, Erdgas) veranschaulicht die „reduzierte" Leontief-Matrix $L^* = (E - A^*)$:

$$L^* = \begin{pmatrix} \frac{485}{526} & -\frac{16}{119} & -\frac{1}{10} \\ -\frac{3}{263} & \frac{99}{119} & -\frac{1}{20} \\ -\frac{1}{526} & -\frac{2}{119} & \frac{19}{20} \end{pmatrix}$$

Darüber hinaus gibt es eine Verflechtung zwischen der Kohle/Öl- und der Torfindustrie.
1 Mio. t Kohle/Öl wird an die Torfindustrie geliefert (siehe Tabelle 1).
Die Torfindustrie hat einen Eigenverbrauch von 1 Mio. t im Jahr, der Rest geht in den Konsum.
Bestimmen Sie den Konsumvektor.
Ermitteln Sie die fehlenden Werte der Verflechtung der Industriezweige der Tabelle 1 und tragen Sie diese Werte in die Tabelle (…) ein.

Rohstoffe in Mio. t	mineralische Rohstoffe	Kohle/Öl	Erdgas	Torf	Konsum	Produktion
mineralische Rohstoffe				0		526
Kohle/Öl				1		120
Erdgas				0		20
Torf				1		3

Tabelle 1: Input-Output-Tabelle

ZA 2017 | Haupttermin | GTR | eA | 3A

Die drei Zweigwerke Werk 1 (W_1), Werk 2 (W_2) und Werk 3 (W_3) eines Unternehmens sind gemäß dem Leontief-Modell miteinander verbunden. Die Gesamtproduktion von Werk 2 umfasst Güter und Dienstleistungen im Wert von 1.000 Geldeinheiten (GE) und die von Werk 3 beträgt 500 GE. Die Technologie-Matrix ist gegeben durch:

$$A = \begin{pmatrix} 0{,}05 & 0{,}2 & 0{,}2 \\ 0{,}1 & 0{,}3 & 0{,}1 \\ 0{,}2 & 0{,}2 & 0{,}2 \end{pmatrix}$$

Das Unternehmen plant Umstrukturierungen und erstellt für die Abteilungsleiterkonferenz eine Unternehmenspräsentation mit Informationen über die Verflechtungen der Werke und die Planungen für die nächsten Perioden.

Fortsetzung

a) Für die aktuelle Produktionsperiode soll die Verflechtung der Werke grafisch aufbereitet werden. Vorarbeiten dafür sind in dem nebenstehenden Verflechtungsdiagramm schon dargestellt.
Vervollständigen Sie das Diagramm (...).

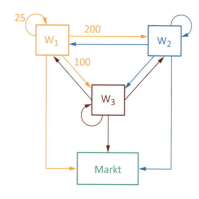

Im Rahmen der Präsentation soll auch ein Ausblick auf die nächste Produktionsperiode gegeben werden. Dafür werden einige Angaben benötigt.
Die Marktabgabe in der nächsten Produktionsperiode soll Güter und Dienstleistungen in Höhe von 922 GE von Werk 1 sowie jeweils 461 GE von Werk 2 und von Werk 3 umfassen.
Berechnen Sie die Gesamtproduktion der Güter und Dienstleistungen in GE, die benötigt werden, damit diese Marktabgaben realisiert werden können.
Bestimmen Sie die prozentuale Steigerung der Gesamtproduktion von Werk 1 gegenüber der aktuellen Periode.

b) In der dritten Produktionsperiode muss die Produktion in Werk 2 gedrosselt werden; wegen Modernisierungsmaßnahmen können nur noch Güter und Dienstleistungen im Wert von 500 GE erbracht werden. Aufgrund langfristiger Lieferverträge müssen dennoch Güter und Dienstleistungen in Höhe von 135 GE von Werk 1 und 40 GE von Werk 3 an den Markt geliefert werden.
Berechnen Sie für die Angaben in der Präsentation die Marktabgabe von Werk 2.

2.5 Markow-Ketten

Unternehmen und Meinungsforschungsinstitute haben ein Interesse daran, im Vorwege zu wissen, wie sich der Marktanteil für ein Produkt in der Zukunft verändern wird. Parteien und Wahlforschungsinstitute erstellen Prognosen für zukünftige Wahlausgänge. Beide Vorhersagen – die für das zukünftige Käuferverhalten und für das zukünftige Wählerverhalten – können mithilfe sogenannter **Markow-Ketten** ermittelt werden. Eine Markow-Kette stellt einen **stochastischen Prozess** auf Basis von Übergangswahrscheinlichkeiten dar. Auf diese Weise können Prognosen für zukünftige Marktanteile oder Stimmanteile erstellt werden. Die Berechnungen erfolgen mithilfe der Matrizenrechnung.

2.5.1 Lernsituationen

Lernsituation 1

Benötigte Kompetenzen für die Lernsituation 1
Rechnen mit Matrizen und Vektoren; Lösen von LGS

Inhaltsbezogene Kompetenzen der Lernsituation 1
Markow-Ketten; stochastische Matrizen

Prozessbezogene Kompetenzen der Lernsituation 1
Probleme mathematisch lösen; mathematisch modellieren; mit symbolischen, formalen und technischen Elementen umgehen; kommunizieren

Methode
Gruppenarbeit, die Zusammensetzung wird von den Lernenden selbst gewählt

Zeit
2 Doppelstunden

Der regionale Hofladen *Gut und Schön* verkauft drei Sorten Marmelade von regionalen Herstellern. Den Verkäufern des Hofladens ist aufgefallen, dass die Sorten nicht gleichmäßig gekauft werden. Um herauszufinden, ob sie weiterhin alle drei Sorten anbieten sollten, führen die Verkäufer an der Kasse beim Bezahlen in zwei hintereinander folgenden Monaten je eine Umfrage durch. Die Auswertung der Daten hat ergeben, dass die Kunden gemäß folgender Verteilung die Marmeladen in den beiden Monaten gekauft haben:

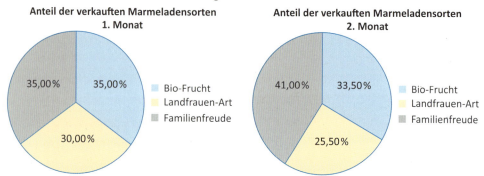

Außerdem haben einige Kunden angegeben, dass sie die Marmeladensorten wechseln. Das Wechselverhalten sieht nach Angabe der Kunden wie folgt aus:

von \ nach	Bio-Frucht	Landfrauen-Art	Familienfreude
Bio-Frucht	a	0,15	b
Landfrauen-Art	0,30	c	d
Familienfreude	0,15	0,15	e

Die Geschäftsführung des Hofladens gibt an, dass alle drei Sorten nur dann weiterhin verkauft werden sollen, wenn
- der Anteil der Stammkunden für jede Sorte über 35 % liegt und
- jede Sorte langfristig einen Käuferanteil von mindestens 25 % aufweist.

Sollte eine Sorte aus dem Sortiment genommen werden müssen, dann in dem Monat, der auf den Monat folgt, in dem der Marktanteil der Marmeladensorte unter 23,5 % gesunken ist.

Untersuchen Sie für die Geschäftsführung des Hofladens *Gut und Schön*, ob all drei Sorten weiterhin verkauft werden sollen und geben Sie eine Handlungsempfehlung ab.

2.5.2 Wirtschaftliche Zusammenhänge

Mithilfe der Matrizenrechnung können langfristige Entwicklungs- und/oder Veränderungsprozesse ermittelt und dargestellt werden. Andrei Andrejewitsch Markow[1] hat in diesem Zusammenhang festgestellt, dass unter bestimmten Voraussetzungen die langfristige Entwicklung dieser Prozesse nur von der Gegenwart und nicht von der Vergangenheit abhängt. Eine wichtige Voraussetzung dafür ist, dass es sich um **stochastische Prozesse** handelt. Übertragen auf die Matrizenrechnung bedeutet dies, dass die zugrunde liegenden Matrizen **regulär**[2] und **stochastisch** sein müssen. Eine Matrix ist stochastisch, wenn alle Elemente der Matrix positiv sind und die Zeilensummen jeweils eins ergeben, z. B.:

$$A = \begin{pmatrix} a_{11} & a_{12} \\ a_{21} & a_{22} \end{pmatrix} = \begin{pmatrix} 0{,}20 & 0{,}80 \\ 0{,}35 & 0{,}65 \end{pmatrix} \begin{array}{l} \rightarrow a_{11} + a_{12} = 0{,}20 + 0{,}80 = 1 \\ \rightarrow a_{21} + a_{22} = 0{,}35 + 0{,}65 = 1 \end{array}$$

Die Elemente der Matrix werden als Prozentsätze und damit als Wahrscheinlichkeiten aufgefasst, die angeben, wie häufig Kunden von einem Produkt zum anderen oder Wähler von einer Partei zur anderen wechseln. Dieses **Wechselverhalten** kann mithilfe von drei Darstellungsformen verdeutlicht werden.

Übergangstabelle

von \ nach	a_1	a_2	a_3
a_1	a_{11}	a_{12}	a_{13}
a_2	a_{21}	a_{22}	a_{23}
a_3	a_{31}	a_{32}	a_{33}

Übergangsmatrix

$$A = \begin{pmatrix} a_{11} & a_{12} & a_{13} \\ a_{21} & a_{22} & a_{23} \\ a_{31} & a_{32} & a_{33} \end{pmatrix}$$

Übergangsdiagramm

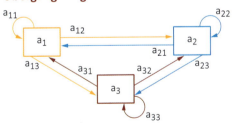

Alle drei Darstellungsformen zeigen, wie groß der Anteil der Kunden/Wähler ist, die beim nächsten Kauf/bei der nächsten Wahl ihrem Produkt/ihrer Partei treu bleiben (a_{11}, a_{22}, a_{33}; Hauptdiagonale der Matrix A; Schleifen im Übergangsdiagramm) und wie groß der Anteil der Kunden/Wähler ist, die beim nächsten Kauf/bei der nächsten Wahl zur Konkurrenz wechseln (a_{12}, a_{13}, a_{21}, a_{23}, a_{31}, a_{32}).

---

[1] Andrei Andrejewitsch Markow war ein russischer Mathematiker, der von 1856 bis 1922 gelebt hat und wesentliche Beiträge zur Wahrscheinlichkeitsrechnung und Analysis beigetragen hat.

[2] Eine reguläre Matrix besitzt eine zu ihr inverse Matrix.

Die **Ausgangssituation/Anfangsverteilung** wird durch den Zeilenvektor $\vec{v}_0^T$ dargestellt. Er beschreibt, wie groß der Anteil der Kunden/der Wähler zu Beginn der Untersuchung ist, die ein bestimmtes Produkt kaufen/eine bestimmte Partei wählen:
$\vec{v}_0^T = (v_1 \quad \ldots \quad v_m)$
Die Elemente des Vektors sind positiv.

Mithilfe der Matrizenrechnung lassen sich die **prozentuale Verteilung in der Vor-Periode** $\vec{v}_{-1}^T = \vec{v}_0^T \cdot A^{-1}$
sowie die **prozentuale Verteilung nach n Perioden** $\vec{v}_n^T = \vec{v}_0^T \cdot A^n$ ermitteln.

Sollte das Änderungsverhalten zu einer **stationären Verteilung/stabilen prozentualen Verteilung** in der Zukunft führen, so ist dies anhand des zugehörigen Fixvektors $\vec{v}_\infty^T$ zu erkennen. Die Elemente des Fixvektors sind alle positiv und die Summe der Elemente ist eins. Der **Fixvektor** $\vec{v}_\infty^T$ spiegelt die zukünftige stationäre Verteilung eines Entwicklungs- oder Veränderungsprozesses wider. Er beschreibt, wie groß der Anteil der Kunden/Wähler in Zukunft sein wird, die ein bestimmtes Produkt kaufen werden/eine bestimmte Partei wählen werden. Diese stationäre Verteilung[1] kann auf zwei Arten ermittelt werden:

Fixvektor berechnen $\vec{v}_\infty^T$	Grenzmatrix ermitteln A_∞
$\vec{v}_\infty^T \cdot A = \vec{v}_\infty^T$	$A_\infty = \lim\limits_{n \to \infty} A^n = \begin{pmatrix} v_1 & v_2 & \ldots & v_n \\ \vdots & \vdots & \vdots & \vdots \\ v_1 & v_2 & \ldots & v_n \end{pmatrix}$
$(v_1 \quad v_2 \quad 1 - v_1 - v_2) \cdot \begin{pmatrix} a_{11} & a_{12} & a_{13} \\ a_{21} & a_{22} & a_{23} \\ a_{31} & a_{32} & a_{33} \end{pmatrix}$ $= (v_1 \quad v_2 \quad 1 - v_1 - v_2)$ LGS erstellen und lösen, um $\vec{v}_\infty^T$ zu bestimmen $\begin{vmatrix} v_1 \cdot a_{11} + v_2 \cdot a_{21} + (1 - v_1 - v_2) \cdot a_{31} = v_1 \\ v_1 \cdot a_{12} + v_2 \cdot a_{22} + (1 - v_1 - v_2) \cdot a_{32} = v_2 \\ v_1 \cdot a_{13} + v_2 \cdot a_{23} + (1 - v_1 - v_2) \cdot a_{33} = 1 - v_1 - v_2 \end{vmatrix}$	Die n Zeilen dieser Matrix sind identisch und spiegeln jeweils den Fixvektor $\vec{v}_\infty^T$ wider.

---

[1] Die Berechnung von Fixvektoren und Grenzmatrizen ist nicht auf den $\mathbb{R}_2$ $\left(\text{also } A_{(2 \times 2)} \text{ und } \vec{v}_{(1 \times 2)}^T\right)$ beschränkt.

2.5.3 Käuferverhalten

Marktforschungsinstitute oder Marketing-Abteilungen von Unternehmen führen Umfragen durch, um herauszufinden, welche Unternehmen welchen Marktanteil für ein bestimmtes Produkt innehaben. Außerdem werden die Kundenwünsche analysiert, um deren Wechselverhalten kennenzulernen und zu hinterfragen. Daraus sollen Zukunftsentscheidungen abgeleitet werden.

Beispiel 1

Das Unternehmen *Tee-Union* bietet zwei verschiedene Sorten Vanille-Tee an. Marktuntersuchungen haben ergeben, dass die Kunden beide Sorten ausprobieren. 30 % der Kunden kaufen zuerst Sorte 1, die anderen zuerst Sorte 2. Das Änderungsverhalten der Kunden nach einer Periode wird anhand der Ergebnisse der Marktuntersuchung mithilfe von Wahrscheinlichkeiten in einer Übergangstabelle beschrieben:

von \ nach	Sorte 1	Sorte 2
Sorte 1	40 %	60 %
Sorte 2	50 %	50 %

Um den Einkauf der Rohstoffe für die beiden Teesorten kurz- und mittelfristig planen zu können, benötigt das Unternehmen die zukünftigen Marktanteile der beiden Sorten. Die Marketing-Abteilung wird beauftragt, die weiteren Untersuchungen rechnerisch und grafisch durchzuführen und in einer **internen Mitteilung** zusammenzufassen.

a) Das Übergangsverhalten der Kunden soll als Basis für die weiteren Analysen interpretiert und grafisch dargestellt werden.
   Zeichnen Sie ein Übergangsdiagramm, das die Käuferwanderung schematisch darstellt.
   Interpretieren Sie die Angaben in der Übergangstabelle.
b) Berechnen Sie den Verteilungszustand nach einer Periode, nach zwei und nach drei Perioden.
   Untersuchen Sie, ob das Wechselverhalten in der vergangenen Periode auch schon galt.

Fortsetzung

c) Die Geschäftsführung möchte wissen, ob langfristig nur noch eine Teesorte Vanille verkauft werden sollte. Wenn eine Sorte langfristig einen Marktanteil von über 60 % aufweisen sollte, wird die andere Sorte vom Markt genommen.
Untersuchen Sie, ob sich ein langfristiger Trend für eine der beiden Sorten ergibt und geben Sie eine Handlungsempfehlung ab.

Lösungen

Interne Mitteilung der Marketing-Abteilung

a) **Übergangsdiagramm**

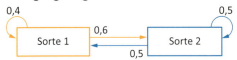

Interpretation
40 % der Käufer der Sorte 1 wechseln die Teesorte nicht (Stammkunden), bei Sorte 2 sind es 50 % Stammkunden.
60 % der Kunden, die zuerst Sorte 1 gekauft haben, wechseln zu Sorte 2. Das umgekehrte Wechselverhalten wird von 50 % der Kunden umgesetzt.

b) **Angaben mathematisieren**
Ausgangssituation: $\vec{v}_0^T = (0{,}3 \quad 1 - 0{,}3) = (0{,}3 \quad 0{,}7)$
Übergangsmatrix: $A = \begin{pmatrix} 0{,}40 & 0{,}60 \\ 0{,}50 & 0{,}50 \end{pmatrix}$

Verteilungszustand berechnen
$\vec{v}_n^T = \vec{v}_0^T \cdot A^n$

- nach einer Periode
$\vec{v}_1^T = \vec{v}_0^T \cdot A^1 = (0{,}3 \quad 0{,}7) \cdot \begin{pmatrix} 0{,}4 & 0{,}6 \\ 0{,}5 & 0{,}5 \end{pmatrix} = (0{,}47 \quad 0{,}53)$
47 % der Kunden kaufen nach einer Periode Sorte 1 und 53 % Sorte 2.

- nach zwei Perioden
$\vec{v}_2^T = \vec{v}_0^T \cdot A^2 = (0{,}3 \quad 0{,}7) \cdot \begin{pmatrix} 0{,}4 & 0{,}6 \\ 0{,}5 & 0{,}5 \end{pmatrix}^2 = (0{,}453 \quad 0{,}543)$
Nach zwei Perioden kaufen ca. 45,30 % Teesorte 1 und ca. 54,30 % Teesorte 2.

- nach drei Perioden
$\vec{v}_3^T = \vec{v}_0^T \cdot A^3 = (0{,}3 \quad 0{,}7) \cdot \begin{pmatrix} 0{,}4 & 0{,}6 \\ 0{,}5 & 0{,}5 \end{pmatrix}^3 = (0{,}4547 \quad 0{,}5453)$
Nach drei Perioden werden ca. 45,47 % Sorte 1 wählen und ca. 54,53 % Sorte 2 kaufen.

Untersuchung des Wechselverhaltens vor einer Periode

$$\vec{v}_{-1}^{\,T} = \vec{v}_0^{\,T} \cdot A^{-1} = (0{,}3 \quad 0{,}7) \cdot \begin{pmatrix} 0{,}4 & 0{,}6 \\ 0{,}5 & 0{,}5 \end{pmatrix}^{-1} = (2 \quad -1)$$

Das Wechselverhalten galt in der Vergangenheit nicht, weil das zweite Elemente in dem Vektor negativ ist. Außerdem ist das erste Element größer als 1, d. h., der Marktanteil läge bei 200 %. Das ist nicht möglich!

c) **Langfristige Verteilung ermitteln**

$$\vec{v}_\infty^{\,T} = \vec{v}_\infty^{\,T} \cdot A$$

$$(v_1 \quad v_2) \cdot \begin{pmatrix} a_{11} & a_{12} \\ a_{21} & a_{22} \end{pmatrix} = (v_1 \quad v_2) \text{ mit } v_2 = 1 - v_1$$

$$\Rightarrow (v_1 \quad 1-v_1) \cdot \begin{pmatrix} a_{11} & a_{12} \\ a_{21} & a_{22} \end{pmatrix} = (v_1 \quad 1-v_1) \Rightarrow (v_1 \quad 1-v_1) \cdot \begin{pmatrix} 0{,}4 & 0{,}6 \\ 0{,}5 & 0{,}5 \end{pmatrix} = (v_1 \quad 1-v_1)$$

LGS erstellen

$$\begin{vmatrix} 0{,}4\,v_1 + 0{,}5\,(1-v_1) = v_1 \\ 0{,}6\,v_1 + 0{,}5\,(1-v_1) = 1-v_1 \end{vmatrix} \Rightarrow \begin{vmatrix} -1{,}1\,v_1 = -0{,}5 \\ 1{,}1\,v_1 = 0{,}5 \end{vmatrix} \Rightarrow \begin{vmatrix} v_1 = 0{,}4545 \\ v_2 = 0{,}5455 \end{vmatrix}$$

Grenzmatrix ermitteln

$$A_\infty = \lim_{n \to \infty} A^n$$

Periode	Verteilungszustand
5	(0,454547 0,545453)
7	(0,45454547 0,5454543)
10	$(0{,}\overline{45} \quad 0{,}\overline{54})$

Nach 5 Perioden ist die Verteilung der Marktanteile schon annähernd stabil. Es wird sich folgendes stabiles Käuferverhalten einstellen: 45,45 % der Kunden werden Vanille-Tee Sorte 1 kaufen und 54,55 % Sorte 2. Keine der beiden Sorten hat einen Marktanteil von über 60 %, d. h., dass beide Sorten Vanille-Tee langfristig gesehen weiterhin verkauft werden sollten.

2.5.4 Übungen

1 Ein Hersteller von Mandelprodukten hat nach einer Marktumfrage festgestellt, dass der Markt wie folgt aufgeteilt ist:

	Hersteller	Konkurrenz
Marktanteil	20 %	80 %

Der Hersteller plant, seinen Marktanteil zu erhöhen und will dafür eine neue Sorte, nämlich Mandeln umhüllt mit laktosefreier Schokolade, auf den Markt bringen. Ein weiteres Ergebnis der Marktumfrage zeigt das Wechselverhalten der Kunden pro Jahr:

von \ nach	Hersteller	Konkurrenz
Hersteller	80 %	20 %
Konkurrenz	35 %	65 %

a) Ergänzen Sie das Übergangsdiagramm, das die Kundenwanderung verdeutlicht und als Basis für weitere Untersuchungen dienen soll:

b) Um eine bessere Planungsgrundlage für die zukünftige Produktion zu bekommen, benötigt der Hersteller seinen voraussichtlichen Marktanteil für das nächste und das übernächste Jahr unter der Voraussetzung, dass das Wechselverhalten konstant bleibt.
Führen Sie die begonnenen Rechnungen zu Ende und interpretieren Sie das Ergebnis.

$$A_1 = \vec{v}_0 \cdot A = (0{,}2 \ \underline{}) \cdot \begin{pmatrix} 0{,}8 & \underline{} \\ \underline{} & 0{,}65 \end{pmatrix} = (\underline{} \ \underline{})$$

$$A_2 = \vec{v}_0 \cdot A^2 = (\underline{} \ \underline{}) \cdot \begin{pmatrix} \underline{} & \underline{} \\ \underline{} & \underline{} \end{pmatrix}^2 = (\underline{} \ \underline{})$$

c) Als Vergleichsdaten für den Erfolg der Mandeln in laktosefreier Schokolade benötigt der Hersteller den langfristigen Marktanteil, der sich ohne die neue Sorte ergeben würde.
Sollte der langfristige Marktanteil unter 65 % liegen und erst nach drei Jahren eintreten, dann würde die neue Mandelsorte auf den Markt kommen.
Bestimmen Sie den langfristigen Marktanteil und die Anzahl der Jahre, die benötigt werden, um diesen Marktanteil zu erreichen.
Geben Sie eine Handlungsempfehlung ab.

2 Ein weltweiter Autokonzern hat die Kundenwünsche und die daraus resultierenden Kaufentscheidungen innerhalb des Konzerns untersucht. Folgende Ergebnisse liegen vor:

von \ nach	Tochterunternehmen 1	Tochterunternehmen 2
Tochterunternehmen 1	90 %	10 %
Tochterunternehmen 2	20 %	80 %

	Tochterunternehmen 1	Tochterunternehmen 2
Marktanteil	60 %	40 %

Um strategische Entscheidungen für den Konzern zu treffen, benötigt die Controlling-Abteilung einige Analysen, die sie als Grundlage verwenden kann:

a) Erstellen Sie den Vektor $\vec{v}_0^T$ und die Matrix A.
   Erklären Sie die Bedeutung des Vektors und der Matrix.
b) Berechnen Sie die Kundenverteilung in 2, in 5 und 10 Perioden mit und ohne Verwendung der Anfangsverteilung.
   Erläutern Sie die Auffälligkeiten in den Ergebnissen.
c) Ermitteln Sie den Fixvektor $\vec{v}_\infty^T$ und interpretieren Sie das Ergebnis im Sinne der Aufgabenstellung.

3 Ein Pharmakonzern hat untersucht, wie viele Kunden zum preiswerteren „Nachahmungsprodukt" greifen. Dabei ist herausgekommen, dass 75 % der Kunden dem „Original" treu bleiben, wenn sie zuerst das Original gekauft haben. 45 % der Kunden, die zuerst das „Nachahmungsprodukt" gekauft haben, wechseln zum „Original". Zum Zeitpunkt der Untersuchung haben 70 % der Kunden das „Original" gekauft.

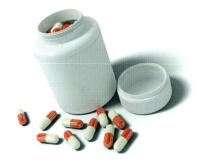

Der Vorstand des Pharmakonzerns benötigt eine Analyse der Daten, um die Ergebnisse als Basis für die 5-Jahres-Strategie zu verwenden:

a) Zeichnen Sie ein Übergangsdiagramm, das die Käuferwanderung darstellt.
b) Ermitteln Sie den Marktanteil der beiden Produkte in einem Jahr, in zwei und in fünf Jahren.
c) Untersuchen Sie, ob die Kundenwanderung auch schon in dem Vorjahr galt.
d) Untersuchen Sie, ob sich langfristig eine stabile Käuferschaft entwickelt.

4 Die Kundschaft von zwei Fastfood-Ketten ist beim Betreten der Restaurants befragt worden, ob sie Stammkunden sind oder nicht. 85 % der Kunden von Kette 1 gaben an, Stammkunden zu sein. Bei Kette 2 waren es nur 76 %.
Die Marketing-Abteilung benötigt für die neue Werbekampagne einige grafische und rechnerische Analysen:

a) Zeichnen Sie ein Verflechtungsdiagramm für die Kundenwanderung.
b) Erstellen Sie die zugehörige Übergangsmatrix A und erläutern Sie die Bedeutung der Zeilen.
c) Ermitteln Sie die Grenzmatrix A_∞ und interpretieren Sie die Elemente für die Marketing-Abteilung.

5 Zwei Unternehmen, die Matratzen herstellen, sind u. a. mit jeweils einer Taschenfederkernmatratze auf dem Markt. Der Kundenwechsel von einem zum anderen Unternehmen lässt sich wie folgt beschreiben: Kauft ein Kunde Matratze M_1, so kauft er sie zu 80 % wieder; kauft er Matratze M_2, so kauft er diese zu 70 % wieder.

a) Ermitteln Sie im Auftrag eines Marktforschungsinstitutes die stabile langfristige Verteilung und bestimmen Sie, wann diese einsetzt.
b) Das Unternehmen, dass Matratze M_1 anbietet, möchte eine weitere Taschenfederkernmatratze M_3 auf den Markt bringen. Die Marktanalyse hat ergeben, dass jeweils 10 % der Stammkunden voraussichtlich von M_1 und M_2 zur neuen Matratze M_3 wechseln würden. Von den anderen Kunden würden jeweils 5 % zur neuen Matratze M_3 wechseln. Die aktuelle Käuferverteilung wird durch den Vektor $\vec{v}_0^T = (0{,}6 \quad 0{,}4 \quad 0)$ beschrieben.
Das Marktforschungsinstitut untersucht die voraussichtliche neue Marktverteilung.

Ergänzen Sie für die erneute Analyse die Übergangsmatrix $A = \begin{pmatrix} 0{,}75 & \_\_ & \_\_ \\ \_\_ & 0{,}6 & \_\_ \\ \_\_ & 0{,}3 & 0{,}5 \end{pmatrix}$

und verdeutlichen Sie diese Situation mit einem Übergangsdiagramm.
Untersuchen Sie im Rahmen der Marktforschung, wie sich der langfristige Marktanteil für den Anbieter der Matratzen M_1 und M_3 durch das neue Angebot verändern würde.
Erläutern Sie, ob sich die Einführung der Matratze M_3 für den Hersteller von M_1 lohnen würde.

6 Eine Aufgabe geht auf Reisen:

2.5.5 Wählerverhalten

Wahlforschungsinstitute erheben durchgängig Daten, um herauszufinden, welche Partei und/oder welcher Politiker in der Gunst der Wähler vorne steht. Diese Institute analysieren das Wechselverhalten der Wähler und leiten daraus Prognosen ab.

Beispiel 1

Bei der Bundestagswahl 2017 entfielen 33 % der Zweitstimmen auf die CDU/CSU, 20,5 % auf die SPD, 12,6 % auf die AfD, 10,8 % auf die FDP, 9,2 % auf DIE LINKE und 8,9 % auf DIE GRÜNEN sowie 5 % auf Sonstige. Für Prognosen zur nächsten Bundestagswahl 2021 hat ein Wahlfor-

schungsinstitut das Wechselverhalten der Wähler pro Wahlperiode untersucht:

von \ nach	CDU/CSU	SPD	Sonstige
CDU/CSU	0,45	0,15	0,40
SPD	0,20	0,50	0,30
Sonstige	0,20	0,20	0,60

Die Mitarbeiter des Wahlforschungsinstitutes analysieren die Daten mit Blick auf die Wahl von 2013 und 2021.

a) Untersuchen Sie, ob das Wechselverhalten auch schon für die zurückliegende Wahl (2013) unterstellt werden kann.
b) Ermitteln Sie die Wahlprognose für die nächste Bundestagswahl (2021). Erstellen Sie eine Grafik, die die möglichen Gewinne und Verluste der Wahlen 2017 und 2021 gegenüberstellt.
c) Untersuchen Sie, ob sich langfristig eine stabile Wählerschaft ergibt.

Lösung

a) Angaben mathematisieren

Anfangsvektor: $\vec{v}_0^T = (\text{CDU} \quad \text{SPD} \quad \text{Sonstige}) = (0{,}33 \quad 0{,}205 \quad 0{,}465)$

Übergangsmatrix: $A = \begin{pmatrix} 0{,}45 & 0{,}15 & 0{,}40 \\ 0{,}20 & 0{,}50 & 0{,}30 \\ 0{,}20 & 0{,}20 & 0{,}60 \end{pmatrix}$

Ergebnis der letzten Bundestagswahl ermitteln

$$\vec{v}_{-1}^T = \vec{v}_0^T \cdot A^{-1} \Rightarrow \vec{v}_{-1}^T = (0{,}33 \quad 0{,}205 \quad 0{,}465) \cdot \begin{pmatrix} 0{,}45 & 0{,}15 & 0{,}40 \\ 0{,}20 & 0{,}50 & 0{,}30 \\ 0{,}20 & 0{,}20 & 0{,}60 \end{pmatrix}^{-1}$$

$$= (0{,}52 \quad 0{,}1033 \quad 0{,}3766) = (\text{CDU} \quad \text{SPD} \quad \text{Sonstige})$$

Vergleich mit dem Wahlergebnis von 2013

Wahlergebnis im Internet recherchieren:

$\vec{v}_{2013}^T = (\text{CDU} \quad \text{SPD} \quad \text{Sonstige}) = (0{,}415 \quad 0{,}257 \quad 0{,}338)$

Der Vergleich der berechneten und der recherchierten Daten ergibt, dass das Wechselverhalten von 2013 zu 2017 nicht mit dem jetzigen Wechselverhalten identisch ist.

b) Wahlprognose für 2021 erstellen

$$\vec{v}_1^T = \vec{v}_0^T \cdot A^1 \Rightarrow \vec{v}_1^T = (0{,}33 \quad 0{,}205 \quad 0{,}465) \cdot \begin{pmatrix} 0{,}45 & 0{,}15 & 0{,}40 \\ 0{,}20 & 0{,}50 & 0{,}30 \\ 0{,}20 & 0{,}20 & 0{,}60 \end{pmatrix}$$

$$= (0{,}2825 \quad 0{,}245 \quad 0{,}4725)$$

Bei dem unterstellten Wechselverhalten wird die CDU/CSU voraussichtlich 28,25 % erhalten und die SPD 24,5 %.

Darstellung der Gewinne und Verluste

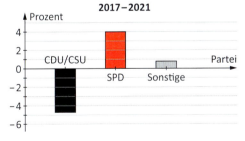

Fortsetzung

c) Ermittlung des Fixvektors

$$\vec{v}_\infty^T = \vec{v}_\infty^T \cdot A = (v_1 \quad v_2 \quad 1 - v_1 - v_2) \begin{pmatrix} 0{,}45 & 0{,}15 & 0{,}40 \\ 0{,}20 & 0{,}50 & 0{,}30 \\ 0{,}20 & 0{,}20 & 0{,}60 \end{pmatrix} = (v_1 \quad v_2 \quad 1 - v_1 - v_2)$$

LGS

$$\left| \begin{array}{l} 0{,}45\,v_1 + 0{,}2\,v_2 + 0{,}2\,(1 - v_1 - v_2) = v_1 \\ 0{,}15\,v_1 + 0{,}5\,v_2 + 0{,}2\,(1 - v_1 - v_2) = v_2 \\ 0{,}4\,v_1 + 0{,}3\,v_2 + 0{,}6\,(1 - v_1 - v_2) = 1 - v_1 - v_2 \end{array} \right|$$

$$\Rightarrow \left| \begin{array}{l} 0{,}45\,v_1 - 0{,}2\,v_1 - v_1 + 0{,}2\,v_2 - 0{,}2\,v_2 \quad\quad = -0{,}2 \\ 0{,}15\,v_1 - 0{,}2\,v_1 + \quad\quad 0{,}5\,v_2 - 0{,}2\,v_2 - v_2 = -0{,}2 \\ 0{,}4\,v_1 - 0{,}6\,v_1 + v_1 + 0{,}3\,v_2 - 0{,}6\,v_2 + v_2 = 1 - 0{,}6 \end{array} \right|$$

$$\Rightarrow \left| \begin{array}{l} -0{,}75\,v_1 \quad\quad\quad = -0{,}2 \\ -0{,}05\,v_1 - 0{,}7\,v_2 = -0{,}2 \\ 0{,}8\,v_1 + 0{,}7\,v_2 = 0{,}4 \end{array} \right| \Rightarrow \left| \begin{array}{l} v_1 = \frac{4}{15} \approx 26{,}67\,\% \\ v_2 = \frac{4}{15} \approx 26{,}67\,\% \\ v_3 = \frac{7}{15} \approx 46{,}67\,\% \end{array} \right|$$

$$\vec{v}_\infty^T = (\text{CDU/CSU} \quad \text{SPD} \quad \text{Sonstige}) = (0{,}2667 \quad 0{,}2667 \quad 0{,}4667)$$

Interpretation

Unter der Voraussetzung, dass die Wählerwanderung konstant bleibt, werden die CDU/CSU und die SPD langfristig mit einem Anteil von 26,67 % der Zweitstimmen rechnen müssen. 46,66 % der Zweitstimmen werden sich auf die anderen Parteien verteilen.

2.5.6 Übungen

1 Die Wahlergebnisse der letzten Landtagswahl in Niedersachsen (2017) werden in der folgenden Tabelle wiedergegeben:

CDU	SPD	DIE GRÜNEN	FDP	AfD
33,6 %	36,9 %	8,7 %	7,5 %	6,2 %

Untersuchungen haben ergeben, dass die Wähler sich jedes Jahr ihre Meinung bilden und ggf. ihre Wahlentscheidung revidieren. Diese Untersuchungen haben folgende jährliche Wählerwanderung ergeben:

von \ nach	CDU	SPD	DIE GRÜNEN	FDP	AfD
CDU	0,60	0,15	0,05	0,05	0,05
SPD	0,12	0,50	0,05	0,10	0,20
DIE GRÜNEN	0,10	0,10	0,65	0,05	0,05
FDP	0,02	0,15	0,05	0,63	0,02
AfD	0,05	0,12	0,05	0,10	0,58
Sonstige	0,13	0,22	0,35	0,05	0,02

Ein Wahlforschungsinstitut benötigt für die nächste Veröffentlichung der „Sonntagsfrage" einige Analysen:

a) Geben Sie an, wie groß der Anteil der Stammwähler bei den einzelnen Parteien ist.
b) Ermitteln Sie die Stimmverteilung unter der Voraussetzung, dass 2019 Wahl wäre.
c) Ermitteln Sie die Prognose für das Wahlergebnis der nächsten Landtagswahl 2022.
d) Untersuchen Sie, ob es eine Grenzmatrix gibt und interpretieren Sie das Ergebnis.

2 Das endgültige Ergebnis der
Europawahl 2019 der Bundesrepublik
Deutschland sieht für die drei Parteien mit
den größten Stimmanteilen wie folgt aus:

CDU	SPD	DIE GRÜNEN
22,6 %	15,8 %	20,5 %

Ein Wahlforschungsinstitut hat die jährlichen
Wählerwanderungen untersucht, um eine
Prognose für die nächste Wahl zu erstellen. Die Untersuchung hat folgende Daten
hervorgebracht: $A = \begin{pmatrix} 0{,}85 & 0{,}05 & 0{,}05 & 0{,}05 \\ 0{,}10 & 0{,}75 & 0{,}05 & 0{,}1 \\ 0{,}05 & 0{,}03 & 0{,}90 & 0{,}02 \\ 0{,}30 & 0{,}20 & 0{,}05 & 0{,}45 \end{pmatrix}$

Die Ergebnisse der Analysen und die Prognosen für die nächste Wahl sollen in einem
Info-Paper zusammengefasst werden. Führen Sie dafür folgende Untersuchungen
durch und erstellen Sie das Info-Paper.

a) Interpretieren Sie die Elemente der ersten Zeile und der Hauptdiagonalen der Matrix *A*.
b) Berechnen Sie die Prognose für die nächste Europawahl im Jahr 2024.
c) Untersuchen Sie, ob die drei Parteien langfristig mit einer stabilen Wählerschaft rechnen können (runden Sie die Ergebnisse auf drei Nachkommastellen).

2.5.7 Übungsaufgaben für Klausuren und Prüfungen

Aufgabe 1 (ohne Hilfsmittel)

Erklären Sie die Berechnung des Fixvektors und erläutern Sie seine Bedeutung im Zusammenhang mit Markow-Ketten.

Aufgabe 2 (ohne Hilfsmittel)

Ein Marktforschungsinstitut untersucht den Markt für Zahnbürsten. Folgende Ergebnisse sind zusammengestellt worden:

$$\vec{v}_0^T = (\text{Elmar} \quad \text{Orel} \quad \text{Sonstige}) = (0{,}5 \quad 0{,}3 \quad 0{,}2)$$

$$A = \begin{pmatrix} 0{,}5 & 0{,}1 & 0{,}4 \\ 0{,}2 & 0{,}6 & 0{,}2 \\ 0{,}1 & 0{,}2 & 0{,}7 \end{pmatrix}$$

a) Interpretieren Sie die Elemente des Vektors $\vec{v}_0^T$ und die Elemente der Hauptdiagonalen der Matrix A.

b) Bestimmen Sie $\vec{v}_1^T$ und erklären Sie die Bedeutung des neuen Vektors im Sachzusammenhang.

Aufgabe 3 (mit Hilfsmitteln)

Die Untersuchung der Bevölkerungszusammensetzung eines Ortes hat im Jahr 2019 folgendes Ergebnis erbracht:

Wohnen im Altstadtkern	Wohnen im Neubaugebiet	Wohnen am Ortsrand (ländliche Umgebung)
55 %	30 %	15 %

Um festzustellen, ob noch weitere Neubaugebiete geschaffen werden müssen, weil immer mehr Menschen dort leben wollen, wurde die Bevölkerungswanderung untersucht:

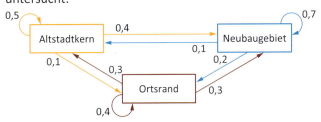

Sollte sich langfristig der stabile Wunsch nach einem Leben in Neubaugebieten einstellen und bei mehr als 50 % liegen, dann werden weitere Baugebiete ausgeschrieben. Wird diese Stabilität sogar in 20 Jahren erreicht, dann werden die nächsten Neubaugebiete innerhalb der nächsten Jahre zur Bebauung freigegeben.

Untersuchen Sie die Situation und stellen Sie die heutige sowie die zukünftige Wohnsituation grafisch dar.
Geben Sie eine Handlungsempfehlung.

Aufgabe 4 (mit Hilfsmitteln)

Ein Umfrage unter Sportlern hat ergeben, dass 57 % beim Sporthandel *TopFit* einkaufen. Außerdem wurde folgendes jährliches Wechselverhalten der Kunden festgestellt:

von \ nach	TopFit	Konkurrenz
TopFit	75 %	25 %
Konkurrenz	45 %	55 %

Um eine bessere Planungsgrundlage für zukünftige Produktionen zu bekommen, benötigt die Geschäftsleitung von *TopFit* den voraussichtlichen Marktanteil für das nächste und das übernächste Jahr. Dabei unterstellt die Geschäftsführung ein konstantes Wechselverhalten der Kunden.
Ermitteln Sie die benötigten Angaben.

Um einen Überblick über die Entwicklung des Marktanteils zu erhalten, benötigt die Geschäftsführung eine grafische Darstellung mittels Verflechtungsdiagramm. Berechnen Sie den Marktanteil aus dem Vorjahr unter der Bedingung, dass die Kundenwanderung auch da schon galt und erstellen Sie das benötigte Verflechtungsdiagramm für das Vorjahr, dieses Jahr sowie die Prognose für das nächste und das übernächste Jahr.

Die Geschäftsleitung von *TopFit* möchte wissen, ob sie langfristig einen stabilen Marktanteil haben wird.
Ermitteln Sie zur Klärung dieser Frage die Grenzmatrix A_∞ und den Fixvektor $\vec{v}_\infty^{\,T}$ und interpretieren Sie die Ergebnisse für die Geschäftsführung.

Aufgabe 5 (mit Hilfsmitteln)

Der Kulturverein *Nordsee sieht!* setzt sich aus vier aktiven Vereinen mit insgesamt 10 000 Mitgliedern zusammen:

Kunstverein	Watt-Verein	Vogelschutz-Verein	Küstenschutz-Verein
2 000	3 500	2 500	2 000

Durch Umzüge, Eheschließungen etc. ändert sich die Mitgliedschaft immer mal wieder. Das zweijährige Wechselverhalten ist der nachfolgenden Tabelle zu entnehmen:

nach / von	Kunstverein	Watt-Verein	Vogelschutz-Verein	Küstenschutz-Verein
Kunstverein	0,80	0,10	0,05	a
Watt-Verein	0,10	0,70	0,10	b
Vogelschutz-Verein	0,10	0,20	0,60	c
Küstenschutz-Verein	0,20	0,20	0,10	d

In 10 Jahren wird mithilfe des Kulturvereins *Nordsee sieht!* eine große Kulturfest-Reihe stattfinden. Jeder Verein ist gemäß seinem Anteil im Kulturverein verantwortlich für die Ausrichtung. Dabei entsprechen 10 % zehn Veranstaltungen.

Bestimmen Sie die Anzahl der Veranstaltungen, die jeder Verein organisieren muss.

Aufgabe 6 (mit Hilfsmitteln)

Folgendes Ergebnis wurde bei der Stadtratswahl in Kleinstadt 2011 und 2016 erzielt:

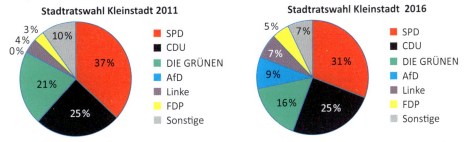

Das Wechselverhalten der Wähler innerhalb einer Wahlperiode wurde bei der letzten Wahl erforscht:

nach / von	SPD	CDU	Sonstige
SPD	a	0,31	b
CDU	0,2	c	d
Sonstige	0,1	0,15	e

Ein freiberuflicher Journalist möchte einen Artikel zum Thema „Stadtratswahlen in Kleinstadt – Ein Trend zeichnet sich ab!" schreiben.
Untersuchen Sie, ob sich ein Trend bei der Stadtratswahl erkennen lässt.
Stellen Sie die Untersuchungsergebnisse grafisch und rechnerisch dar.

2.5.8 Aufgaben aus dem Zentralabitur Niedersachsen
2.5.8.1 Hilfsmittelfreie Aufgaben

ZA 2015 | Haupttermin | eA | P5

Zu einem bestimmten Zeitpunkt haben die drei Anbieter A1, A2 und A3 jeweils 10 000 Kunden. Die für das nächste Jahr zu erwartende Kundenwanderung zwischen diesen Anbietern wird durch die nebenstehende Übergangstabelle beschrieben.

von \ nach	A1	A2	A3
A1	0,90	0,04	0,06
A2	0,02	0,90	0,08
A3	0,02	0,03	0,95

a) Vervollständigen Sie den nebenstehenden Übergangsgraphen zur Kundenwanderung innerhalb des nächsten Jahres.
Geben Sie die Gesamtzahl der Kunden an, die innerhalb des nächsten Jahres den Anbieter wechseln.

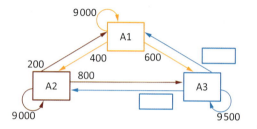

b) Ausgehend von der Ausgangsverteilung von je 10 000 Kunden wird eine Fusion der Anbieter A1 und A2 zu einem Anbieter A1 & A2 geplant. Im Kundengeschäft behalten beide ihr bekanntes Profil bei, sodass angenommen werden kann, dass die Kundenwanderung im nächsten Jahr weiterhin wie in der obigen Übergangstabelle dargestellt abläuft.

Vervollständigen Sie den nebenstehenden Übergangsgraphen zur Kundenwanderung innerhalb des nächsten Jahres unter Berücksichtigung der Fusion.

Vervollständigen Sie die nebenstehende Übergangstabelle zur Kundenwanderung innerhalb des nächsten Jahres unter Berücksichtigung der Fusion.

von \ nach	A1 & A2	A3
A1 & A2		
A3		0,95

ZA 2016 | Haupttermin | gA | P4

Die unten angegebene Tabelle stellt die Übergänge eines Systems mit zwei Zuständen A und B dar. Die zugehörige Übergangsmatrix wird mit M bezeichnet.

von \ nach	A	B
A	0,8	0,2
B	0,6	0,4

a) Stellen Sie den zugehörigen Übergangsgraphen dar.
   Berechnen Sie die in M^2 fehlenden Werte: $M^2 = \begin{pmatrix} 0{,}76 & 0{,}24 \\ \_\_ & \_\_ \end{pmatrix}$.

b) In einem anderen System mit zwei Zuständen werden die Übergänge durch die Matrix $N = \begin{pmatrix} 0{,}8 & 0{,}2 \\ 0{,}8 & 0{,}2 \end{pmatrix}$ beschrieben. Die Anfangsverteilung ist $\vec{s}^T = (0{,}5 \quad 0{,}5)$.
   Zeigen Sie, dass sich die Verteilung nach einem Übergang nicht mehr ändert.

ZA 2016 | Haupttermin | eA | P5

Ein Fixvektor $\vec{v}^T$ einer Matrix M ist ein Vektor, für den gilt: $\vec{v}^T \cdot M = \vec{v}^T$ mit $\vec{v}^T \neq \vec{0}$.

a) Untersuchen Sie, ob es Werte für a und b gibt, sodass für die Matrix
   $N = \begin{pmatrix} 0{,}7 & a & b \\ 0{,}3 & 0{,}5 & 0{,}2 \\ 0{,}3 & 0{,}5 & 0{,}2 \end{pmatrix}$ und den Vektor $\vec{w}^T = (100 \quad 70 \quad 30)$
   die Bedingungen I und II gelten:
   I Der Vektor $\vec{w}^T$ ist ein Fixvektor der Matrix N.
   II Die quadratische Matrix N ist stochastisch, d. h., alle Elemente sind nichtnegative reelle Zahlen und die Zeilensummen sind jeweils gleich eins.

b) Die Vektoren $\vec{x}^T$ und $\vec{y}^T$ mit $\vec{x}^T + \vec{y}^T \neq \vec{0}$ sind Fixvektoren einer Matrix L.
   Zeigen Sie, dass auch der Vektor $\vec{z}^T = \vec{x}^T + \vec{y}^T$ ein Fixvektor von L ist.

ZA 2017 | Haupttermin | eA | P3

Betrachtet werden stochastische Matrizen, d. h quadratische Matrizen, deren Zeilensumme jeweils gleich eins sind und in denen alle Elemente größer oder gleich null sind.

a) Bestimmen Sie einen Vektor $\vec{v}^T$ mit $\vec{v}^T \neq (0 \quad 0)$ derart, dass für die Matrix M mit
   $M = \begin{pmatrix} 0{,}4 & 0{,}6 \\ 0{,}3 & 0{,}7 \end{pmatrix}$ gilt: $\vec{v}^T \cdot M = \vec{v}^T$.

b) Zeigen Sie:
   Ist N eine stochastische 2×2-Matrix und $\vec{u}^T$ ein Vektor mit der Zeilensumme 5, dann ist auch $\vec{u}^T \cdot N$ ein Vektor mit der Zeilensumme 5.

2.5.8.2 Aufgaben aus dem Wahlteil

ZA 2018 | Haupttermin | GTR | eA | 3Ab)
Das Unternehmen *TopFit* stellt in drei Abteilungen Sportbekleidung her. [...]

b) Nach den Modernisierungsmaßnahmen sollen neue Werbekampagnen geschaltet werden; dafür wurde eine Marktforschung durchgeführt. Diese hat ergeben, dass der aktuelle Marktanteil von *TopFit* bei 20 % liegt, *SADIDA* und *AMUP* teilen sich hälftig den verbleibenden Marktanteil. Die folgende Grafik veranschaulicht die Kundenwanderung:

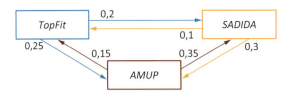

- Wenn der Marktanteil in der nächsten Periode $t = 1$ voraussichtlich auf mehr als 22 % steigt, dann soll nur Werbung in Zeitschriften geschaltet werden.
- Wenn der Marktanteil in der übernächsten Periode $t = 2$ voraussichtlich unter 23 % liegt, dann soll ein Kino-Spot in der Periode geschaltet werden.
- Wenn der Marktanteil langfristig voraussichtlich unter 25 bleibt, dann sollen Modenschauen in Shopping-Centern mithilfe von Sportvereinen organisiert werden.
- Wenn die Steigerung des Marktanteils von der Vorperiode bis zur nächsten Periode konstant bleibt, dann soll die Werbeagentur nicht gewechselt werden.

Untersuchen Sie, welche Werbemaßnahmen umgesetzt werden sollten, und ob die Werbeagentur weitere Aufträge erhält.

ZA 2019 | Haupttermin | GTR | eA | 3Ba)

In einer niedersächsischen Kleinstadt wird ein Neubaugebiet für 500 Wohneinheiten erschlossen.

a) Ein Neubaugebiet erhält bei der Erschließung Rohrleitungen für Strom, Gas und Wasser sowie Glasfaserkabel für TV, Telefon und Internet. Der einzige ortsansässige Anbieter *Digitalia* für TV, Telefon und Internet benötigt eine Prognose, wie viele Wohneinheiten sich beim Einzug für einen Anschluss der Konkurrenz entscheiden werden und wie die langfristige Prognose der Marktanteile in diesem Baugebiet ausfallen wird.

Aus einem vergleichbaren Neubaugebiet ist bekannt, dass zu Beginn 35 % der Wohneinheiten von dem ortsansässigen Unternehmen versorgt werden, 50 % von deutschlandweiten Anbietern und alle anderen von Anbietern aus Niedersachsen. Das Wechselverhalten verhält sich erfahrungsgemäß wie folgt:

von \ nach	ortsansässiger Anbieter	deutschlandweiter Anbieter	Anbieter aus Niedersachsen
ortsansässiger Anbieter	85 %	10 %	5 %
deutschlandweiter Anbieter	30 %	55 %	15 %
Anbieter aus Niedersachsen	30 %	10 %	60 %

Untersuchen Sie für *Digitalia*, wie groß ihr Marktanteil zu Beginn, nach einem und nach zwei Jahren sowie langfristig sein wird.

3 Analytische Geometrie

Die **analytische Geometrie** ist ein Gebiet der Mathematik, das sich aus Geometrie und linearer Algebra zusammensetzt. Die lineare Algebra wird benötigt, um geometrische Probleme zu lösen, ohne dass eine Raumanschauung unbedingt notwendig ist; sie ist aber hilfreich. In diesem Kapitel beziehen sich die Inhalte auf den zweidimensionalen Raum $\mathbb{R}^2$ und den dreidimensionalen Raum $\mathbb{R}^3$.

3.1 Symbole/Zeichen: Bedeutung und Verwendung

Symbole/Zeichen	Bedeutung/Erklärung
$\vec{a}$	Vektor a
$|\vec{a}|$	Betrag eines Vektors
$\begin{pmatrix} a_1 \\ a_2 \end{pmatrix}$	Vektor in Komponentenschreibweise
$\parallel$	zwei Vektoren sind parallel
$\uparrow\uparrow$	zwei Vektoren sind gleich orientiert
$\uparrow\downarrow$	zwei Vektoren sind entgegengesetzt orientiert
$\perp$	zwei Vektoren sind orthogonal zueinander
A	Flächeninhalt
α	Winkel am Punkt A
d	Abstand
e	Ebene
g	Gerade
h_a	Höhe auf der Seite a
m_a	Mittelsenkrechte zur Seite a
M	Mittelpunkt einer Strecke, einer Fläche, eines Kreises usw.
P	Punkt P
$\overrightarrow{OP}$	Ortsvektor, Vektor vom Ursprung zum Punkt P
$\overrightarrow{PQ}$	Vektor, dessen Anfang in Punkt P und dessen Spitze in Punkt Q liegt
$\mathbb{R}^2$	zweidimensionaler Raum
$\mathbb{R}^3$	dreidimensionaler Raum
s	Länge einer Strecke
S	Schwerpunkt eines Dreiecks
U	Umfang

3.2 Lernsituationen

Lernsituation 1

Benötigte Kompetenzen für die Lernsituation 1
Kenntnisse aus der linearen Algebra: Rechnen mit Vektoren, Lösen von Gleichungssystemen

Inhaltsbezogene Kompetenzen der Lernsituation 1
$\mathbb{R}^2$ und $\mathbb{R}^3$; Punkte; Vektoren; Raumanschauung; Rechnen mit Vektoren; Eigenschaften von Vektoren; Winkel zwischen Vektoren; Geraden

Prozessbezogene Kompetenzen der Lernsituation 1
Probleme mathematisch lösen; mathematisch modellieren; mit symbolischen, formalen und technischen Elementen umgehen; kommunizieren

Methode
arbeitsteilige Gruppenarbeit und gemeinsame Erstellung des Handlungsergebnisses | dreidimensionale Darstellung mithilfe von GeoGebra | dreidimensionale Zeichnung per Hand

Zeit
3 Doppelstunden

Der Stadtrat einer niedersächsischen Kleinstadt möchte diesen Spielturm für den Stadtpark nachbauen. Dafür werden einige Berechnungen und Zeichnungen benötigt.

Folgende Analysen wurden schon durchgeführt:
- Verankerungspunkte im Erdboden für das Spielhaus:
  $A(1|-1|0)$, $B(1|0,5|0)$, $C(-0,5|-1|0)$ und $D(-0,5|0,5|0)$
- Pfostenhöhe je Etage: 1,8 m
- Verankerungspunkte im Erdboden für die Treppe: 2 m Abstand von den Verankerungspunkten des Hauses; die Treppe ist mittig am Spielhaus befestigt. Die Treppe ist 0,7 m breit.
- Winkel zwischen Treppe und Spielhaus: weniger als 50°, aber mehr als 40°.
- Firsthöhe des Daches: 4 m; das Dach steht vorn und hinten jeweils 0,2 m über den Pfosten.
- Verankerungspunkte im Erdboden für die Rutsche: 3 m Abstand von den Verankerungspunkten des Hauses, die Rutsche ist mittig am Spielhaus befestigt. Die Rutsche ist 0,8 m breit.
- Winkel zwischen Rutsche und Spielhaus: mehr als 50°, aber weniger als 60°.

Gruppe 1	**Konstruktion des Spielhauses ohne Treppe und Rutsche** Grundfläche bestimmen, Dachneigung bestimmen, Dachfläche bestimmen
Gruppe 2	**Konstruktion der Treppe** Verankerungspunkte im Erdboden und am Spielhaus bestimmen, Länge der Treppe bestimmen, Winkel zwischen Treppe und Spielhaus überprüfen
Gruppe 3	**Konstruktion der Rutsche** Verankerungspunkte im Erdboden und am Spielhaus bestimmen, Länge der Rutsche bestimmen (Wellen nicht berücksichtigen), Winkel zwischen Rutsche und Spielhaus überprüfen
Plenum	**Konstruktion des Spielhauses mit Treppe und Rutsche** Erstellen der dreidimensionalen Planungsskizze für das Spielhaus mit Treppe und Rutsche (per Hand und/oder mit GeoGebra)

3.3 Begriffe und Definitionen

In der analytischen Geometrie wird zumeist von einer Darstellung in einem kartesischen Koordinatensystem gesprochen. Ein **kartesisches Koordinatensystem** ist ein orthogonales (rechtwinkliges) Koordinatensystem, dessen Koordinatenlinien Geraden in konstantem Abstand sind.

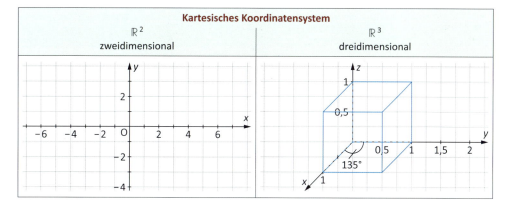

Die Betrachtungen in der analytischen Geometrie basieren auf Punkten, Vektoren und Ortsvektoren. **Vektoren** sind Pfeile, die in einem Raum ($\mathbb{R}^2$ oder $\mathbb{R}^3$) liegen; sie haben einen **Anfangspunkt** P und einen **Endpunkt** Q, der als Spitze des Pfeils dargestellt wird: $\overrightarrow{PQ}$. Vektoren werden wie in der linearen Algebra auch mithilfe von kleinen Buchstaben dargestellt: $\vec{a} = \overrightarrow{PQ}$. Von jedem Vektor gibt es eine Vielzahl von Vertretern/Repräsentanten, weil alle Pfeile, die parallel sind und die gleiche Länge haben, denselben Vektor repräsentieren. **Ortsvektoren** sind Vektoren, deren Anfangspunkt im Ursprung O liegt: $\overrightarrow{OP}$ oder $\overrightarrow{OQ}$.

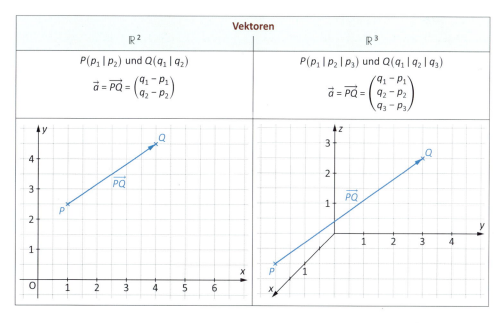

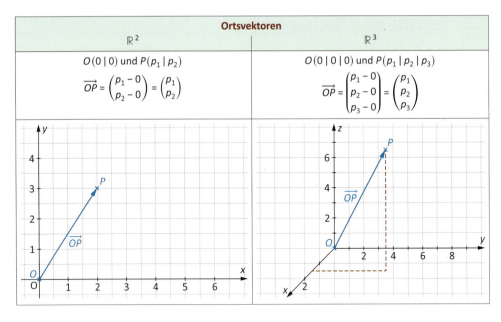

Vektoren werden mithilfe verschiedener Eigenschaften bezüglich ihrer Lage beschrieben. Zu jedem Vektor existiert ein sogenannter **Gegenvektor**.

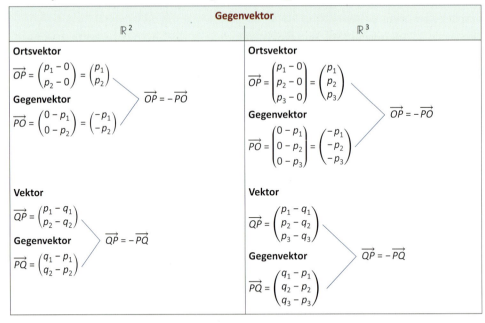

Gegenvektor

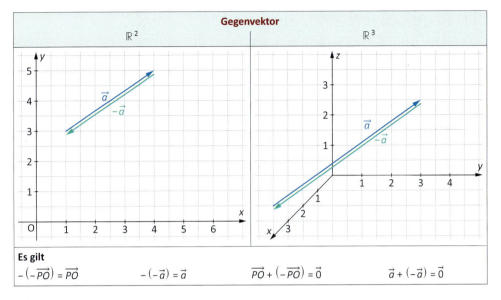

$\mathbb{R}^2$	$\mathbb{R}^3$

Es gilt

$-\left(-\overrightarrow{PO}\right) = \overrightarrow{PO}$ $\quad$ $-(-\vec{a}) = \vec{a}$ $\quad$ $\overrightarrow{PO} + \left(-\overrightarrow{PO}\right) = \vec{0}$ $\quad$ $\vec{a} + (-\vec{a}) = \vec{0}$

Lage von Vektoren

$\mathbb{R}^2$	$\mathbb{R}^3$

Parallelität zweier Vektoren

$$\vec{a} \parallel \vec{b}$$

Vektor und Gegenvektor

$$\vec{a} \parallel -\vec{a}$$

Orientierung zweier Vektoren

gleichorientiert	entgegengesetzt orientiert
$\vec{a} \uparrow\uparrow \vec{b}$	$\vec{a} \uparrow\downarrow \vec{b}$
parallel und gleichorientiert	**parallel und entgegengesetzt orientiert**
	Dreiecksungleichung
$\vec{a} \uparrow\uparrow \vec{b} \Leftrightarrow \lvert\vec{a}+\vec{b}\rvert = \lvert\vec{a}\rvert + \lvert\vec{b}\rvert$	$\vec{a} \uparrow\downarrow \vec{b} \Leftrightarrow \lvert\vec{a}+\vec{b}\rvert < \lvert\vec{a}\rvert + \lvert\vec{b}\rvert$

Vektor und Gegenvektor

$$\vec{a} \uparrow\downarrow -\vec{a}$$

Länge eines Vektors

$\lvert\vec{a}\rvert = \sqrt{a_1^2 + a_2^2}$	$\lvert\vec{a}\rvert = \sqrt{a_1^2 + a_2^2 + a_3^2}$

Vektor und Gegenvektor

$$\lvert\vec{a}\rvert = \lvert-\vec{a}\rvert$$

Die Länge des Vektors $\vec{a} = \overrightarrow{PQ}$ gibt den **Abstand** zwischen den Punkten P und Q an.

3.4 Rechnen mit Vektoren

In der analytischen Geometrie werden Punkte und Vektoren als Basis aller geometrischen Darstellungen im zwei- und dreidimensionalen Raum verwendet. Mithilfe von Punkten und Vektoren werden geometrische Objekte konstruiert und analysiert. Die geometrischen Objekte veranschaulichen beispielsweise Spielgeräte für Kinder, Jugendliche und Erwachsene. Für diese Analysen wird das Rechnen mit Vektoren benötigt; dies ist aus der linearen Algebra bekannt.

Beispiel 1

Für den Spielplatz in einer Parkanlage einer niedersächsischen Kleinstadt sind von einem einheimischen Künstler Holzpilze hergestellt worden. Diese sollen als Stühle und Tische dienen. Jeder Pilz hat einen Befestigungspunkt, an dem er im Boden verankert wird. Der örtliche Bauhof soll die Pilze gemäß Lageplan montieren.
Bestimmen Sie die Koordinaten der Pilze.

Die Pilze müssen einen Abstand von mindestens einem Meter (m) aufweisen, damit keine Verletzungsgefahr entsteht. Außerdem soll der Abstand zwischen den einzelnen Pilzen nicht größer als 1,6 m sein, weil die Pilze sonst nicht als Tischgruppe verwendet werden können. Punkt *F* symbolisiert den Tisch.
Untersuchen Sie, ob die Vorgaben bei der Erstellung des Lageplans eingehalten wurden.

Lageplan: Angaben in Metern

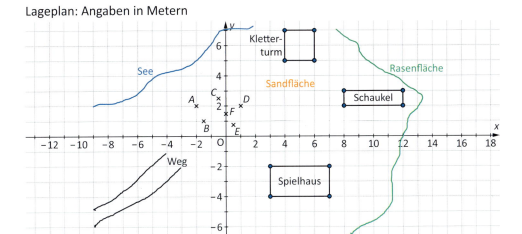

Lösungen

Koordinaten der Punkte bestimmen

Die Koordinaten werden aus dem Lageplan mithilfe der Gitternetzlinien bestimmt.
$A(-2\mid 2)$, $B(-1{,}5\mid 1)$, $C(-0{,}5\mid 2{,}5)$, $D(1\mid 2)$, $E(0{,}5\mid 0{,}75)$ und $F(0\mid 1{,}5)$.

Abstände der Punkte bestimmen

Mithilfe von je zwei Punkten P und Q wird jeweils ein Vektor $\overrightarrow{PQ}$ aufgestellt und dann die Länge des Vektors, die auch Betrag eines Vektors genannt wird, ermittelt.
Die Länge eines Vektors wird mithilfe des Satzes von Pythagoras berechnet.
$a^2 + b^2 = c^2 \Rightarrow c = \sqrt{a^2 + b^2}$:

$$d = |\overrightarrow{PQ}| = \left|\begin{pmatrix} q_1 - p_1 \\ q_2 - p_2 \end{pmatrix}\right| = \sqrt{(q_1 - p_1)^2 + (q_2 - p_2)^2}$$

Vektor	Abstand
$\overrightarrow{AB}$	$d = |\overrightarrow{AB}| = \left|\begin{pmatrix} -1{,}5 - (-2) \\ 1 - 2 \end{pmatrix}\right| = \left|\begin{pmatrix} 0{,}5 \\ -1 \end{pmatrix}\right| = \sqrt{0{,}5^2 + (-1)^2} = \sqrt{1{,}25} \approx 1{,}1$
$\overrightarrow{AC}$	$d = |\overrightarrow{AC}| = \left|\begin{pmatrix} -0{,}5 - (-2) \\ 2{,}5 - 2 \end{pmatrix}\right| = \left|\begin{pmatrix} 1{,}5 \\ 0{,}5 \end{pmatrix}\right| = \sqrt{1{,}5^2 + 0{,}5^2} = \sqrt{2{,}5} \approx 1{,}58$
$\overrightarrow{AF}$	$d = |\overrightarrow{AF}| = \left|\begin{pmatrix} 0 - (-2) \\ 1{,}5 - 2 \end{pmatrix}\right| = \left|\begin{pmatrix} 2 \\ -0{,}5 \end{pmatrix}\right| = \sqrt{2^2 + (-0{,}5)^2} = \sqrt{4{,}25} \approx 2{,}06$ → Abstand zu groß
$\overrightarrow{BE}$	$d = |\overrightarrow{BE}| = \left|\begin{pmatrix} 0{,}5 - (-1{,}5) \\ 0{,}75 - 1 \end{pmatrix}\right| = \left|\begin{pmatrix} 2 \\ -0{,}25 \end{pmatrix}\right| = \sqrt{3^2 + (-0{,}25)^2} = \sqrt{9{,}0625} \approx 3{,}01$ → Abstand zu groß
$\overrightarrow{BF}$	$d = |\overrightarrow{BF}| = \left|\begin{pmatrix} 0 - (-1{,}5) \\ 1{,}5 - 1 \end{pmatrix}\right| = \left|\begin{pmatrix} 1{,}5 \\ 0{,}5 \end{pmatrix}\right| = \sqrt{1{,}5^2 + 0{,}5^2} = \sqrt{2{,}5} \approx 1{,}58$
$\overrightarrow{CD}$	$d = |\overrightarrow{CD}| = \left|\begin{pmatrix} 1 - (-0{,}5) \\ 2 - 2{,}5 \end{pmatrix}\right| = \left|\begin{pmatrix} 1{,}5 \\ -0{,}5 \end{pmatrix}\right| = \sqrt{1{,}5^2 + (-0{,}5)^2} = \sqrt{2{,}5} \approx 1{,}58$

Vektor	Abstand
$\vec{CF}$	$d = |\vec{CF}| = \left|\binom{0-(-0{,}5)}{1{,}5-2{,}5}\right| = \left|\binom{0{,}5}{-1}\right| = \sqrt{0{,}5^2+(-1)^2} = \sqrt{1{,}25} \approx 1{,}1$
$\vec{DE}$	$d = |\vec{DE}| = \left|\binom{0{,}5-1}{0{,}75-2}\right| = \left|\binom{-0{,}5}{-1{,}25}\right| = \sqrt{(-0{,}5)^2+(-1{,}25)^2} = \sqrt{1{,}8125} \approx 1{,}35$
$\vec{DF}$	$d = |\vec{DF}| = \left|\binom{0-1}{1{,}5-2}\right| = \left|\binom{-1}{-0{,}5}\right| = \sqrt{(-1)^2+(-0{,}5)^2} = \sqrt{1{,}25} \approx 1{,}1$
$\vec{EF}$	$d = |\vec{EF}| = \left|\binom{0-0{,}5}{1{,}5-0{,}75}\right| = \left|\binom{-0{,}5}{0{,}75}\right| = \sqrt{(-0{,}5)^2+0{,}75^2} = \sqrt{0{,}8125} \approx 0{,}9014$ → Abstand zu klein

Handlungsempfehlung

Der Abstand der Pilze E und F ist zu gering, die Abstände von A und F sowie von B und E sind zu groß.
Der Tischpilz F sollte weiter links montiert werden, sodass der Abstand zu A geringer und zu E größer wird. Es muss beachtet werden, dass der Abstand zu D nicht zu groß wird. Die Pilze A und B müssen nach rechts versetzt werden, sodass die Abstände zum Tisch F bzw. zum Stuhl E geringer werden.

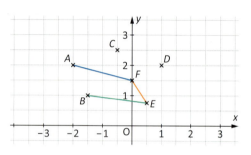

Abstand von Punkten

	$\mathbb{R}^2$	$\mathbb{R}^3$
Punkte	$P(p_1\mid p_2)$ und $Q(q_1\mid q_2)$	$P(p_1\mid p_2\mid p_3)$ und $Q(q_1\mid q_2\mid q_3)$
Vektoren	$\vec{PQ} = \binom{q_1-p_1}{q_2-p_2}$	$\vec{PQ} = \begin{pmatrix}q_1-p_1\\q_2-p_2\\q_3-p_3\end{pmatrix}$
Abstand zwischen zwei Punkten	$d = |\vec{PQ}|$ $= \sqrt{(q_1-p_1)^2+(q_2-p_2)^2}$	$d = |\vec{PQ}|$ $= \sqrt{(q_1-p_1)^2+(q_2-p_2)^2+(q_3-p_3)^2}$

Beispiel 2

Der *Sportverein Rot-Gelb* baut einen neuen Kletterturm, um das Sportangebot ausweiten zu können.
Der Turm soll 15 Meter (m) hoch und 6 m breit sein. Die Grundfläche ist ein Quadrat.
An der Frontseite sollen Kletterhalterungen für Kinder angebracht werden. Der seitliche Abstand der Halterungen soll

immer 0,5 m betragen. Die Halterungen sollen auf sieben gedachten senkrechten Linien (ausgehend von der Mitte der Wand) angebracht werden. Der Höhenunterschied der Halterungen auf zwei nebeneinanderliegenden Linien soll im Wechsel 0,3 m und 0,2 m betragen. Höher als 4 m sollen die Kinder nicht klettern können.
Erstellen Sie eine Planungsskizze für den Kletterturm im $\mathbb{R}^3$ und eine Planungsskizze für die Kinder-Kletterwand im $\mathbb{R}^2$.

Lösungen

Planungsskizze für den Kletterturm
Eckpunkte des Turms:
Grundseite $A(0|0|0)$, $B(6|0|0)$, $C(6|6|0)$ und $D(0|6|0)$
Oberseite $E(0|0|15)$, $F(6|0|15)$, $G(6|6|15)$ und $H(0|6|15)$

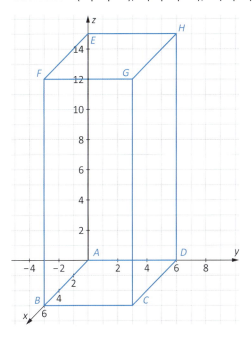

Bestimmen der Punkte für die Halterungen
Unterste Halterungen festlegen: (1,5 | 0,2), (2 | 0,3), (2,5 | 0,2), (3 | 0,3), (3,5 | 0,2), (4 | 0,3), (4,5 | 0,2)

Bestimmen der weiteren Halterungen pro senkrechter Linie
- Beispiel Linie 1

  $P(1,5 \mid 0,2)$ und $Q(1,5 \mid 0,4)$

  Ortsvektor für die unterste Halterung bestimmen:

  $$\overrightarrow{OP} = \begin{pmatrix} 1,5 - 0 \\ 0,2 - 0 \end{pmatrix} = \begin{pmatrix} 1,5 \\ 0,2 \end{pmatrix}$$

  Weitere Halterungen auf der Linie sind immer 0,2 m höher, d. h. es gibt 20 Halterungen auf dieser Linie:

  ⇒ Vektor für den Abstand zweier Halterungen bestimmen:

  $$\overrightarrow{PQ} = \begin{pmatrix} 1,5 - 1,5 \\ 0,4 - 0,2 \end{pmatrix} = \begin{pmatrix} 0 \\ 0,2 \end{pmatrix}$$

  ⇒ Allgemeine Darstellung der Halterung auf Linie 1

  $\overrightarrow{OP} + r \cdot \overrightarrow{PQ}$ mit $r \in \mathbb{N}_{\leq 20}$

- Beispiel Linie 2

  Diese Linie hat zur Linie 1 einen Abstand von 0,5 m und die Halterungen haben einen Abstand von 0,3 m, d. h. es gibt 13 Halterungen auf Linie 2:

  ⇒ Ortsvektor für die unterste Halterung bestimmen (in Abhängigkeit von P):

  $$\overrightarrow{OR} = \overrightarrow{OP} + \begin{pmatrix} 0,5 \\ 0,1 \end{pmatrix} = \begin{pmatrix} 1,5 \\ 0,2 \end{pmatrix} + \begin{pmatrix} 0,5 \\ 0,1 \end{pmatrix} = \begin{pmatrix} 2 \\ 0,3 \end{pmatrix}$$

  ⇒ Vektor für den Abstand zweier Halterungen bestimmen:

  $$\overrightarrow{RS} = \begin{pmatrix} 0 \\ 0,3 \end{pmatrix}$$

  ⇒ Allgemeine Darstellung der Halterung auf Linie 2

  $\overrightarrow{OR} + t \cdot \overrightarrow{RS}$ mit $t \in \mathbb{N}_{\leq 13}$

Planungsskizze für die Kinder-Kletterwand

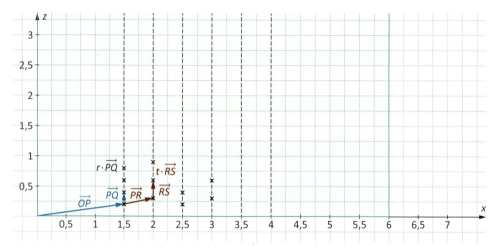

Vektorraum V

Kommutativgesetz $\quad \vec{a} + \vec{b} = \vec{b} + \vec{a}$

Assoziativgesetz $\quad (\vec{a} + \vec{b}) + \vec{c} = \vec{a} + (\vec{b} + \vec{c})$

Neutrales Element $\quad \vec{a} + \vec{0} = \vec{a}$

Inverses Element $\quad \vec{a} + (-\vec{a}) = (-\vec{a}) + \vec{a} = \vec{0}$

Vervielfachung $\quad r \cdot (s \cdot \vec{a}) = (r \cdot s) \cdot \vec{a} \qquad$ mit $\vec{a}, \vec{b}, \vec{c} \in V$ und $r, s \in \mathbb{R}$
$\quad r \cdot (\vec{a} + \vec{b}) = r\vec{a} + r\vec{b}$

Rechnen mit Vektoren

Addition $\quad \vec{a} + \vec{b} = \begin{pmatrix} a_1 \\ a_2 \\ a_3 \end{pmatrix} + \begin{pmatrix} b_1 \\ b_2 \\ b_3 \end{pmatrix} = \begin{pmatrix} a_1 + b_1 \\ a_2 + b_2 \\ a_3 + b_3 \end{pmatrix}$

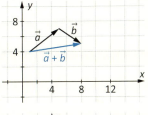

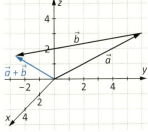

Subtraktion $\quad \vec{a} - \vec{b} = \begin{pmatrix} a_1 \\ a_2 \\ a_3 \end{pmatrix} - \begin{pmatrix} b_1 \\ b_2 \\ b_3 \end{pmatrix} = \begin{pmatrix} a_1 - b_1 \\ a_2 - b_2 \\ a_3 - b_3 \end{pmatrix}$

Rechengesetz

$\vec{a} + (-\vec{b}) = \vec{a} - \vec{b}$

Spitze an Spitze

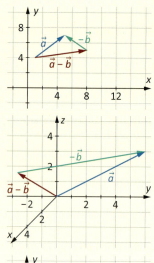

Anfangspunkt an Anfangspunkt

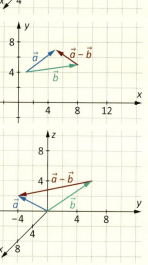

Die **Vektoraddition** und die **Vektorsubtraktion** sind wechselseitige Umkehrungen voneinander; dies kann grafisch und algebraisch verdeutlicht werden:

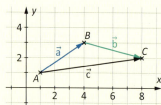

Vektoraddition

$$\vec{AB} + \vec{BC} = \vec{a} + \vec{b} = \begin{pmatrix} b_1 - a_1 \\ b_2 - a_2 \end{pmatrix} + \begin{pmatrix} c_1 - b_1 \\ c_2 - b_2 \end{pmatrix} = \begin{pmatrix} (b_1 - a_1) + (c_1 - b_1) \\ (b_2 - a_2) + (c_2 - b_2) \end{pmatrix}$$

$$= \begin{pmatrix} c_1 - a_1 \\ c_2 - a_2 \end{pmatrix} = \vec{c} = \vec{AC}$$

Zwei Vektoren werden addiert, indem an die Pfeilspitze des ersten Vektors $\vec{AB}$ der Anfang des zweiten Vektors $\vec{BC}$ angetragen wird. Werden dann die Punkte A und C durch einen Vektor verbunden, ist dies der **Summenvektor** $\vec{AC}$.

Vektorsubtraktion

$$\vec{AC} + \vec{AB} = \vec{c} - \vec{a} = \begin{pmatrix} c_1 - a_1 \\ c_2 - a_2 \end{pmatrix} + \begin{pmatrix} b_1 - a_1 \\ b_2 - a_2 \end{pmatrix} = \begin{pmatrix} (c_1 - a_1) - (b_1 - a_1) \\ (c_2 - a_2) - (b_2 - a_2) \end{pmatrix}$$

$$= \begin{pmatrix} c_1 - b_1 \\ c_2 - b_2 \end{pmatrix} = \vec{b} = \vec{BC}$$

Zwei Vektoren werden subtrahiert, indem beispielsweise der Anfang des zweiten Vektors $\vec{AC}$ an den Anfang des ersten Vektors $\vec{AB}$ angetragen wird. Werden dann die Punkte B und C durch einen Vektor verbunden, ist dies der **Differenzvektor**.

s-Multiplikation $\quad s \cdot \vec{a} = s \cdot \begin{pmatrix} a_1 \\ a_2 \\ a_3 \end{pmatrix} = \begin{pmatrix} s \cdot a_1 \\ s \cdot a_2 \\ s \cdot a_3 \end{pmatrix}$

Gesetzmäßigkeiten

$|s \cdot \vec{a}| = |s| \cdot |\vec{a}|$

$s \cdot \vec{a} \parallel \vec{a}$

$s \cdot \vec{a} \uparrow\uparrow \vec{a}$, wenn $s \geq 0$

$s \cdot \vec{a} \uparrow\downarrow \vec{a}$, wenn $s < 0$

Rechengesetze

$s \cdot (-\vec{a}) = (-s)\vec{a} = -(s \cdot \vec{a})$

$s \cdot \vec{a} = \vec{0} \Leftrightarrow s = 0 \vee \vec{a} = \vec{0}$

Assoziativgesetz

$r \cdot (s \cdot \vec{a}) = (r \cdot s)\vec{a} = s \cdot (r \cdot \vec{a})$

Distributivgesetz

$(r + s) \cdot (\vec{a}) = r \cdot \vec{a} + s \cdot \vec{a}$

$s \cdot (\vec{a} + \vec{b}) = s \cdot \vec{a} + s \cdot \vec{b}$

Beispiel 3

Auf einem Spielplatz in einer Grundschule soll ein Balancierbalken so aufgebaut werden, dass ein Rundkurs entsteht, der aus sieben Abschnitten besteht.
Die Eckpunkte sind vom Planungsteam auf Basis der Balkenlängen festgelegt worden:
$A(2|-1)$, $B(5|1)$, $C(3|3)$, $D(5|5)$, $E(1|5)$, $F(-1|3)$ und $G(1|g_2)$.

Eine Einheit entspricht 0,5 Metern (m).
Bestimmen Sie die fehlende Koordinate des Punktes G unter den Voraussetzung, dass der siebte Balancierbalken 1,56 m lang ist und der Punkt G zwischen A und F liegt. Erstellen Sie die Planungsskizze im $\mathbb{R}^2$.

Lösungen
Koordinaten von G bestimmen

Der Punkt G muss so gelegt werden, dass eine geschlossene Balancierrunde entsteht, d. h. er wird so gewählt, dass eine **geschlossene Vektorkette** entsteht.

$\vec{AB} + \vec{BC} + \vec{CD} + \vec{DE} + \vec{EF} + \vec{FG} + \vec{GA} = \begin{pmatrix} 0 \\ 0 \end{pmatrix}$

$\begin{pmatrix} 5-2 \\ 1-(-1) \end{pmatrix} + \begin{pmatrix} 3-5 \\ 3-1 \end{pmatrix} + \begin{pmatrix} 5-3 \\ 5-3 \end{pmatrix} + \begin{pmatrix} 1-5 \\ 5-5 \end{pmatrix} + \begin{pmatrix} -1-1 \\ 3-5 \end{pmatrix} + \begin{pmatrix} 1-(-1) \\ g_2-3 \end{pmatrix} + \begin{pmatrix} 2-1 \\ -1-g_2 \end{pmatrix} = \begin{pmatrix} 0 \\ 0 \end{pmatrix}$

$\begin{pmatrix} 3 \\ 2 \end{pmatrix} + \begin{pmatrix} -2 \\ 2 \end{pmatrix} + \begin{pmatrix} 2 \\ 2 \end{pmatrix} + \begin{pmatrix} -4 \\ 0 \end{pmatrix} + \begin{pmatrix} -2 \\ -2 \end{pmatrix} + \begin{pmatrix} 2 \\ g_2-3 \end{pmatrix} + \begin{pmatrix} 1 \\ -1-g_2 \end{pmatrix} = \begin{pmatrix} 0 \\ 0 \end{pmatrix}$

$\begin{pmatrix} -3 \\ 4 \end{pmatrix} + \begin{pmatrix} 2+1 \\ g_2-3-1-g_2 \end{pmatrix} = \begin{pmatrix} 0 \\ 0 \end{pmatrix}$

$\begin{pmatrix} -3 \\ 4 \end{pmatrix} + \begin{pmatrix} 3 \\ g_2-4-g_2 \end{pmatrix} = \begin{pmatrix} 0 \\ 0 \end{pmatrix}$

$\begin{pmatrix} -3 \\ 4 \end{pmatrix} + \begin{pmatrix} 3 \\ -4 \end{pmatrix} = \begin{pmatrix} 0 \\ 0 \end{pmatrix}$ ⇒ wahre Aussage, d. h. die fehlende Koordinate des Punktes G wird durch die Länge des Balkens bestimmt.

Länge des siebten Balancierbalkens

1,56 m $\triangleq$ 3,16 = $\sqrt{10}$

$d = |\vec{GA}| = \left| \begin{pmatrix} 2-1 \\ -1-g_2 \end{pmatrix} \right| = \sqrt{1^2 + (-1-g_2)^2} = \sqrt{10}$

$1^2 + (-1-g_2)^2 = 10$

$(-1-g_2)^2 = 9$

$(-1-g_2) = \pm 3 \Rightarrow g_2 = 2 \vee g_2 = -4$

Da der Punkt G zwischen A und F liegen soll, muss die gesuchte Koordinate 2 sein:
$G(1|2)$.

Planungsskizze

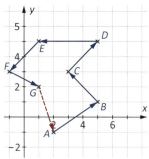

Linearkombination

Lässt sich der Nullvektor durch die Addition von gegebenen Vektoren erzeugen, bilden diese Vektoren eine **geschlossene Vektorkette**:
$\vec{a_1} + \vec{a_2} + \ldots + \vec{a_n} = \vec{0}$

Lässt sich ein beliebiger Vektor $\vec{a}$ mithilfe der s-Multiplikation aus einem gegebenen Vektor $\vec{b}$ erzeugen, d. h. $\vec{a} = r \cdot \vec{b}$ mit $r \in \mathbb{R}$, dann sind die Vektoren $\vec{a}$ und $\vec{b}$ **kollinear**.

Lässt sich im $\mathbb{R}^3$ ein Vektor $\vec{a}$ mithilfe der s-Multiplikation und der Addition aus zwei Vektoren $\vec{b}$ und $\vec{c}$ erzeugen, d. h. $\vec{a} = r \cdot \vec{b} + s \cdot \vec{c}$ mit $r, s \in \mathbb{R}$, dann sind die Vektoren $\vec{a}$, $\vec{b}$ und $\vec{c}$ **komplanar**. Wenn sich mithilfe der s-Multiplikation und der Vektoraddition ein einzelner Vektor $\vec{a}$ aus anderen gegebenen Vektoren erzeugen lässt, dann existiert eine **Linearkombination** der Vektoren. Ist dies der Fall, dann sind die Vektoren **linear abhängig**; anderenfalls sind sie **linear unabhängig**.

Lineare (Un-)Abhängigkeit

linear abhängig	$s_1 \vec{a_1} + s_2 \vec{a_2} + s_3 \vec{a_3} + \ldots + s_n \vec{a_n} = \vec{0}$ mit $s_1, s_2, s_3, \ldots, s_n \in \mathbb{R}$ und nicht alle null	<ul><li>$\vec{a}$ ist linear abhängig $\Leftrightarrow \vec{a} = \vec{0}$.</li><li>$\vec{a_1}, \vec{a_2}, \vec{a_3}, \ldots, \vec{a_n}$ sind linear abhängig, wenn darunter der Nullvektor ist.</li><li>$\vec{a_1}, \vec{a_2}, \vec{a_3}, \ldots, \vec{a_n}$ sind linear abhängig, wenn darunter ein Vektor ist, der sich aus den anderen linear erzeugen lässt.</li><li>Sind $\vec{a_1}, \vec{a_2}, \vec{a_3}, \ldots, \vec{a_n}$ linear abhängig und es wird ein Vektor hinzugenommen, dann sind alle $n+1$ Vektoren auch linear abhängig.</li><li>$\vec{a_1} \parallel \vec{a_2} \Leftrightarrow$ die beiden Vektoren sind linear abhängig.</li><li>Drei räumliche Vektoren sind linear abhängig $\Leftrightarrow$ sie sind komplanar.</li><li>Drei ebene/vier räumliche Vektoren sind stets linear abhängig.</li></ul>

linear unabhängig	$s_1\vec{a_1} + s_2\vec{a_2} + s_3\vec{a_3} + \ldots + s_n\vec{a_n} = \vec{0}$ mit $s_1, s_2, s_3, \ldots s_n = 0$	• Sind $\vec{a_1}, \vec{a_2}, \vec{a_3}, \ldots, \vec{a_n}$ nicht linear abhängig, so sind sie linear unabhängig. • $\vec{a}$ ist linear unabhängig $\Leftrightarrow \vec{a} \neq \vec{0}$ • Sind $\vec{a_1}, \vec{a_2}, \vec{a_3}, \ldots, \vec{a_n}$ linear unabhängig und es wird ein Vektor weggenommen, dann sind die verbleibenden auch linear unabhängig. • Sind $\vec{a_1}, \vec{a_2}, \vec{a_3}, \ldots, \vec{a_n}$ linear unabhängig, dann lässt sich $\vec{b}$ nur mithilfe einer Linearkombination erzeugen.

Um zu untersuchen, ob die Vektoren $\begin{pmatrix} 1 \\ 2 \\ 3 \end{pmatrix}$, $\begin{pmatrix} 2 \\ -1 \\ 0{,}5 \end{pmatrix}$ und $\begin{pmatrix} -4 \\ 7 \\ 4{,}5 \end{pmatrix}$ linear abhängig oder unabhängig sind, muss eine **lineares Gleichungssystem** aufgestellt und gelöst werden:

$$r \cdot \begin{pmatrix} 1 \\ 2 \\ 3 \end{pmatrix} + s \cdot \begin{pmatrix} 2 \\ -1 \\ 0{,}5 \end{pmatrix} = \begin{pmatrix} -4 \\ 7 \\ 4{,}5 \end{pmatrix} \Rightarrow \begin{vmatrix} 1r + 2s = -4 \\ 2r - 1s = 7 \\ 3r + 0{,}5s = 4{,}5 \end{vmatrix}$$

Es handelt sich um ein LGS mit zwei Unbekannten, aber drei Gleichungen, weil es sich um Vektoren aus dem $\mathbb{R}^3$ mit je drei Elementen handelt. Das LGS kann mit dem GTR/CAS oder mithilfe des Gauß-Algorithmus gelöst werden.

$$\Rightarrow \begin{vmatrix} r = 2 \\ s = -3 \\ 0 = 0 \end{vmatrix}$$

Da das LGS nur zwei Unbekannte hat, muss eine Nullzeile entstehen, damit eine eindeutige Lösung vorhanden ist.

$$\Rightarrow 2 \cdot \begin{pmatrix} 1 \\ 2 \\ 3 \end{pmatrix} - 3 \cdot \begin{pmatrix} 2 \\ -1 \\ 0{,}5 \end{pmatrix} = \begin{pmatrix} -4 \\ 7 \\ 4{,}5 \end{pmatrix}$$

Die drei Vektoren sind linear abhängig, da ein Vektor mithilfe der beiden anderen erzeugt werden kann. Die drei Vektoren sind komplanar.

Beispiel 4

Ein Kindergarten hat ein neues Kletter-Spiel-Haus bestellt; nach dem Aufbau und vor der Übergabe an den Kindergarten muss dieses sicherheitstechnisch überprüft werden. Die schiefe Ebene darf mit der Sandfläche nur einen Winkel von maximal 40° haben, damit jüngere Kinder dort hochklettern können, ohne dass ein Sicherheitsrisiko besteht. Der Winkel zur Plattform darf höchstens 145° aufweisen, damit ein problemloser Übergang zur Plattform erfolgen kann. Da auf der anderen Seite des Turmes eine Rutsche angebracht wurde, muss die Plattform mindestens 2,5 Meter (m) lang sein.

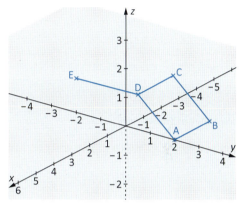

- Verankerungspunkte der schiefen Ebene im Sand: $A(0 | 2 | 0)$ und $B(-2 | 2 | 0)$
- Verankerungspunkt der schiefen Ebene an der Plattform: $C(0 | 0,5 | 1,2)$
- Endpunkt der Plattform: $E(0 | -2 | 1,2)$

Überprüfen Sie, ob alle Bauvorgaben eingehalten wurden und der Kletterturm an den Kindergarten übergeben werden kann.

Lösungen
Winkel zur Sandfläche

$\cos\alpha = \dfrac{\vec{a}\cdot\vec{b}}{|\vec{a}|\cdot|\vec{b}|}$ mit $\vec{a} = \overrightarrow{AO} = \begin{pmatrix}0\\-2\\0\end{pmatrix}$ und $\vec{b} = \overrightarrow{AC} = \begin{pmatrix}0-0\\0,5-2\\1,2-0\end{pmatrix} = \begin{pmatrix}0\\-1,5\\1,2\end{pmatrix}$

$\cos\alpha = \dfrac{\overbrace{\begin{pmatrix}0\\-2\\0\end{pmatrix}\cdot\begin{pmatrix}0\\-1,5\\1,2\end{pmatrix}}^{\text{Skalarprodukt}}}{\underbrace{\left|\begin{pmatrix}0\\-2\\0\end{pmatrix}\right|}_{\substack{\text{Länge}\\\text{des}\\\text{Vektors}}}\cdot\underbrace{\left|\begin{pmatrix}0\\-1,5\\1,2\end{pmatrix}\right|}_{\substack{\text{Länge}\\\text{des}\\\text{Vektors}}}} = \dfrac{0\cdot 0 + (-2)\cdot(-1,5) + 0\cdot 1,2}{\sqrt{0^2+(-2)^2+0^2}\cdot\sqrt{0^2+(-1,5)^2+1,2^2}} = \dfrac{3}{\sqrt{4}\cdot\sqrt{3,69}}$

$\alpha = \cos^{-1}\left(\dfrac{3}{\sqrt{4}\cdot\sqrt{3,69}}\right) \approx \cos^{-1}(0,7809) \Rightarrow \alpha \approx 38,66° < 40°$

Der Winkel zwischen der Sandfläche und der Kletterfläche entspricht den Vorgaben.

Winkel zur Plattform

$\cos\alpha = \dfrac{\vec{a}\cdot\vec{b}}{|\vec{a}|\cdot|\vec{b}|}$ mit $\vec{a} = \overrightarrow{CA} = \begin{pmatrix}0-0\\2-0,5\\0-1,2\end{pmatrix} = \begin{pmatrix}0\\1,5\\-1,2\end{pmatrix}$ und $\vec{b} = \overrightarrow{CE} = \begin{pmatrix}0-0\\-2-0,5\\1,2-1,2\end{pmatrix} = \begin{pmatrix}0\\-2,5\\0\end{pmatrix}$

$\cos\alpha = \dfrac{\begin{pmatrix}0\\1,5\\1,2\end{pmatrix}\cdot\begin{pmatrix}0\\-2,5\\0\end{pmatrix}}{\left|\begin{pmatrix}0\\1,5\\-1,2\end{pmatrix}\right|\cdot\left|\begin{pmatrix}0\\-2,5\\0\end{pmatrix}\right|} = \dfrac{0\cdot 0 + 1,5\cdot(-2,5) + 1,2\cdot 0}{\sqrt{0^2+1,5^2+(-1,2)^2}\cdot\sqrt{0^2+(-2,5)^2+0^2}} = \dfrac{-3,75}{\sqrt{3,69}\cdot\sqrt{6,25}}$

$\alpha = \cos^{-1}\left(\dfrac{-3,75}{\sqrt{3,69}\cdot\sqrt{6,25}}\right) \approx \cos^{-1}(-0,7809) \Rightarrow \alpha \approx 141,34° < 145°$

Der Winkel zwischen der Plattform und der Kletterfläche entspricht den Vorgaben.

Länge der Plattform

$d = |\overrightarrow{CE}| = \left|\begin{pmatrix}0\\-2,5\\0\end{pmatrix}\right| = 2,5$

Die Plattform hat eine Länge von 2,5 m; dies entspricht exakt der Vorgabe.

Fazit
Der Kletterturm kann dem Kindergarten übergeben werden.

Winkel

Skalarprodukt	$\vec{a} \cdot \vec{b} = \|\vec{a}\| \cdot \|\vec{b}\| \cdot \cos \alpha$ $\vec{a} \cdot \vec{b} = a_1 b_1 + a_2 b_2 + a_3 b_3$ mit $\vec{a}, \vec{b} \in V^3$	**Rechengesetze** $\vec{a}$ und $\vec{b}$ kollinear und $\vec{a} \uparrow\uparrow \vec{b}$ $\vec{a} \cdot \vec{b} = \|\vec{a}\| \cdot \|\vec{b}\|$ $\vec{a}$ und $\vec{b}$ kollinear und $\vec{a} \uparrow\downarrow \vec{b}$ $\vec{a} \cdot \vec{b} = -\|\vec{a}\| \cdot \|\vec{b}\|$ *Für jeden Vektor* $\vec{a}$ $\vec{a} \cdot \vec{a} = -\|\vec{a}\|^2$ $\vec{a} \neq \vec{0} \Rightarrow \vec{a} \cdot \vec{a} > 0$ *Kommutativgesetz* $\vec{a} \cdot \vec{b} = \vec{b} \cdot \vec{a}$ *Gemischtes Assoziativgesetz* $(r \cdot \vec{a}) \cdot (s \cdot \vec{b}) = r \cdot s \cdot (\vec{a} \cdot \vec{b})$ *Distributivgesetz* $\vec{a} \cdot (\vec{b} + \vec{c}) = \vec{a} \cdot \vec{b} + \vec{a} \cdot \vec{c}$
Orthogonalität	$\vec{a}, \vec{b} \neq \vec{0} \Rightarrow \vec{a} \cdot \vec{b} = 0$ es gilt $\vec{a} \cdot \vec{b} = 0$ $\Leftrightarrow \vec{a} = \vec{0} \vee \vec{b} = \vec{0} \vee \vec{a} \perp \vec{b}$	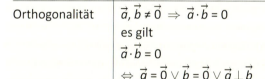
Winkel zwischen zwei Vektoren	$\cos \alpha = \dfrac{\vec{a} \cdot \vec{b}}{\|\vec{a}\| \cdot \|\vec{b}\|}$ $\alpha = \cos^{-1}\left(\dfrac{\vec{a} \cdot \vec{b}}{\|\vec{a}\| \cdot \|\vec{b}\|}\right)$	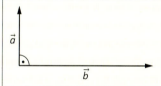
Winkel zwischen zwei Geraden/ Strecken	$g_1: \vec{x} = \vec{x_a} + t\vec{a}$ $g_2: \vec{x} = \vec{x_b} + s\vec{b}$ mit $s, t \in \mathbb{R}$	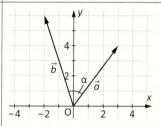
Winkelgröße des spitzen Winkels	$\cos \alpha = \dfrac{\|\vec{a} \cdot \vec{b}\|}{\|\vec{a}\| \cdot \|\vec{b}\|}$ $\alpha = \cos^{-1}\left(\dfrac{\|\vec{a} \cdot \vec{b}\|}{\|\vec{a}\| \cdot \|\vec{b}\|}\right)$	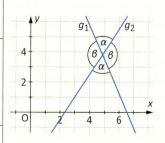
Winkelgröße des stumpfen Winkels	$\beta = 180° - \alpha$	

3.5 Geraden

Bisher wurden Punkte, einzelne Vektoren oder ihre Linearkombinationen betrachtet. Vektoren bilden u. a. die Grundlage von geometrischen Objekten, nämlich von Geraden.

In der Analysis bilden zwei Punkte die Grundlage für den zugehörigen Funktionsterm, denn mithilfe der beiden Punkte werden der Steigungsfaktor m und der Ordinatenabschnitt b bestimmt, sodass die Funktionsgleichung $f(x) = mx + b$ als eindeutige Beschreibung der Geraden aufgestellt werden kann. In der analytischen Geometrie werden zwei Punkte P_0 und P_1 benötigt, um die **Parameterdarstellung** einer Geraden zu ermitteln. Dabei müssen der sogenannte **Stützvektor** und der **Richtungsvektor** ermittelt werden. Bildlich gesehen hält der Stützvektor die Gerade im Ursprung des Koordinatensystems fest und der Richtungsvektor gibt an, wie die Gerade im Raum liegt: $g: \vec{x} = \underbrace{\overrightarrow{OP_0}}_{\text{Stützvektor}} + t \cdot \underbrace{\overrightarrow{P_0 P_1}}_{\text{Richtungsvektor}}$.

Die s-Multiplikation mit dem Skalar t mit $t \in \mathbb{R}$ verlängert den Richtungsvektor, sodass die Gerade entsteht.

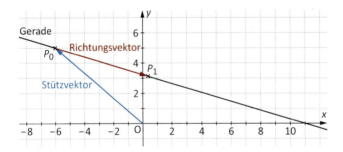

Auch die Koordinatenachsen können als Geraden aufgefasst und deshalb mithilfe der Parameterdarstellung von Geraden beschrieben werden. Da die Koordinatenachsen durch den Ursprung verlaufen, stellt der Nullvektor jeweils den Stützvektor dar. Die jeweiligen Richtungsvektoren ergeben sich aus einem beliebigen Punkt, der auf der entsprechenden Achse liegt:

x-Achse: $\vec{x} = t \cdot \begin{pmatrix} 1 \\ 0 \end{pmatrix}$ und y-Achse: $\vec{x} = s \cdot \begin{pmatrix} 0 \\ 1 \end{pmatrix}$ mit $s, t \in \mathbb{R}$.

Beispiel 1

Diese Kletteranlage soll auf einem Spielplatz in der Heide aufgebaut werden. Die Planer verwenden zur Erstellung der Planungsunterlagen Parameterdarstellungen von Geraden. Die roten Pfosten 1 bis 4 sollen als Erstes konstruiert werden, weil diese in der Mitte des Geländes stehen sollen. Das Gelände soll durch die

x-y-Ebene eines dreidimensionalen kartesischen Koordinatensystems dargestellt werden. Der Pfosten 1 muss parallel zu Pfosten 2 und 3 stehen, der Pfosten 2 parallel zu Pfosten 1 und 4; außerdem stehen Pfosten 3 und 4 parallel zueinander. Die Pfosten haben eine Höhe von 2,2 Metern (m). Der Abstand der Pfosten 1 und 2 sowie 3 und 4 beträgt 0,5 m. Der Abstand der Pfosten 1 und 3 sowie 2 und 4 beträgt 1 m.
Erstellen Sie die dreidimensionale Planungsskizze für die vier Pfosten und geben Sie die zugehörigen Parameterdarstellungen der Geraden an, die für die Konstruktion benötigt werden.
Weisen Sie nach, dass die Lagebeziehungen der Geraden, die die Pfosten darstellen, den Vorgaben entsprechen.

Lösungen
Anfertigen der dreidimensionalen Planungsskizze

Da die vier Pfosten in der Mitte des Geländes stehen sollen, bietet es sich an, den Pfosten 1 auf die z-Achse in den Koordinatenursprung zu legen. Die Angaben der Koordinaten für den Verankerungspunkt und den Endpunkt des Pfostens erfolgen in Metern (m) gemäß Vorgaben.

Pfosten	1	2	3	4
Verankerungspunkt	$A(0\,|\,0\,|\,0)$	$C(-0{,}5\,|\,0\,|\,0)$	$E(0\,|\,1\,|\,0)$	$G(-0{,}5\,|\,1\,|\,0)$
Endpunkt des Pfostens	$B(0\,|\,0\,|\,2)$	$D(-0{,}5\,|\,0\,|\,2)$	$F(0\,|\,1\,|\,2)$	$H(-0{,}5\,|\,1\,|\,2)$

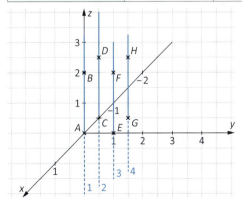

Aufstellen der Geradengleichungen

Zwei-Punkte-Gleichung

$g: \vec{x} = \vec{x_0} + t(\vec{x_1} - \vec{x_0})$

Pfosten 1	Pfosten 2
$g_1: \vec{x} = \vec{x_0} + t(\vec{x_1} - \vec{x_0})$ $\vec{x} = \begin{pmatrix} 0 \\ 0 \\ 0 \end{pmatrix} + t \left(\begin{pmatrix} 0 \\ 0 \\ 2 \end{pmatrix} - \begin{pmatrix} 0 \\ 0 \\ 0 \end{pmatrix} \right)$ $\vec{x} = \begin{pmatrix} 0 \\ 0 \\ 0 \end{pmatrix} + t \begin{pmatrix} 0 \\ 0 \\ 2 \end{pmatrix}$	$g_2: \vec{x} = \vec{x_0} + s(\vec{x_1} - \vec{x_0})$ $\vec{x} = \begin{pmatrix} -0{,}5 \\ 0 \\ 0 \end{pmatrix} + s \left(\begin{pmatrix} -0{,}5 \\ 0 \\ 2 \end{pmatrix} - \begin{pmatrix} -0{,}5 \\ 0 \\ 0 \end{pmatrix} \right)$ $\vec{x} = \begin{pmatrix} -0{,}5 \\ 0 \\ 0 \end{pmatrix} + s \begin{pmatrix} 0 \\ 0 \\ 2 \end{pmatrix}$

Pfosten 3	Pfosten 4
$g_3: \vec{x} = \vec{x_0} + r(\vec{x_1} - \vec{x_0})$ $\vec{x} = \begin{pmatrix} 0 \\ 1 \\ 0 \end{pmatrix} + r \left(\begin{pmatrix} 0 \\ 1 \\ 2 \end{pmatrix} - \begin{pmatrix} 0 \\ 1 \\ 0 \end{pmatrix} \right)$ $\vec{x} = \begin{pmatrix} 0 \\ 1 \\ 0 \end{pmatrix} + r \begin{pmatrix} 0 \\ 0 \\ 2 \end{pmatrix}$	$g_4: \vec{x} = \vec{x_0} + u(\vec{x_1} - \vec{x_0})$ $\vec{x} = \begin{pmatrix} -0{,}5 \\ 1 \\ 0 \end{pmatrix} + u \left(\begin{pmatrix} -0{,}5 \\ 1 \\ 2 \end{pmatrix} - \begin{pmatrix} -0{,}5 \\ 1 \\ 0 \end{pmatrix} \right)$ $\vec{x} = \begin{pmatrix} -0{,}5 \\ 1 \\ 0 \end{pmatrix} + u \begin{pmatrix} 0 \\ 0 \\ 2 \end{pmatrix}$

Lagebeziehungen der Geraden

Die Richtungsvektoren der vier Geraden sind identisch: $\begin{pmatrix} 0 \\ 0 \\ 2 \end{pmatrix}$, d. h., dass die vier Pfosten parallel zueinander stehen. Die Vorgaben werden somit eingehalten.

Parameterdarstellung von Geraden

Zwei-Punkte-Gleichung	Gerade verläuft durch P_0 und P_1 $g: \vec{x} = \vec{x_0} + t(\vec{x_1} - \vec{x_0})$ mit $t \in \mathbb{R}$	
Punkt-Richtungs-Gleichung	$g: \vec{x} = \vec{x_0} + t\vec{a}$ mit $\vec{a} = \vec{x_1} - \vec{x_0}$, $t \in \mathbb{R}$	

Lagebeziehung

Punkt – Gerade	$P(p_1 \mid p_2 \mid p_3)$ und $g: \vec{x} = \vec{x_0} + t\vec{a}$ mit $t \in \mathbb{R}$ $\begin{pmatrix} p_1 \\ p_2 \\ p_3 \end{pmatrix} = \begin{pmatrix} x_{0_1} \\ x_{0_2} \\ x_{0_3} \end{pmatrix} + t \begin{pmatrix} a_1 \\ a_2 \\ a_3 \end{pmatrix}$	**auf der Geraden** t kann eindeutig bestimmt werden. **nicht auf der Geraden** t kann nicht eindeutig bestimmt werden.
Gerade – Gerade	$g_1: \vec{x} = \vec{x_a} + t\vec{a}$ und $g_2: \vec{x} = \vec{x_b} + s\vec{b}$ mit $s, t \in \mathbb{R}$ $\begin{pmatrix} x_{a_1} \\ x_{a_2} \\ x_{a_3} \end{pmatrix} + t \begin{pmatrix} a_1 \\ a_2 \\ a_3 \end{pmatrix} = \begin{pmatrix} x_{b_1} \\ x_{b_2} \\ x_{b_3} \end{pmatrix} + s \begin{pmatrix} b_1 \\ b_2 \\ b_3 \end{pmatrix}$	**Schnittpunkt** t und s können eindeutig bestimmt werden. $\vec{a}$ und $\vec{b}$ sind nicht linear abhängig. **Parallelität** Es gibt keinen Schnittpunkt. $\vec{a}$ und $\vec{b}$ sind kollinear. **Identität** t und s können mehrdeutig bestimmt werden. $\vec{a}$, $\vec{b}$ und $\vec{x_b} - \vec{x_a}$ sind kollinear. **windschief** Es gibt keinen Schnittpunkt. $\vec{a}$, $\vec{b}$ und $\vec{x_b} - \vec{x_a}$ sind nicht komplanar.

3.6 Übungen

1 Zeichnen Sie in ein zweidimensionales kartesisches Koordinatensystem folgende Vektoren $\vec{PQ}$ mithilfe der beiden Punkte.
a) $P(-2|3)$ und $Q(3|5)$
b) $P(4|-3)$ und $Q(-1|-5)$
c) $P(1|4)$ und $Q(1|5)$
d) $P(0|5)$ und $Q(1|-5)$

2 Zeichnen Sie in ein dreidimensionales kartesisches Koordinatensystem den zu dem Punkt P gehörenden Ortsvektor.
a) $P(1|0|1)$
b) $P(-4|2|1)$
c) $P(0|-2|-1)$
d) $P(-2|2|-2)$

3 Zeichnen Sie in ein passendes Koordinatensystem jeweils einen Pfeil/Repräsentanten, der zu dem Vektor $\vec{a}$ gleich orientiert ist und einen, der entgegengesetzt orientiert ist.
a) $\vec{a} = \begin{pmatrix} 2 \\ 3 \end{pmatrix}$
b) $\vec{a} = \begin{pmatrix} -3 \\ 1 \end{pmatrix}$
c) $\vec{a} = \begin{pmatrix} -4 \\ -2 \end{pmatrix}$
d) $\vec{a} = \begin{pmatrix} 0 \\ 4 \end{pmatrix}$
e) $\vec{a} = \begin{pmatrix} 0 \\ -1 \\ 3 \end{pmatrix}$
f) $\vec{a} = \begin{pmatrix} 1 \\ -1 \\ 1 \end{pmatrix}$

4 Berechnen Sie die Länge des Vektors $\vec{a}$.
a) $\vec{a} = \begin{pmatrix} 4 \\ 3 \end{pmatrix}$
b) $\vec{a} = \begin{pmatrix} -1 \\ 0 \end{pmatrix}$
c) $\vec{a} = \begin{pmatrix} 3 \\ 5 \end{pmatrix}$
d) $\vec{a} = \begin{pmatrix} 2 \\ 1 \\ 2 \end{pmatrix}$
e) $\vec{a} = \begin{pmatrix} 1 \\ 0 \\ -3 \end{pmatrix}$
f) $\vec{a} = \begin{pmatrix} 2 \\ -3 \\ 1 \end{pmatrix}$

5 Gegeben sind die Vektoren $\vec{a}$, $\vec{b}$, $\vec{c}$ und $\vec{d}$:
$\vec{a} = \begin{pmatrix} 1 \\ 0 \end{pmatrix}$, $\vec{b} = \begin{pmatrix} -4 \\ 2 \end{pmatrix}$, $\vec{c} = \begin{pmatrix} 0 \\ 4 \end{pmatrix}$ und $\vec{d} = \begin{pmatrix} 5 \\ 2 \end{pmatrix}$
Berechnen Sie folgende Ergebnisvektoren und zeichnen Sie den Sachverhalt in ein zweidimensionales kartesisches Koordinatensystem.
a) $\vec{a} + \vec{d}$
b) $3 \cdot \vec{b} - \vec{a}$
c) $\vec{c} \cdot \vec{d}$
d) $-\vec{d}$
e) $\vec{b} + 2 \cdot \vec{a} - \vec{c}$
f) $-2 \cdot \vec{b} + 0,5 \cdot \vec{c} + \vec{a} - \vec{d}$

6 Die schwarzen Vektoren sind vorgegeben; die blauen Vektoren sollen berechnet werden.
Geben Sie die notwendigen Rechenoperationen für die blauen Vektoren an.

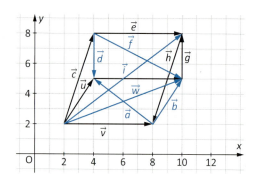

3.6 Übungen

7 Ermitteln Sie rechnerisch den Vektor, der zur geschlossenen Vektorkette führt.

a) $\vec{a} = \begin{pmatrix} 2 \\ 4 \\ 6 \end{pmatrix}$, $\vec{b} = \begin{pmatrix} -2 \\ 3 \\ -4 \end{pmatrix}$, $\vec{c} = \begin{pmatrix} 0 \\ 1 \\ -2 \end{pmatrix}$ und $\vec{d} = \begin{pmatrix} 1 \\ -3 \\ 5 \end{pmatrix}$

b) $\vec{a} = \begin{pmatrix} 1 \\ -2 \\ 3 \end{pmatrix}$, $\vec{b} = \begin{pmatrix} 3 \\ 5 \\ -4 \end{pmatrix}$, $\vec{c} = \begin{pmatrix} 0 \\ 0 \\ 2 \end{pmatrix}$ und $\vec{d} = \begin{pmatrix} -1 \\ 4 \\ 3 \end{pmatrix}$

8 Erzeugen Sie den Vektor $\vec{a}$ als Linearkombination aus den Vektoren $\vec{b}$ und $\vec{c}$ (und $\vec{d}$).

a) $\vec{a} = \begin{pmatrix} 4 \\ 3{,}75 \end{pmatrix}$, $\vec{b} = \begin{pmatrix} 1 \\ 1{,}5 \end{pmatrix}$, $\vec{c} = \begin{pmatrix} 0{,}5 \\ 0{,}25 \end{pmatrix}$

b) $\vec{a} = \begin{pmatrix} 9{,}25 \\ -2{,}125 \end{pmatrix}$, $\vec{b} = \begin{pmatrix} -2{,}5 \\ -0{,}75 \end{pmatrix}$, $\vec{c} = \begin{pmatrix} 3 \\ -0{,}5 \end{pmatrix}$

c) $\vec{a} = \begin{pmatrix} -2{,}5 \\ -4 \\ -10 \end{pmatrix}$, $\vec{b} = \begin{pmatrix} 1 \\ 3 \\ 5 \end{pmatrix}$, $\vec{c} = \begin{pmatrix} 2 \\ 4 \\ 6 \end{pmatrix}$, $\vec{d} = \begin{pmatrix} 1 \\ 8 \\ 3 \end{pmatrix}$

d) $\vec{a} = \begin{pmatrix} \frac{35}{24} \\ \frac{7}{5} \\ \frac{61}{30} \end{pmatrix}$, $\vec{b} = \begin{pmatrix} \frac{2}{3} \\ \frac{1}{2} \\ \frac{3}{5} \end{pmatrix}$, $\vec{c} = \begin{pmatrix} \frac{1}{8} \\ \frac{2}{5} \\ \frac{5}{6} \end{pmatrix}$

9 Prüfen Sie, ob die Vektoren linear abhängig oder unabhängig bzw. kollinear/komplanar sind.

a) $\vec{a} = \begin{pmatrix} -4 \\ 2 \end{pmatrix}$, $\vec{b} = \begin{pmatrix} 0 \\ 4 \end{pmatrix}$

b) $\vec{a} = \begin{pmatrix} 4 \\ -6 \end{pmatrix}$, $\vec{b} = \begin{pmatrix} -2 \\ 3 \end{pmatrix}$

c) $\vec{a} = \begin{pmatrix} 1 \\ -2 \end{pmatrix}$, $\vec{b} = \begin{pmatrix} 0{,}5 \\ 4 \end{pmatrix}$, $\vec{c} = \begin{pmatrix} 2{,}5 \\ 0 \end{pmatrix}$

d) $\vec{a} = \begin{pmatrix} 2 \\ -1 \\ 3 \end{pmatrix}$, $\vec{b} = \begin{pmatrix} 1 \\ -2 \\ 0 \end{pmatrix}$, $\vec{c} = \begin{pmatrix} -2 \\ 0 \\ 0 \end{pmatrix}$

e) $\vec{a} = \begin{pmatrix} 1 \\ -3 \\ 1 \end{pmatrix}$, $\vec{b} = \begin{pmatrix} 2 \\ -1 \\ 1 \end{pmatrix}$, $\vec{c} = \begin{pmatrix} 4 \\ 3 \\ 1 \end{pmatrix}$

f) $\vec{a} = \begin{pmatrix} 1 \\ 1 \\ -2 \end{pmatrix}$, $\vec{b} = \begin{pmatrix} 0 \\ 2 \\ 1 \end{pmatrix}$, $\vec{c} = \begin{pmatrix} 4 \\ 2 \\ 1 \end{pmatrix}$, $\vec{d} = \begin{pmatrix} 2 \\ -4 \\ 2 \end{pmatrix}$

10 Der abgebildete Quader mit quadratischer Vorder- und Rückseite hat folgende Punktkoordinaten:
A(6 | 0 | 0), B(6 | 4 | 0), C(6 | 0 | 4), D(6 | 4 | 4), E(0 | 0 | 0), F(0 | 4 | 0), G(0 | 0 | 4), H(0 | 4 | 4)

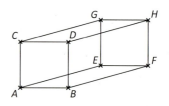

a) Geben Sie die 12 Kantenlängen des Quaders als Vektoren der Form $\vec{AB} = \begin{pmatrix} 0 \\ 4 \\ 0 \end{pmatrix}$ an.

b) Begründen Sie, dass die Vektoren $\vec{GC}$, $\vec{GE}$ und $\vec{GH}$ linear unabhängig sind.

c) Geben Sie zwei weitere Vektorengruppen an, die aus drei linear unabhängigen Vektoren bestehen.

d) Weisen Sie nach, dass die Grundfläche ein Rechteck ist, indem Sie die Orthogonalität zeigen.

11 Das abgebildete Zelt soll aus Holz für einen Spielplatz konstruiert werden.
A(1 | 0 | 0), B(2 | 2 | 0), C(0 | 2 | 0), D(−2 | 0 | 0), E(0 | 0,5 | 3)
Bestimmen Sie für die Konstruktionsplanung die Größe der eingezeichneten Winkel.

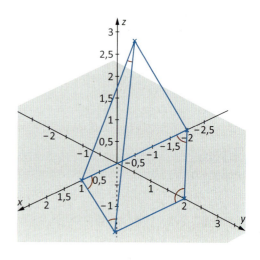

12 Stellen Sie die Parameterform der Geraden g auf und zeichnen Sie die Geraden in ein dreidimensionales kartesisches Koordinatensystem.

a) $\vec{a} = \begin{pmatrix} 4 \\ -4 \\ 2 \end{pmatrix}$ und $P(4 | -2 | 0)$

b) $\vec{a} = \begin{pmatrix} -1 \\ 2 \\ -3 \end{pmatrix}$ und $P(-1 | 2 | -1)$

c) $P_0(2 | 0 | 1)$ und $P_1(2 | 4 | -1)$

d) $P_0(-3 | 2 | -2)$ und $P_1(-0,5 | 0 | -1)$

e) $\vec{a} = \begin{pmatrix} 0 \\ 0,25 \\ 0 \end{pmatrix}$ und $P(-0,5 | 2,5 | 1,5)$

f) $P_0(0 | -2 | 5)$ und $P_1(-5 | 0 | 2)$

3.7 Übungsaufgaben für Klausuren und Prüfungen

Aufgabe 1 (ohne Hilfsmittel)

Prüfen Sie, ob die Vektoren linear abhängig/komplanar sind.

$\begin{pmatrix} 2 \\ -4 \\ 2 \end{pmatrix}, \begin{pmatrix} 3 \\ 1 \\ 2 \end{pmatrix}, \begin{pmatrix} 3{,}5 \\ 5{,}5 \\ 6 \end{pmatrix}$

Aufgabe 2 (ohne Hilfsmittel)

Erklären Sie rechnerisch und grafisch den Zusammenhang zwischen Vektoraddition und Vektorsubtraktion.

Aufgabe 3 (mit Hilfsmitteln)

Der vordere Rutschen-Turm soll für einen städtischen Spielplatz nachgebaut werden. Die Planungsskizze wurde schon begonnen; die Angaben erfolgen in 1,5 m, d. h. 1 cm $\triangleq$ 1,5 m.
- $E(2 \mid 0 \mid 0{,}6)$, $F(-2 \mid 0 \mid 0{,}6)$, $G(0 \mid 2 \mid 0{,}6)$
- $L(0 \mid -2 \mid 2)$, $M(0 \mid 0 \mid 3)$
- Quadratische Grundfläche
- A, B, C, D sind die Verankerungspunkte im Erdboden

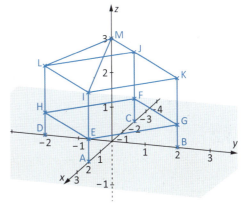

Bestimmen Sie für die Holzbestellung die Länge aller blau eingezeichneten Balken. Ermitteln Sie die Flächenmaßzahl für je eine der vier Dachteile und erstellen Sie dafür ein Zeichnung für den Zuschnitt im $\mathbb{R}^2$.

Aufgabe 4 (mit Hilfsmitteln)

Die Elternvertreter eines Kindergartens wollen dieses Karussell nachbauen.
Die Sitzbretter sind trapezförmig.
Die längere Außenkante ist 120 cm lang, die Höhe des Trapezes beträgt 20 cm.
Erstellen Sie für die Konstruktion des Sitzbretter-Sechsecks eine Planungsskizze im $\mathbb{R}^2$.
Dokumentieren Sie Ihre Berechnungen, die als Grundlage für die Skizze dienen.
Geben Sie die Maße der sechs Trapeze an.

Jede Trapezecke wird per Seil mit dem Stab in der Mitte verbunden. Der Stab bei dem neuen Karussell soll 2 m hoch sein, die Sitzflächen sind 0,7 m vom Erdboden entfernt.
Berechnen Sie die Seillänge von jeweils einer Ecke zum Stab.

3.8 Aufgaben aus dem Zentralabitur Niedersachsen

3.8.1 Hilfsmittelfreie Aufgaben

ZA 2016 | Haupttermin | gA | P4
Betrachtet wird der abgebildete Würfel ABCDEFGH.
Die Eckpunkte D, E, F und H dieses Würfels besitzen in
einem kartesischen Koordinatensystem die folgenden
Koordinaten: $D(0\mid0\mid-2)$, $E(2\mid0\mid0)$, $F(2\mid2\mid0)$ und
$H(0\mid0\mid0)$.

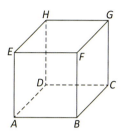

a) Zeichnen Sie in die Abbildung die Koordinatenachsen
   ein und bezeichnen Sie diese.
   Geben Sie die Koordinaten des Punktes A an.

b) Der Punkt P liegt in der Mitte der Kante $\overline{EF}$.
   Bestimmen Sie den Abstand des Punktes P von dem Punkt D.

ZA 2017 | Haupttermin | gA | P2
Ein Fahnenmast ragt auf einem ebenen, horizontalen Platz 6 Meter (m) vertikal nach
oben. In einem kartesischen Koordinatensystem wird dieser Platz durch die x-y-Ebene
und die Spitze des Fahnenmastes durch den Punkt $F(0\mid0\mid6)$ modelliert. Der Vektor $\vec{s} = \begin{pmatrix} -3 \\ 4 \\ -2 \end{pmatrix}$ gibt die Richtung der Sonnenstrahlen an, alle Angaben in Meter (m).

a) Aus Stabilitätsgründen muss der Mast mit $\frac{1}{5}$ seiner aus dem Boden ragenden
   Länge eingegraben werden.
   Berechnen Sie die Gesamtlänge des Mastes.

b) [...]

c) Geben Sie an, wie sich die Schattenlänge ändert, wenn die Sonne höher steht.

ZA 2017 | Haupttermin | gA | P3
Gegeben sind die Punkte $A(-2\mid1\mid-2)$, $B(1\mid2\mid-1)$ und $C(1\mid1\mid4)$ sowie für eine
reelle Zahl d der Punkt $D(d\mid1\mid4)$.

a) Zeigen Sie, dass A, B und C Eckpunkte eines Dreiecks sind [...].

b) Das Dreieck ABD ist im Punkt B rechtwinklig.
   Ermitteln Sie den Wert von d.

ZA 2018 | Haupttermin | gA | P4

Eine Rohrleitung verläuft modellmäßig vom Ursprung in Richtung $\vec{r} = \begin{pmatrix} 0 \\ 2 \\ 1 \end{pmatrix}$.

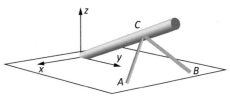

Sie wird durch zwei gleich lange, symmetrisch zur Rohrleitung angeordnete Streben abgestützt. Die linke Strebe verläuft vom Punkt $A(2|5|0)$ zum Punkt $C(0|4|2)$.

a) Weisen Sie nach, dass die linke Strebe senkrecht auf der Rohrleitung steht.

b) Geben Sie die Koordinaten des in der xy-Ebene liegenden Punktes B an.

ZA 2019 | Haupttermin | gA | P4

In einem kartesischen Koordinatensystem sind die Punkte $A(0|2|2)$, $B(4|-1|z)$ und $C(-3|y|6)$ gegeben.

a) B liegt auf der Geraden mit der Gleichung $\vec{x} = \begin{pmatrix} 0 \\ 2 \\ 2 \end{pmatrix} + r \begin{pmatrix} -1 \\ 0{,}75 \\ -2 \end{pmatrix}$, $r \in \mathbb{R}$.

Bestimmen Sie den Wert von z.

b) Zeigen Sie, dass der Abstand von A und C mindestens 5 beträgt.

3.8.2 Aufgaben aus dem Wahlteil

ZA 2017 | Haupttermin | GTR | gA | 3Ba)

Im Hamburger Hafen wurde 2006 auf einer aufgeschütteten Landzunge das Bürogebäude Dockland eröffnet (Bild 1). Das Gebäude mit rechteckiger Grundfläche ist in der Seitenansicht einem Kreuzfahrtschiff nachempfunden. Die Gebäudeseiten haben die Form von senkrecht stehenden Parallelogrammen.

Bild 1

An der Eingangsseite befinden sich zwei schräglaufende Fahrstühle (Bild 2). Die Grundfläche lässt sich in einem kartesischen Koordinatensystem durch die Eckpunkte $A(0 \mid 0 \mid 5)$, $B(70,5 \mid -59,1 \mid 5)$, C und $D(-13,5 \mid -16,1 \mid 5)$ beschreiben (Bild 2). Die Eckpunkte E und F des Daches des Gebäudes haben die Koordinaten $E(-36 \mid 30,2 \mid 28)$ und $F(34,5 \mid -28,9 \mid 28)$, alle Angaben in Meter (m), Höhenangaben in m über der Wasseroberfläche.

a) Geben Sie die Koordinaten des Punktes C an.

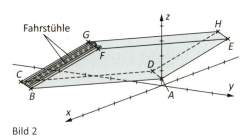

Bild 2

Die vom Punkt A zum Punkt F führende Diagonalversstrebung soll ersetzt werden.
Berechnen Sie die Länge der Verstrebung.

Einer der Fahrstühle soll durch eine Rolltreppe ausgetauscht werden.
Berechnen Sie hierzu den Winkel, den eine Rolltreppe mit der Grundfläche E_{ABCD} einschließt.

b) [...]

ZA 2018 | Haupttermin | GTR | gA | 3Aa)

Beim Umschlag von Containern kommen in den großen Häfen Containerbrücken zum Einsatz, mit denen Container gelöscht bzw. verladen werden. Das Bild (…) zeigt das vereinfachte Modell einer Containerbrücke mit rechteckiger Grundfläche und senkrechten, gleichlangen Stützen, alle Angaben in Meter (m).
Veränderungen im Containerumschlag machen die Modernisierung bereits vorhandener Containerbrücken notwendig.

a) Geben Sie die Koordinaten der Punkte U_2, M_3 und O_2 an.
Der Ausleger a_r soll durch eine Abspannung zwischen den Punkten T_2 und B verstärkt werden. Das hierzu notwendige Seil soll in Verlängerung der Punkte T_1 und T_2 verlaufen.
Berechnen Sie die Koordinaten des Befestigungspunktes B.
[…]
$U_1(0 | -10 | 0)$, $U_3(23 | 10 | 0)$, $U_4(23 | -10 | 0)$, $T_1(0 | 0 | 60)$, $T_2(20 | 0 | 52)$, $M_1(0 | -10 | 15)$, $H_1(0 | -10 | 2)$, $H_2(0 | 10 | 2)$, $O_1(0 | -10 | 40)$, $O_3(23 | 10 | 40)$, $O_4(23 | -10 | 40)$, $O_M(0 | 0 | 40)$, $S(-20 | 0 | 40)$

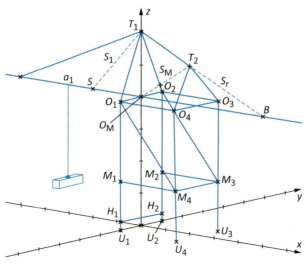

3.8 Aufgaben aus dem Zentralabitur Niedersachsen

ZA 2019 | Haupttermin | GTR | gA | 3Aa)
Ein ortsansässiger Künstler soll für einen öffentlichen Platz in Hannover eine Beton-Skulptur schaffen. [...]

Die Skulptur besteht aus einem symmetrischen Pyramidenstumpf mit einem Volumen von 23,434 Kubikmeter (m³), aus dem anschließend eine schiefe Pyramide mit der durch die Punkte E, F, G und H festgelegten Rechteckfläche und der Spitze T nach unten herausgearbeitet werden soll. Alle Angaben in Meter (m).

$A(3|2|0)$, $B(\blacksquare|\blacksquare|\blacksquare)$, $C(-3|-2|0)$, $D(-3|2|0)$, $E(2,4|1,6|1,2)$, $F(2,4|-1,6|1,2)$, $G(\blacksquare|\blacksquare|\blacksquare)$, $H(-2,4|1,6|1,2)$, $T(-2|-1|0,5)$

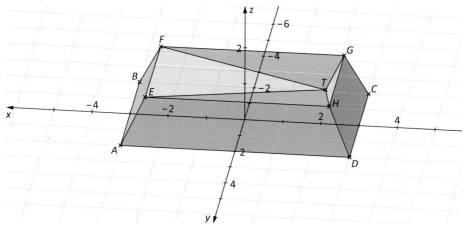

Bild 1: Perspektivische Ansicht der Skulptur

a) In Bild 1 sind die Koordinaten der Punkte B und G nicht zu lesen.
Geben Sie die Koordinaten dieser Punkte an.
Die Dreiecksfläche mit der geringsten Neigung gegenüber der Horizontalen soll mit Fliesen belegt werden.
Begründen Sie, dass dies die durch die Punkte E, F und T gegebene Fläche ist.
[...]

b) [...]

4 Stochastik

4.1 Symbole/Zeichen: Bedeutung und Verwendung

Symbol/Zeichen	Bedeutung/Erklärung
$h(x_i)$	relative (prozentuale) Häufigkeit der Merkmalsausprägung i
i	Anzahl der Merkmalsausprägungen
Med = $\tilde{x}$	Median, Zentralwert
Mod	Modalwert, Modus
$\mu = E(X)$	Erwartungswert
n	Stichprobenumfang
n_i	absolute Häufigkeit der Merkmalsausprägung i
p	Trefferwahrscheinlichkeit
q	Gegenwahrscheinlichkeit
Q_1, Q_3	erstes Quartil, drittes Quartil
Q_A	Quartilsabstand
r	Korrelationskoeffizient
R	Spannweite
σ^2	Varianz
σ	Standardabweichung
Σ	Summe
$\bar{x}$	arithmetisches Mittel, Mittelwerte aller x-Werte
$\tilde{x}$	Median, Zentralwert
x_i	Merkmalsausprägung von x
x_i^*	Merkmalsausprägung der Klassenmitte
x_i^u	kleinster Wert der Klasse i
x_i^o	größter Wert der Klasse i
x_{min}, x_{max}	Minimum, Maximum der sortierten Urliste
x_n	Merkmal, das an der n-ten Position in der sortierten Urliste steht
y_i	Merkmalsausprägung von y
$\bar{y}$	Mittelwert aller y-Werte
Wahrscheinlichkeitsrechnung	
$\cup$	Menge 1 vereinigt mit Menge 2 $\{A, B, C\} \cup \{B, D, F\} = \{A, B, C, D, F\}$
$\cap$	Menge 1 geschnitten mit Menge 2 $\{A, B, C\} \cap \{B, D, F\} = \{B\}$
$\subseteq$	Menge 1 ist Teilmenge von Menge 2 $\{A, B, C\} \subseteq \{A, B, C, D, E, F\}$
!	Fakultät
$B_{n,p}$	Binomialverteilung mit den Parametern n und p

Symbol/Zeichen	Bedeutung/Erklärung
e_i	Ergebnis, Ausgang eines Zufallsexperimentes
E	Ereignis, Teilmenge von S
$\bar{E}$	Gegenereignis
$|E|$	Anzahl aller günstigen Ergebnisse
$F_{n,p}$	kumulierte Binomialverteilung mit den Parametern n und p
h	relative (prozentuale) Häufigkeit
k	Anzahl der Ziehungen
$\mu = E(X)$	Erwartungswert
n	Stichprobenumfang, Anzahl der durchgeführten Experimente
$\binom{n}{k}$	Binomialkoeffizient
P	Wahrscheinlichkeit, probability
$P(X)$	gesuchte Wahrscheinlichkeit der Zufallsvariablen X
$P(E)$	gesuchte Wahrscheinlichkeit für das Ereignis E
$P_A(B)$	bedingte Wahrscheinlichkeit, Wahrscheinlichkeit für das Ereignis B unter der Voraussetzung, dass Ereignis A schon eingetreten ist
$q = 1 - p$	Gegenwahrscheinlichkeit, Wahrscheinlichkeit für eine Niete
$\varphi(X)$	Dichtefunktion der Zufallsvariablen X
$\phi(x)$	Verteilungsfunktion
S	Menge aller möglichen Ergebnisse bei einem Zufallsexperiment
$|S|$	Anzahl aller möglichen Ergebnisse
$\sigma^2 = V(X)$	Varianz
σ	Standardabweichung
X	Zufallsvariable
Z	stetige, standardisierte Zufallsvariable
Beurteilende Statistik	
α	Irrtumswahrscheinlichkeit
c	Faktor für die Sicherheitswahrscheinlichkeit
d	Breite des VI
ε	Genauigkeit des VI
h	relative Häufigkeit
H	absolute Häufigkeit
μ	Erwartungswert
n	Stichprobenumfang
p	unbekannte, gesuchte Wahrscheinlichkeit in der Gesamtheit
$p_{1,2}$	Grenzen des VI
$\phi(z)$	Verteilungsfunktion der Zufallsvariablen Z
σ	Standardabweichung
VI	Vertrauensintervall, Konfidenzintervall

4.2 Wahrscheinlichkeitsrechnung

Die Stochastik ist ein recht junges Teilgebiet der Mathematik, das sich mit Häufigkeiten und Wahrscheinlichkeiten befasst. Der Begriff „Stochastik" stammt aus dem Griechischen und bedeutet so viel wie „Kunst des Vermutens". Innerhalb der Mathematik wurde der Begriff erstmalig von dem aus der Schweiz stammenden Mathematiker Jacob Bernoulli[1] verwendet. Heute ist die Stochastik in fast allen Wissenschaften von großer Bedeutung, weil sie immer dann zur Entscheidungsfindung beitragen kann, wenn die Ergebnisse vom Zufall abhängen.

4.2.1 Lernsituation

Lernsituation 1

Benötigte Kompetenzen für die Lernsituation 1
Kenntnisse aus der beschreibenden Statistik

Inhaltsbezogene Kompetenzen der Lernsituation 1
Wahrscheinlichkeiten; Laplace-Formel; Baumdiagramme und Pfadregeln; Erwartungswert; bedingte Wahrscheinlichkeit und Vier-Felder-Tafel

Prozessbezogene Kompetenzen der Lernsituation 1
Probleme mathematisch lösen; mathematisch modellieren; mit symbolischen, formalen und technischen Elementen umgehen; kommunizieren

Methode
Gruppenarbeit (leistungshomogen)

Zeit
3 Doppelstunden

---

[1] Jacob Bernoulli lebte von 1655–1705.

Das Unternehmen *Will-de-Roy* stellt hochwertige Porzellane her. Um den Qualitätsansprüchen an die Produkte gerecht zu werden, werden einige Produkte regelmäßig der Produktion entnommen und bezüglich zweier Kriterien kontrolliert:
A: Farbgebung des Dekors
B: Beschaffenheit des Porzellans.

Das Geschirr *Heimat* wird in zwei Produktionsschritten maschinell hergestellt. Wenn die Wahrscheinlichkeit für einen Farb- und Porzellanfehler größer als 0,5 % ist, muss die Maschine gewartet werden.

Wenn die Wahrscheinlichkeit für eine einwandfreie Farbgebung und fehlerfreie Beschaffenheit des Porzellans größer als 95 % ist, muss die Porzellan- und Farbmischung nicht verändert werden.

Die Prüfung des Geschirrs *Heimat* hat ergeben, dass 5 von 100 Teilen einen Farbfehler und 3 von 100 Teilen einen Sprung im Porzellan aufweisen.

Das Geschirr *Elegant* wird maschinell produziert und handbemalt. Die Prüfung hat ergeben, dass 4 von 100 Teilen einen Sprung im Porzellan haben und davon 3 Teile fehlerhaft bemalt wurden. Insgesamt sind 8 der 100 Teile fehlerhaft bemalt.

Sollte erwartet werden, dass bei 500 Teilen mehr als 30 fehlerhaft bemalt werden, muss der Maler an einer Schulung teilnehmen.

Sollte bei dem Porzellan ein Farbfehler auftreten unter der Voraussetzung, dass das Teil heil ist, dann wird das Prozellanteil als B-Ware im Fabrikverkauf angeboten. Teile, die bei beiden Prüfungen keinen Fehler aufweisen, gehen in den Handel. Alle anderen Teile sind Ausschussware. Die Tabelle zeigt den Gewinn, der mit der unterschiedlichen Porzellanqualität erzielt werden kann:

	Ausschuss	Ware für den Handel	B-Ware
Wahrscheinlichkeit			
Gewinn	−10 GE	+50 GE	+20 GE

Stellen Sie für die unternehmensinterne Dokumentation der Qualitätsprüfung eine Präsentation mit Ihren Untersuchungen und Ergebnissen für beide Geschirrsorten zusammen. Die notwendigen Rechnungen sollen durch Grafiken veranschaulicht und nachvollziehbar werden. Verwenden Sie das Fachvokabular.

4.2.2 Begriffe und Definitionen

Abläufe des täglichen Lebens, Wirtschaftsprozesse, Forschungsvorhaben, Wahlen usw. sind nicht immer eindeutig bestimmt und somit nicht immer eindeutig vorhersagbar. Es gibt viele Dinge des täglichen Lebens, die vom **Zufall** bestimmt werden:
- Gewinnt man bei dem Glücksspiel auf dem Weihnachtsmarkt?
- Würfelt man eine 6 beim „Mensch ärgere Dich nicht"?
- Funktioniert die Glühlampe, die neu gekauft wurde?
- Wie viele Waffeln werden auf dem Wochenmarkt verkauft?
- Wie viele der hergestellten Produkte weisen Fehler auf?
- Wie groß werden die Absatzzahlen im nächsten Monat sein?
- Wie wird die nächste Landtagswahl ausgehen?

Für diese und viele andere zufällige Erscheinungen versucht die Wahrscheinlichkeitsrechnung **Prognosen** (Vorhersagen) aufzustellen. Diese Prognosen werden benötigt, um zukünftige Entscheidungen u. a. im Rahmen von Change Prozessen so zu treffen, dass sie für die weitere Planung als „sichere" Grundlage dienen können.

Die Erstellung von solchen Prognosen basiert beispielsweise auf **Zufallsversuchen**.

Ein **Zufallsversuch** ist ein Experiment, bei dem alle möglichen (denkbaren) **Ergebnisse** e_i schon vor dem Versuch angegeben werden können, aber nicht vorhergesagt werden kann, welches **Ergebnis** eintritt, weil es vom Zufall abhängt.	**Qualitätsprüfung eines neuen Produktes** e_1: heil oder e_2: defekt oder e_3: nur äußerliche Makel
Die Gesamtheit aller möglichen Ergebnisse wird in der **Ergebnismenge** S zusammengefasst.	$S = \{\text{heil, defekt, Makel}\}$
Mehrere Ergebnisse e_i der Ergebnismenge S können zu einem **Ereignis** E beispielsweise „das Produkt muss aussortiert werden" zusammengefasst werden.	$E = \{\text{defekt und Makel}\}$
Besteht das Ereignis nur aus einem Ergebnis, so liegt ein **Elementarereignis** vor.	$E = \{\text{heil}\} = \{e_1\}$

Es werden verschiedene **Arten von Zufallsversuchen** unterschieden:

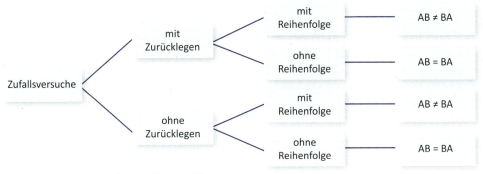

Empirisches Gesetz der großen Zahlen

Wird ein Zufallsversuch ausreichend oft durchgeführt (n-mal), so stabilisiert sich die relative Häufigkeit[1] für dieses Ergebnis $h(e_i)$ mit $h(e_i) = \frac{n_i}{n}$ und ist dann ein Näherungsmaß für die Wahrscheinlichkeit dieses Ergebnisses $P(e_i)$. Die Summe der Wahrscheinlichkeiten P für alle Ergebnisse der Ergebnismenge ist immer Eins bzw. 100 %: $P(e_1) + P(e_2) + \ldots P(e_i) = 1 = 100\,\%$.

Die **Wahrscheinlichkeit** P[2] ist eine Zahl[3], die eine Prognose für mögliche Ergebnisse oder Ereignisse bei einem durchzuführenden Zufallsversuch ermöglicht. Ist die Wahrscheinlichkeit für das Ereignis E bekannt, so kann die Wahrscheinlichkeit für das **Gegenereignis** $\overline{E}$[4] berechnet werden: $P(\overline{E}) = 1 - P(E)$. Die Ereignisse E und $\overline{E}$ ergeben zusammen die Ergebnismenge S.

Die theoretische oder mathematische Wahrscheinlichkeit lässt sich auch als Wahrscheinlichkeitsfunktion darstellen:
Wird jedem Ergebnis e_i einer Ergebnismenge S mit $S = \{e_1, e_2, e_3, \ldots, e_n\}$ eine reelle Zahl $P(e_i)$ zugeordnet, sodass folgende Bedingungen erfüllt sind
- $0 \leq P(e_i) \leq 1$
- $P(e_1) + P(e_2) + P(e_3) + \ldots + P(e_n) = 1$,

so heißt die Zahl $P(e_i)$ Wahrscheinlichkeit und die Zuordnung $P \div S \mapsto \mathbb{R}$ heißt **Wahrscheinlichkeitsfunktion** oder **Wahrscheinlichkeitsverteilung**.

Das Ergebnis eines Zufallsexperimentes wird auch als **Zufallsvariable** X definiert, die die Ausprägungen $x_1, x_2, x_3, \ldots, x_n$ annehmen kann. Jeder Ausprägung der Zufallsvariable wird eine Wahrscheinlichkeit $P(X = x_i)$ mit $i \leq n$ und $n \in \mathbb{N}$ zugeordnet.

---

1   n_i entspricht der absoluten Häufigkeit, mit der das Ergebnis eingetreten ist.
2   P steht für probability (englisch): Wahrscheinlichkeit.
3   $P \in [0; 1]$
4   $\overline{E}$ sprich: nicht E.

Der **Erwartungswert** $E(X)$ einer Zufallsvariable X gibt den zukünftigen Mittelwert an, d. h. den Wert x_i, der durchschnittlich nach mehrfacher Durchführung des Zufallsversuches erwartet werden kann: $E(X) = \sum_{i=1}^{n} x_i \cdot P(x_i)$.

Für beliebige Zufallsvariablen X und Y gilt: $E(X) + E(Y) = E(X + Y)$.

In der Spieltheorie kann mithilfe des Erwartungswertes für die Zufallsvariable Gewinn gemessen werden, ob ein Spiel fair ist. Ein Spiel wird als fair bezeichnet, wenn der Spieleinsatz beispielsweise in Euro dem Erwartungswert des Gewinnes in Euro entspricht, also $E(X) = 0$ gilt.

Ein **Laplace-Experiment**[1] ist ein Zufallsversuch, bei dem alle möglichen Ergebnisse der Ergebnismenge theoretisch die gleiche Wahrscheinlichkeit haben, also dieselbe relative Häufigkeit. Deshalb heißen sie auch Gleichverteilungsversuche.
Es gilt: $P(e_1) = P(e_2) = P(e_3) = ... = P(e_n)$

Laplace-Formel

$P(E) = \dfrac{\text{Anzahl der Ergebnisse, bei denen } E \text{ eintritt}}{\text{Anzahl aller möglichen Ergebnisse}}$

$= \dfrac{|E|}{|S|}$

Pfadregeln

1. Regel: **Pfadmultiplikation**
Mithilfe eines Baumdiagramms kann die Wahrscheinlichkeit eines Ereignisses E längs eines Pfades ermittelt werden.
Die Wahrscheinlichkeit eines Ereignisses E ergibt sich aus der Multiplikation der Wahrscheinlichkeiten der einzelnen Pfadabschnitte:
Das Ereignis E ergibt sich daraus, dass zweimal nacheinander das Ergebnis A eintritt. $P(E) = P(A \cap A) = P(A) \cdot P(A)$

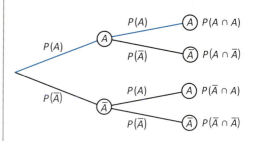

2. Regel: **Pfadaddition**
Mithilfe eines Baumdiagramms kann die Wahrscheinlichkeit eines Ereignisses E, das sich aus mehreren Pfaden zusammensetzt, ermittelt werden. Die Wahrscheinlichkeit des Ereignisses E ergibt sich aus der Addition der Endwahrscheinlichkeiten der Pfade:
Das Ereignis E ergibt sich daraus, dass genau einmal das Ergebnis A eintritt.
$P(E) = P(A \cap \overline{A}) + P(\overline{A} \cap A)$
$ = P(A) \cdot P(\overline{A}) + P(\overline{A}) \cdot P(A)$

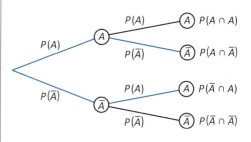

4.2.3 Wahrscheinlichkeiten und Baumdiagramme

Mithilfe von sogenannten **Baumdiagrammen** werden Zufallsversuche anschaulich dargestellt. Jede Stufe des Baumes stellt die Ergebnisse eines Zufallsversuches dar. Wird dieser Versuch mehrfach hintereinander durchgeführt, bekommt der Baum mehrere Stufen. Es können auch unterschiedliche Zufallsversuche hintereinander durchgeführt werden und mithilfe eines Baumdiagramms dargestellt werden. Auf dieser Basis können verschiedene Wahrscheinlichkeiten ermittelt werden. Zu beachten ist dabei, ob es sich bei der mehrfachen Ausführung des Zufallsexperiments um Versuche mit oder ohne Zurücklegen handelt und ob die Reihenfolge der Ergebnisse eine Rolle spielt.

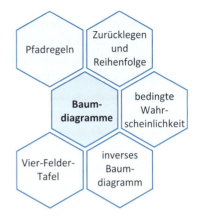

Beispiel 1

Zwei Kindergartenkinder streiten sich, weil sie beide gern bei der Weihnachtsaufführung für die Eltern die Hauptrolle spielen wollen.
Die Erzieherin gibt den beiden Kindern einen Würfel und sagt, wer bei 20 Würfen die meisten Fünfen würfele, bekäme die Hauptrolle.

Ergebnisse Kind 1: 2, 3, 5, 6, 5, 1, 2, 5, 6, 2, 5, 3, 5, 6, 1, 1, 6, 4, 6, 5
Ergebnisse Kind 2: 1, 3, 5, 6, 5, 4, 3, 6, 2, 4, 6, 5, 1, 1, 6, 4, 3, 5, 2, 4

Untersuchen Sie, welches Kind die Hauptrolle im Weihnachtsmärchen erhält. Erläutern Sie Ihre Untersuchungsergebnisse und begründen Sie, ob dies eine faire Entscheidung ist.

Lösung

Die **Ergebnismenge** S des **Zufallsexperimentes** „Würfeln mit einem Würfel" wird beschrieben durch $S = \{1; 2; 3; 4; 5; 6\}$, weil sich mit einem normalen Würfel diese verschiedenen Ergebnisse erzielen lassen.

Mithilfe einer **Strichliste** lassen sich die **absoluten Häufigkeiten** anhand der **Urliste** ermitteln:

Ergebnis	1	2	3	4	5	6
Kind 1 absolute Häufigkeit	|||	|||	||	|	⫫|	⫫
	3	3	2	1	6	5
Kind 2 absolute Häufigkeit	|||	||	|||	||||	||||	||||
	3	2	3	4	4	4

Die **absolute Häufigkeit** gibt an, wie oft die Fünf gewürfelt wurde.
Kind 1 hat sechsmal die Fünf gewürfelt, d. h. die absolute Häufigkeit beträgt 6.
Kind 2 hat viermal die Fünf gewürfelt, d. h. die absolute Häufigkeit beträgt 4.
Die **relative Häufigkeit** berechnet sich durch $h(e_i) = \dfrac{\text{absolute Häufigkeit}}{\text{Anzahl aller Versuche}} = \dfrac{n_i}{n}$.

Zahl	1	2	3	4	5	6
Kind 1 $h(e_i)$	$\frac{3}{20} = 0{,}15$	$\frac{3}{20} = 0{,}15$	$\frac{2}{20} = 0{,}10$	$\frac{1}{20} = 0{,}05$	$\frac{6}{20} = 0{,}30$	$\frac{5}{20} = 0{,}25$
Kind 2 $h(e_i)$	$\frac{3}{20} = 0{,}15$	$\frac{2}{20} = 0{,}10$	$\frac{3}{20} = 0{,}15$	$\frac{4}{20} = 0{,}20$	$\frac{4}{20} = 0{,}20$	$\frac{4}{20} = 0{,}20$

Die relative Häufigkeit für die Fünf beträgt bei Kind 1 **30 %** und bei Kind 2 nur **20 %**. Auf Basis der absoluten und der relativen Häufigkeit bekommt Kind 1 die Hauptrolle im Weihnachtsmärchen.

Bei so wenigen Würfen hängt es vom Zufall ab, ob die einzelnen Ergebnisse bei beiden Kindern unterschiedlich oft geworfen werden. Es kann – wie beide Tabellen zeigen – durchaus vorkommen, dass beide Kinder die Zahl gleich oft würfeln, wie es z. B. bei der 1 ist.

Je häufiger die beiden Kinder würfeln, desto mehr nähern sich erfahrungsgemäß die absoluten und damit auch die relativen Häufigkeiten der einzelnen Ergebnisse aneinander an. Bei beiden Kindern wird sich eine **Gleichverteilung** der Ergebnisse einstellen, sodass für jedes Ergebnis, also für jede Zahl, dieselbe relative Häufigkeit entsteht, die mithilfe der **Laplace-Formel** ermittelt werden kann:

$$P(E) = \dfrac{\text{Anzahl der Ergebnisse, bei denen } E \text{ eintritt}}{\text{Anzahl aller möglichen Ergebnisse}} = \dfrac{|E|}{|S|}$$

$$P(E) = P(e_i) = h(1) = h(2) = h(3) = h(4) = h(5) = h(6) = \dfrac{1}{6} = 0{,}1\overline{6} \approx 16{,}67\,\%$$

Die unterschiedlichen Ergebnisse sind dadurch entstanden, dass die Kinder nur 20-mal gewürfelt haben und bei so wenigen Würfen keine Gleichverteilung der Ergebnisse entsteht. Die Vergabe der Hauptrolle von diesem **Zufallsexperiment** abhängig zu machen, ist also eine Entscheidung, die vom Würfelglück abhängt.

Beispiel 2

Die Kindergartenkinder sind von dem Würfelspiel so begeistert gewesen, dass sie sich immer neue Spiele ausdenken, um zu entscheiden, wer welche besonderen Aufgaben in der Gruppe mit 32 Kindern übernehmen darf. Ein Kind hat von seinen Eltern ein Skatspiel mitgebracht und hat mit der Erzieherin besprochen, dass die Kinder ein Lied im Abschlusskreis aussuchen dürfen, die aus diesem Spiel einen König gezogen haben. Ein anderes Kind findet diese Idee nicht gut und schlägt vor, dass die Kinder die Lieder bestimmen, die eine Herzkarte gezogen haben.

Erläutern Sie, warum das Kind von der Idee mit den Königen nicht begeistert war und deshalb seine Idee mit der Herzkarte bevorzugt.
Untersuchen Sie, ob die Spielvariante Einfluss auf die Länge des Abschlusskreises hat.

Lösung

Die Kindergartengruppe besteht aus 32 Kindern, das Skatspiel aus 32 Karten. Jedes Kind erhält demnach genau eine Karte. Die Ergebnismenge S, die sich durch das Skatspiel ergibt, ist in der Tabelle zusammengefasst.

Karo ♦	7	8	9	10	Bube	Dame	König	Ass
Herz ♥	7	8	9	10	Bube	Dame	König	Ass
Pik ♠	7	8	9	10	Bube	Dame	König	Ass
Kreuz ♣	7	8	9	10	Bube	Dame	König	Ass

Mithilfe der Laplace-Formel wird die jeweilige Wahrscheinlichkeit ermittelt:

$P(\text{König}) = \frac{|E|}{|S|} = \frac{4}{32} = 0{,}125 = 12{,}5\,\%$

$P(\text{Herz}) = \frac{|E|}{|S|} = \frac{8}{32} = 0{,}25 = 25\,\%$

Weil die Wahrscheinlichkeit, eine Herzkarte zu ziehen, doppelt so groß ist wie die Wahrscheinlichkeit, einen König zu ziehen, hat das Kind die andere Spielvariante vorgeschlagen. Auf diese Weise ist seine Chance größer, auch ein Lied für den Abschlusskreis vorzuschlagen.

Die absolute Häufigkeit für eine Herzkarte liegt bei 8, die für einen König bei 4. Wird die Spielvariante mit der Herzkarte verwendet, dann werden doppelt so viele Lieder im Abschlusskreis gesungen und der Abschlusskreis dauert länger.

In der Realität müssen häufig Zufallsversuche ausgewertet werden, die aus mehreren gleichen oder sogar verschiedenen Versuchen zusammengesetzt sind. Diese Versuche werden einzeln hintereinander durchgeführt und dann ausgewertet. Da diese Versuchsreihen oft nicht mehr so einfach zu überblicken sind, werden diese mithilfe von Baumdiagrammen dargestellt.

Beispiel 3

Der Pharmakonzern *Hansa* prüft die Zusammensetzung seines Schmerzmittels dreimal; bei der ersten Prüfung wird die Konzentration des Wirkstoffes *A* geprüft, bei der zweiten Prüfung die des Wirkstoffes *B* und bei der dritten Prüfung wird festgestellt, ob das Gewicht *G* der einzelnen Tabletten stimmt. In der Regel werden bei 5 % der Tabletten Fehler bei

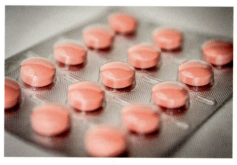

der Prüfung *A* festgestellt, 8 % bei der Prüfung *B* und 3 % bei der Prüfung *G*. Sobald zwei Prüfungen Fehler ergeben, muss die Tablette aus Sicherheitsgründen aussortiert werden.
Die Produktionsabteilung benötigt für die Justierung der Produktionsmaschinen eine vollständige Übersicht über die Produktion.

Erstellen Sie – um die Übersichtlichkeit zu gewährleisten – ein Baumdiagramm, das die Produktionsprüfungen darstellt.

Geben Sie an, wie groß die Wahrscheinlichkeit ist, dass
- die Tablette fehlerfrei ist.
- die Tablette aussortiert werden muss.
- die Tablette nur einen Fehler aufweist.

Lösung

Es handelt sich um einen Zufallsversuch, bei dem wahllos eine Tablette aus der Produktion herausgegriffen wird und alle drei Prüfungen durchgeführt werden; dabei spielt die Reihenfolge der Prüfung keine Rolle. Es handelt sich demnach um einen **Zufallsversuch mit Zurücklegen**, aber **ohne Beachtung der Reihenfolge**.

Baumdiagramm mit drei Stufen für drei Prüfvorgänge

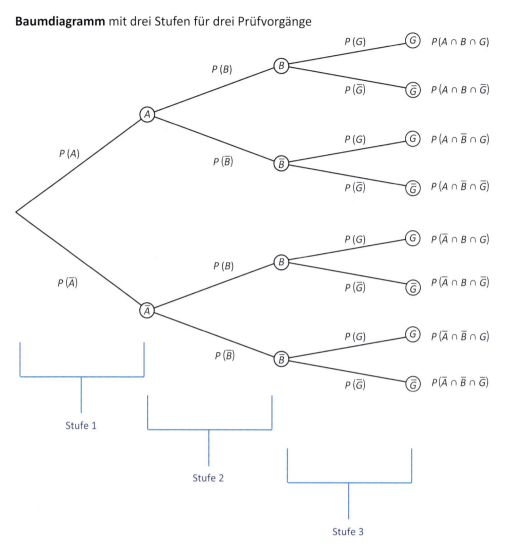

Da die Reihenfolge der Prüfungen keine Rolle spielt, könnte das Baumdiagramm auch so aufgebaut sein, dass auf der ersten Stufe B oder G geprüft wird. Gleiches gilt auch für die beiden anderen Stufen; auf der zweiten Stufe könnte A oder G und auf der dritten Stufe A oder B stehen. Die Reihenfolge ändert nichts an der Gesamtbetrachtung.

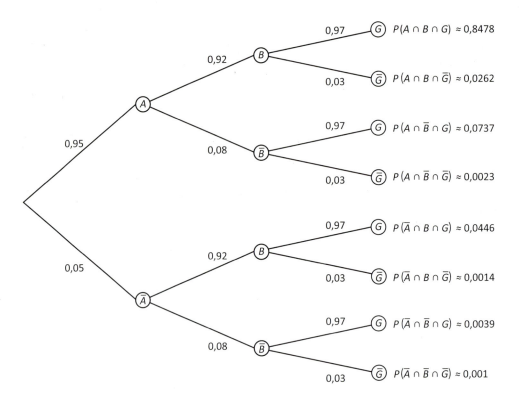

Wahrscheinlichkeiten angeben (gerundet auf vier Nachkommastellen)

- Die Tablette ist fehlerfrei, d. h., keiner der drei Fehler A, B und G treten auf.
  Pfadmultiplikation für den ersten Pfad von oben im Baumdiagramm:
  $P(A \cap B \cap G) = 0{,}95 \cdot 0{,}92 \cdot 0{,}97 \approx 0{,}8478 = 84{,}78\,\%$
  Mit einer Wahrscheinlichkeit von 84,78 % ist die Tablette fehlerfrei.

- Die Tablette muss aussortiert werden, d. h. mindestens zwei Fehler treten auf.
  Pfadaddition von vier Pfaden (Pfade 4, 6, 7 und 8 von oben im Baumdiagramm)
  $P(\text{aussortieren}) = \underbrace{P(A \cap \overline{B} \cap \overline{G}) + P(\overline{A} \cap B \cap \overline{G}) + P(\overline{A} \cap \overline{B} \cap G)}_{\text{zwei Fehler}} + \underbrace{P(\overline{A} \cap \overline{B} \cap \overline{G})}_{\text{drei Fehler}}$
  $P(\text{aussortieren}) = (0{,}95 \cdot 0{,}08 \cdot 0{,}03) + (0{,}05 \cdot 0{,}92 \cdot 0{,}03) + (0{,}05 \cdot 0{,}08 \cdot 0{,}97)$
  $\qquad\qquad\qquad\quad + (0{,}05 \cdot 0{,}08 \cdot 0{,}03)$
  $P(\text{aussortieren}) = 0{,}0023 + 0{,}0014 + 0{,}0039 + 0{,}0001 = 0{,}0077 = 0{,}77\,\%$
  Mit einer Wahrscheinlichkeit von 0,77 % muss die Tablette aussortiert werden.

- Die Tablette weist nur einen Fehler auf.
  Berechnung über die Gegenwahrscheinlichkeit
  $P(\text{nur ein Fehler}) = 1 - (P(\text{kein Fehler}) + P(\text{aussortieren}))$
  $P(\text{nur ein Fehler}) = 1 - (0{,}8478 + 0{,}0077) = 0{,}1445 = 14{,}45\,\%$
  Mit einer Wahrscheinlichkeit von 14,45 % weist die Tablette nur einen Fehler auf.

Beispiel 4

Der Pharmakonzern *Hansa* stellt für die Urlaubszeit Pflaster-Probetütchen mit unterschiedlichen Sorten und Größen zusammen. Die Zusammenstellung erfolgt wahllos ohne System.
In einem kleinen Karton befinden sich drei verschiedene Pflastersorten: 30× Sorte *Robust*, 20× Sorte *Sensibel* und 25× Sorte *Wasserfest*. Die Praktikantin

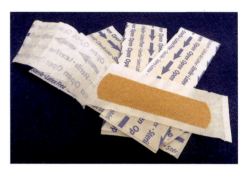

nimmt jeweils drei Pflaster und steckt diese in ein kleines Papiertütchen.
Für die Formulierung der Werbungssprüche werden einige Angaben benötigt:

Ermitteln Sie die Wahrscheinlichkeit dafür, dass das erste Tütchen
- nur eine Sorte enthält.
- alle drei Sorten enthält.

Lösung
Baumdiagramm als Lösungshilfe

Da die entnommenen Pflaster nicht zurück in den Karton gelegt werden, ändert sich nach jeder Pflasterentnahme die Ergebnismenge S und damit die Wahrscheinlichkeit für die Entnahme des nächsten Pflasters. Es handelt es sich um einen **Zufallsversuch ohne Zurücklegen** und **ohne Reihenfolge**, weil es egal ist, in welcher Reihenfolge die Pflaster in die Tüte gesteckt werden; es interessiert nur, welche Pflaster in dem Tütchen sind.

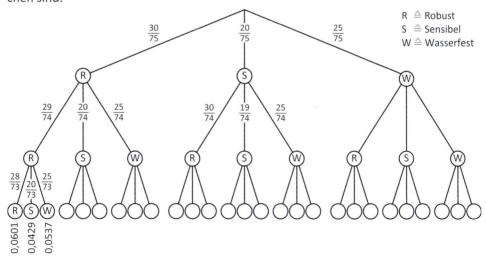

Wahrscheinlichkeiten ermitteln

$P(\text{nur eine Sorte}) = P(\text{RRR}) + P(\text{SSS}) + P(\text{WWW})$

Mithilfe der Pfadmultiplikation und -addition ergibt sich:

$P(\text{nur eine Sorte}) = \frac{30}{75} \cdot \frac{29}{74} \cdot \frac{28}{73} + \frac{20}{75} \cdot \frac{19}{74} \cdot \frac{18}{73} + \frac{25}{75} \cdot \frac{24}{74} \cdot \frac{23}{73}$

$P(\text{nur eine Sorte}) \approx 0{,}0601 + 0{,}0169 + 0{,}0341 = 0{,}1111 = 11{,}11\,\%$

$P(\text{alle drei Sorten}) = P(\text{RSW}) + P(\text{RWS}) + P(\text{SRW}) + P(\text{SWR}) + P(\text{WRS}) + P(\text{WSR})$

Mithilfe der Pfadmultiplikation und -addition ergibt sich:

$P(\text{alle drei Sorten}) = 6 \cdot P(\text{RSW}) = 6 \cdot \frac{30 \cdot 20 \cdot 25}{75 \cdot 74 \cdot 73} = 6 \cdot \frac{15\,000}{405\,150} \approx 0{,}2221 = 22{,}21\,\%$

Die Wahrscheinlichkeit dafür, dass alle drei Sorten in dem Tütchen sind, ist doppelt so groß wie die Wahrscheinlichkeit, dass nur eine Sorte in dem Tütchen ist.

Es gibt Zufallsversuche, deren Ausgang davon abhängig ist, wie ein zuvor durchgeführter Versuch ausgegangen ist. Das Ergebnis des ersten Versuchs *bedingt* also das Ergebnis des zweiten Versuchs. Die Berechnung der sogenannten **bedingten Wahrscheinlichkeit** $P_A(B)$[1] geht auf den englischen Mathematiker Thomas Bayes[2] zurück.

Beispiel 5

Der Pharmakonzern *Hansa* möchte herausfinden, ob die Kunden, die Medikamente von ihrem Konzern kaufen, auch Pflegeprodukte des Konzerns kaufen.
Dafür wurde eine Umfrage unter 500 Kunden durchgeführt, die zu folgenden Daten geführt hat:

	Kauf von Pflegeprodukten	kein Kauf von Pflegeprodukten	SUMME
Kauf von Medikamenten	150	80	
kein Kauf von Medikamenten	150		
SUMME			500

Die Controlling-Abteilung benötigt eine detaillierte Auswertung der Daten. Auf dieser Basis soll zum einen die neue Werbekampagne konzipiert und zum anderen die Produktpallette überprüft werden.

---

1 Die bedingte Wahrscheinlichkeit wird auch wie folgt abgekürzt: $P(B\,|\,A)$. Es handelt sich um die Wahrscheinlichkeit von B unter der Voraussetzung, dass A schon eingetreten ist.
2 Thomas Bayes lebte von 1702–1761.

a) Erstellen Sie eine Vier-Felder-Tafel sowie zwei Baumdiagramme als Grundlage für die weiteren Berechnungen.

b) Bestimmen Sie die Wahrscheinlichkeit dafür, dass Pflegeprodukte unter der Voraussetzung gekauft werden, dass Medikamente gekauft wurden.
Sollte diese Wahrscheinlichkeit kleiner als 50 % sein, dann soll eine Plakatwerbung durchgeführt werden. Ansonsten werden „nur" Anzeigen in der Apothekenzeitschrift *Schau rund* geschaltet. Geben Sie eine Handlungsempfehlung.

c) Bestimmen Sie die Wahrscheinlichkeit dafür, dass Medikamente und Pflegeprodukte gekauft werden.
Sollte diese Wahrscheinlichkeit kleiner als 45 % sein, dann werden Aufsteller für Apotheken erstellt.
Geben Sie eine Handlungsempfehlung.

d) Untersuchen Sie, ob eine stochastische Abhängigkeit zwischen den beiden Käufen vorliegt. Sollte diese Abhängigkeit vorliegen, wird die Produktpalette vorerst nicht geändert; ansonsten wird die Produktpalette verkleinert.
Geben Sie eine Handlungsempfehlung.

Lösungen

a) **Ergänzen der Daten**

	Kauf von Pflegeprodukten	kein Kauf von Pflegeprodukten	SUMME
Kauf von Medikamenten	150	80	1) 150 + 80 = 230
kein Kauf von Medikamenten	150	3) 270 − 150 = 120	2) 500 − 230 = 270
SUMME	4) 150 + 150 = 300	5) 80 + 120 = 500 − 300 = 200	500

Vier-Felder-Tafel

	Kauf von Pflegeprodukten B	kein Kauf von Pflegeprodukten $\overline{B}$	SUMME
Kauf von Medikamenten A	$P(A \cap B) = \frac{150}{500} = 0{,}3$	$P(A \cap \overline{B}) = \frac{80}{500} = 0{,}16$	$P(A) = \frac{230}{500} = 0{,}46$
kein Kauf von Medikamenten $\overline{A}$	$P(\overline{A} \cap B) = \frac{150}{500} = 0{,}3$	$P(\overline{A} \cap \overline{B}) = \frac{120}{500} = 0{,}24$	$P(\overline{A}) = \frac{270}{500} = 0{,}54$
SUMME	$P(B) = \frac{300}{500} = 0{,}6$	$P(\overline{B}) = \frac{200}{500} = 0{,}4$	1

Baumdiagramme

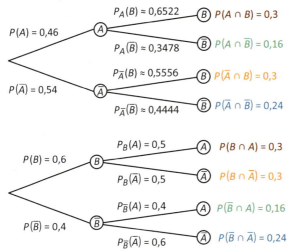

b) **Wahrscheinlichkeit berechnen**

$P_A(B) = \frac{150}{230} \approx 0{,}6522 = 65{,}22\% > 50\%$

Eine Plakatwerbung ist nicht notwendig; es sollten Anzeigen in der Apothekenzeitschrift *Schau rund* geschaltet werden.

c) **Wahrscheinlichkeit berechnen**

$P(A \cap B) = \frac{150}{230} \approx 0{,}3 = 30{,}00\% < 45\%$

Es sollten Werbeaufsteller für die Apotheken erstellt werden.

d) **Stochastische Unabhängigkeit prüfen**

$P(A \cap B) = P(A) \cdot P(B)$ oder $P_B(A) = P(A)$ oder $P_A(B) = P(B)$

$0{,}3 \stackrel{!}{=} 0{,}46 \cdot 0{,}6$ oder $\frac{150}{300} \stackrel{!}{=} 0{,}46$ oder $\frac{150}{230} \stackrel{!}{=} 0{,}6$

$0{,}3 \neq 0{,}276$ oder $0{,}5 \neq 0{,}46$ oder $0{,}3761 \neq 0{,}6$

Es liegt eine stochastische Abhängigkeit zwischen dem Kauf der Medikamente und dem Kauf der Pflegeprodukte vor, d. h., der Eintritt des einen Ereignisses beeinflusst die Wahrscheinlichkeit des anderen Ereignisses. Die Produktpalette muss also nicht angepasst werden.

Mehrstufige Zufallsversuche mit unterschiedlichen Zufallsexperimenten

Sind A und B zwei beliebige Ereignisse, so bezeichnet $P_A(B)$ die Wahrscheinlichkeit von B unter der Voraussetzung, dass A schon eingetreten ist, also die **bedingte Wahrscheinlichkeit**. Diese wird wie folgt berechnet:

$P_A(B) = \frac{P(A \cap B)}{P(A)}$.

Der Zähler $P(A \cap B)$ beschreibt die Wahrscheinlichkeit dafür, dass die Ereignisse A und B gleichzeitig eintreten, also die Wahrscheinlichkeit für A und B. Der Zähler kann mithilfe einer Vier-Felder-Tafel ermittelt werden oder mithilfe eines Baumdiagramms durch Anwendung der Formel $P(A \cap B) = P(A) \cdot P_A(B)$ oder $P(A \cap B) = P(B) \cdot P_B(A)$.

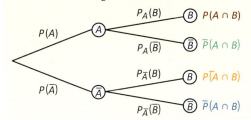

	B	$\overline{B}$	Σ
A	$P(A \cap B)$	$P(A \cap \overline{B})$	$P(A)$
$\overline{A}$	$P(\overline{A} \cap B)$	$P(\overline{A} \cap \overline{B})$	$P(\overline{A})$
Σ	$P(B)$	$P(\overline{B})$	1

Die Darstellung kann auch mithilfe des **inversen Baumdiagramms** oder mit der inversen Vier-Felder-Tafel erfolgen.

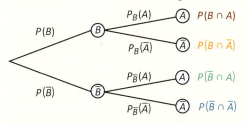

	A	$\overline{A}$	Σ
B	$P(B \cap A)$	$P(B \cap \overline{A})$	$P(B)$
$\overline{B}$	$P(\overline{B} \cap A)$	$P(\overline{B} \cap \overline{A})$	$P(\overline{B})$
Σ	$P(A)$	$P(\overline{A})$	1

Es ergibt sich daraus der **Satz von Bayes**:

$$P_B(A) = \frac{P(A \cap B)}{P(B)} = \frac{P(A) \cdot \frac{P(A \cap B)}{P(A)}}{P(B)} = \frac{P(A) \cdot P_A(B)}{P(B)}, \text{ mit } P(A), P(B) \neq 0$$

Wenn der Eintritt des einen Ereignisses die Wahrscheinlichkeit des anderen Ereignisses beeinflusst, dann sind die beiden Ereignisse stochastisch abhängig:

Stochastisch abhängig	Stochastisch unabhängig
	Multiplikationssatz für unabhängige Ereignisse
$P(A \cap B) \neq P(A) \cdot P(B)$	$P(A \cap B) = P(A) \cdot P(B)$
$P_B(A) \neq P(A)$	$P_B(A) = P(A)$
$P_A(B) \neq P(B)$	$P_A(B) = P(B)$

Beispiel 6

Eine Kirchengemeinde in Niedersachsen möchte auf dem Weihnachtsmarkt Spritzkuchen verkaufen. Die Stadt hat folgendes Angebot unterbreitet:
Die Tischbreite beträgt 1 m. (Die Zeichnung rechts ist nicht maßstabsgerecht.)
Der Quadratmeter Tischfläche wird von der Stadt für 25,00 EUR pro Tag zur Verfügung gestellt.

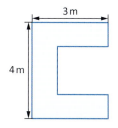

Fortsetzung

Die Kirche plant folgendes Sortiment:

Produkt	Anteil	Preis
Apfeltaschen	10 %	1,20 EUR
Kirschtaschen	12 %	1,40 EUR
Marzipantaschen	20 %	1,60 EUR
Berliner	30 %	1,00 EUR
Mutzen (klein)	15 %	2,50 EUR
Mutzen (mittel)	13 %	4,00 EUR

Der Anteil der verschiedenen Produkte entspricht der Verkaufswahrscheinlichkeit. Berechnen Sie die Anzahl der Produkte, die die Kirche an diesem Stand täglich verkaufen muss, damit die Standgebühren ausgeglichen werden.

Lösung
Standgebühr berechnen
$(2 \cdot (3 \cdot 1) + (4 - 2) \cdot 1) \cdot 25 = 8 \cdot 25 = 200$
Für den Stand muss die Kirche täglich 200 EUR bezahlen.

Anzahl der Gebäckstücke ermitteln
Mithilfe der Verkaufswahrscheinlichkeit wird der Erwartungswert $E(X)$ ermittelt. Damit die Kosten mindestens gedeckt werden, muss der Erwartungswert, der sich aus der Differenz der erwarteten Einnahmen und der Standgebühr ergibt, mindestens null sein: $E(X) = \sum_{i=1}^{6} x_i \cdot P(x_i) - 200 \geq 0$. Bei $E < 0$ entstehen Verluste, weil die erwarteten Einnahmen geringer als 200 EUR sind und bei $E > 0$ entsteht Gewinn, weil die erwarteten Einnahmen höher als 200 EUR sind.

$$E(X) = \underbrace{(0{,}1x \cdot 1{,}2 + 0{,}12x \cdot 1{,}4 + 0{,}2x \cdot 1{,}6 + 0{,}3x \cdot 1 + 0{,}15x \cdot 2{,}5 + 0{,}13x \cdot 4)}_{\text{erwartete Einnahmen}} - \underbrace{200}_{\text{Standgebühr}} = 0$$

$E(X) = 200 - 1{,}803x = 0 \Rightarrow x \approx 110{,}93$

Die Kirche muss mindestens 111 Gebäckteile verkaufen, damit die Standmiete gedeckt ist.

Produkt	Stück	Preis	Erlös
Apfeltaschen	11	1,20 EUR	13,20 EUR
Kirschtaschen	13	1,40 EUR	18,20 EUR
Marzipantaschen	22	1,60 EUR	35,20 EUR
Berliner	33	1,00 EUR	33,00 EUR
Mutzen (klein)	17	2,50 EUR	42,50 EUR
Mutzen (mittel)	15	4,00 EUR	60,00 EUR
	∑ = 111	⌀ 1,803 EUR	∑ = 202,10 EUR

4.2.4 Übungen

1 Ein blauer und ein grüner Würfel mit den Zahlen 1 bis 6 werden gleichzeitig geworfen.
Geben Sie die Ergebnismenge S an.
Berechnen Sie die Wahrscheinlichkeit dafür, dass

- ein Pasch gewürfelt wird.
- die Augensumme ein Vielfaches von 3 ist.
- das Produkt der Augenzahl 12 ergibt.
- die Augensumme größer als 10 ist.

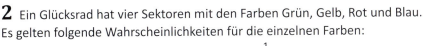

2 Ein Glücksrad hat vier Sektoren mit den Farben Grün, Gelb, Rot und Blau.
Es gelten folgende Wahrscheinlichkeiten für die einzelnen Farben:
$P(\text{grün}) = 0{,}25$, $P(\text{gelb}) = 12{,}5\,\%$ und $P(\text{rot}) = \frac{1}{8}$.

a) Zeichnen Sie das zugehörige Glücksrad.
b) Erklären Sie, ob es sich bei diesem Glücksspiel um ein Laplace-Experiment handelt.
c) Bestimmen Sie die Wahrscheinlichkeit dafür, dass das Glücksrad nicht auf Blau steht.
d) Das Glücksrad steht dreimal hintereinander auf Gelb.
Ermitteln Sie die Wahrscheinlichkeit dafür, dass beim nächsten Drehen wieder Gelb erscheint.

3 In einer Urne befinden sich 72 Kugeln. Diese Kugeln sind blau oder rot. Es ist nicht bekannt, wie viele Kugeln blau bzw. rot sind. Bekannt ist aber, dass die Wahrscheinlichkeit für eine blaue Kugel $\frac{3}{8}$ beträgt.
Bestimmen Sie die Anzahl der blauen bzw. roten Kugeln in der Urne.

4 Eine Münze und ein Würfel werden gleichzeitig geworfen. Der Hauptpreis wird gewonnen, wenn eine 1 und ein Wappen geworfen werden. Ein Trostpreis wird vergeben, wenn eine gerade Zahl und auf der Münze auch Zahl geworfen wird.

a) Erklären Sie an diesem Beispiel die Begriffe Ergebnis, Ergebnismenge, Ereignis und Zufallsexperiment.
b) Bestimmen Sie die Wahrscheinlichkeit dafür, einen Gewinn zu erzielen.
c) Das Spiel kostet 2 EUR, der Hauptgewinn liegt bei 5 EUR und der Trostpreis bei 1 EUR.
Untersuchen Sie, ob das Spiel fair ist.

13 Ein Computerhersteller bezieht 85 % seiner Tastaturen von dem Hersteller A, dessen Tastaturen zu 2 % nicht einwandfrei sind. Die restlichen 15 % bezieht er von einem Hersteller B, dessen Tastaturen zwar preiswerter, aber auch zu 5 % fehlerhaft sind. Um eine Entscheidung für zukünftige Bestellungen zu treffen, soll eine Fehleranalyse durchgeführt werden:

a) Berechnen Sie die Wahrscheinlichkeit dafür, dass die Tastatur vom Lieferanten A stammt, unter der Bedingung, dass die Festplatte einwandfrei ist.
b) Die Tastatur ist fehlerhaft.
   Bestimmen Sie die Wahrscheinlichkeit dafür, dass sie vom Lieferanten B ist.
c) Ermitteln Sie den Anteil der fehlerhaften Tastaturen.
d) Bestimmen Sie den Erwartungswert bezüglich der fehlerhaften Tastaturen, wenn für die nächste Produktion 500 Tastaturen bestellt werden.

14 Die Tabelle zeigt das Ergebnis einer Umfrage in einem großen Unternehmen, die vom Betriebsrat durchgeführt wurde.

	Frauen	Männer	SUMME
Raucher	200	800	1 000
Nichtraucher	300	200	500
SUMME	500	1 000	1 500

Die Befragung wurde durchgeführt, um herauszufinden, ob ein oder zwei Raucherecken auf dem Betriebsgelände eingerichtet werden sollen. Wenn der Anteil der Raucherinnen unter den Frauen größer ist als 30 %, dann wird eine Raucherecke eingerichtet. Wenn der Anteil der Männer unter den Rauchern größer ist als 75 %, dann wird eine weitere Raucherecke installiert.
Untersuchen Sie, ob das Unternehmen eine oder zwei Raucherecken auf dem Betriebsgelände zur Verfügung stellen sollte und geben Sie eine Handlungsempfehlung ab.
Dokumentieren Sie Ihre Ergebnisse für den Betriebsrat tabellarisch und rechnerisch. Geben Sie einen weiteren Anteil an, der Ihre Handlungsempfehlung untermauert.

15 Bei einem Sehtest aller achtjährigen Schulkinder einer niedersächsischen Stadt wurden 4 445 Jungen und 4 379 Mädchen untersucht. Es wurde herausgefunden, dass 268 Jungen und 256 Mädchen eine Brille benötigen. Die Ortskrankenkasse benötigt für weitere Maßnahmen folgende Wahrscheinlichkeiten:

P(Brille und Junge), $P_{\text{Mädchen}}$(Brille) und P(Brille)
Ermitteln Sie für die Krankenkasse die benötigten Angaben.
Dokumentieren Sie Ihre Ergebnisse grafisch, tabellarisch und rechnerisch.
Geben Sie zwei weitere wichtige Ergebnisse Ihrer Untersuchungen an, die ebenfalls Relevanz für die Krankenkasse haben könnten und erläutern Sie Ihre Auswahl.

16 In einem Krankenhaus wird eine Liste über die Blutgruppen der operierten Patienten geführt. Das Ergebnis ist tabellarisch dargestellt:

	0	A	B	AB	**Summe**
weiblich	817	723	176	92	
männlich	862	765	191	106	
Summe					

Für statistische Zwecke müssen die Daten vervollständigt und analysiert werden.
a) Ergänzen Sie die Tabelle.
b) Berechnen Sie folgende Wahrscheinlichkeiten:
- $P_{\text{weiblich}}(A)$ und $P_{\text{männlich}}(AB)$
- $P(0)$
- $P_A(\text{männlich})$ und $P_B(\text{weiblich})$
- $P(\text{männlich} \cap B)$

c) Untersuchen Sie, ob die Ereignisse stochastisch abhängig sind.

17 Ein Produzent von Alarmanlagen überprüft regelmäßig die Qualität seiner Produkte. Dafür lässt er sich aus ganz Niedersachsen mitteilen, wenn Einbrüche stattgefunden haben, ob die Alarmanlage einwandfrei funktioniert hat. Auch bei einem Fehlalarm bekommt der Produzent eine Meldung des Kunden. Das Baumdiagramm stellt die Rückmeldungen der Kunden grafisch dar:

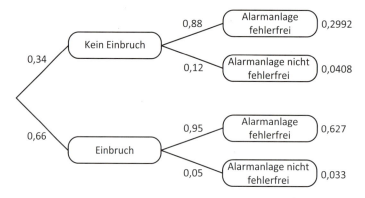

Zur Qualitätsüberprüfung benötigt der Hersteller verschiedene Daten.
Ermitteln Sie folgende Wahrscheinlichkeiten:
- Die Alarmanlage funktionierte einwandfrei.
- Die Alarmanlage funktionierte nicht einwandfrei unter der Voraussetzung, dass ein Einbruch stattgefunden hat.
- Die Alarmanlage funktionierte nicht einwandfrei unter der Voraussetzung, dass kein Einbruch stattgefunden hat.
- Es findet ein Einbruch unter der Voraussetzung statt, dass die Alarmanlage einwandfrei funktionierte.

4.2.5 Übungsaufgaben für Klausuren und Prüfungen

Aufgabe 1 (ohne Hilfsmittel)

Ein Journalist schreibt einen Zeitungsartikel über den Kaffee- und Teekonsum in seiner Heimatstadt. Dort hat er eine Umfrage auf dem Wochenmarkt durchgeführt und folgende Ergebnisse erhalten:

	Kaffee	Tee	Weder noch
Männer	150	50	40
Frauen	100	150	10

In den Artikel möchte der Journalist Wahrscheinlichkeiten integrieren.
Stellen Sie dafür die Ergebnisse dieser Umfrage grafisch dar.
Ergänzen Sie die Lücken in dem nachfolgenden Text und geben Sie Ihre dafür durchgeführten Rechnungen an:

Auf dem Wochenmarkt wurden _____ Personen befragt, ob sie lieber Kaffee, Tee oder keines der beiden Getränke konsumieren. Insgesamt wurden _____ Männer befragt. _____ % der befragten Frauen trinken am liebsten Tee. Von allen Befragten trinken _____ % weder Kaffee noch Tee.

Aufgabe 2 (ohne Hilfsmittel)

Erläutern Sie anhand eines selbst gewählten Beispiels die Pfadregeln. Verwenden Sie dafür die Fachsprache und die passende Symbolik.
Erläutern Sie in diesem Zusammenhang auch die Begriffe Ergebnis, Ereignis und Ergebnismenge.

Aufgabe 3 (mit Hilfsmitteln)

Eine Klasse will für einen guten Zweck beim Schulfest ein Glücksrad betreiben.
Folgende drei Möglichkeiten stehen zur Auswahl:

- Das Glücksrad 1 besteht aus drei Sektoren mit folgenden Mittelpunktswinkeln: rot 180°, gelb 90° und blau 90°.
  Bei dem Spiel dreht der Kunde das Glücksrad dreimal und bezahlt dafür einen Euro. Er erhält zwei Euro, wenn er dreimal dieselbe Farbe erreicht, er bekommt seinen Einsatz zurück, wenn genau zweimal dieselbe Farbe angezeigt wird, in allen anderen Fällen wird der Einsatz einbehalten.
  Zeichnen Sie das Glücksrad.
  Ermitteln Sie den Erwartungswert und interpretieren Sie Ihr Ergebnis u. a. im Hinblick auf die Frage, ob das Spiel fair ist.

- Das Glücksrad 2 sieht wie in der nebenstehenden Grafik aus; der angezeigte Betrag wird ausgezahlt; einmal Drehen kostet einen Euro.
  Definieren Sie die Zufallsvariable X und bestimmen Sie die Wahrscheinlichkeitsverteilung.
  Berechnen Sie den Erwartungswert und interpretieren Sie diesen Wert u. a. im Hinblick darauf, ob das Spiel geeignet ist, um Spendengelder zu sammeln.

- Für die dritte Glücksradvariante ergibt sich folgende Rechnung aus Sicht des Spielers:
  $1 \text{ EUR} \cdot \frac{1}{3} - 3 \text{ EUR} \cdot \frac{1}{2} + 4 \text{ EUR} \cdot \frac{1}{6} = -\frac{1}{2} \text{ EUR}$
  Erklären Sie die aufgeführte Rechnung.
  Zeichnen Sie das zugehörige Glücksrad.
  Beschreiben Sie die zugehörige Gewinnregel.

Geben Sie der Klasse eine begründete Empfehlung raus, welches Glücksrad sie verwenden soll, um möglichst viel Geld für den guten Zweck zu sammeln.

Aufgabe 4 (mit Hilfsmitteln)

Die Zeitschrift *Wandern* möchte für ihre nächste Ausgabe verschiedene Themen im Zusammenhang mit dem Thema Wandern in den Alpen aufbereiten und entsprechende Artikel schreiben.
Die Gruppe der 20- bis 29-jährigen Wanderer wurde genauer untersucht.
Bei der Umfrage stellte sich heraus, dass 55 % der Befragten männlich waren.

Von diesen gaben 60 % an, dass sie am liebsten Wandertouren unternehmen, bei denen Passagen vorkommen, bei denen sie auch klettern müssen. Die befragten Frauen bevorzugen zu 75 % Touren ohne Kletteranteil.
Bereiten Sie die Angaben grafisch auf.
Die Umfrage wurde durchgeführt, um herauszufinden, wie groß der Anteil der Kletterer in der Gruppe der 20- bis 29-jährigen Wanderer ist.
Des Weiteren soll angegeben werden, wie groß der Anteil der Frauen unter allen Wanderern mit Kletterambitionen ist.
Bestimmen Sie die beiden gesuchten Anteile.
Untersuchen Sie, ob die Ereignisse „weiblich" und „Wandern mit Kletteranteil" stochastisch abhängig sind und interpretieren Sie Ihr Ergebnis für den Zeitungsartikel.

4.2.6 Aufgaben aus dem Zentralabitur Niedersachsen
4.2.6.1 Hilfsmittelfreie Aufgabe
ZA 2017 | Haupttermin | eA | P4

Ein Glücksrad hat drei Sektoren, einen blauen, einen gelben und einen roten. Diese sind unterschiedlich groß. Die Wahrscheinlichkeit dafür, dass beim einmaligen Drehen der blaue Sektor getroffen wird, beträgt p.

a) Interpretieren Sie den Term $(1-p)^7$ im Sachzusammenhang.

b) Das Glücksrad wird zehnmal gedreht.
   Geben Sie den Term an, mit dem die Wahrscheinlichkeit dafür berechnet werden kann, dass der blaue Sektor genau zweimal getroffen wird.

c) Die Wahrscheinlichkeit dafür, dass beim einmaligen Drehen der gelbe Sektor getroffen wird, beträgt 50 %.
   Felix hat 100 Drehungen des Glücksrades beobachtet und festgestellt, dass bei diesen der Anteil der Drehungen, bei denen der gelbe Sektor getroffen wurde, deutlich geringer als 50 % war.
   Er folgert: „Der Anteil der Drehungen, bei denen der gelbe Sektor getroffen wird, muss also bei den nächsten 100 Drehungen deutlich größer als 50 % sein."
   Beurteilen Sie die Aussage von Felix.

4.2.6.2 Aufgaben aus dem Wahlteil

ZA 2015 | Haupttermin | GTR | eA | 2Ba)

Das niedersächsische Gesundheitsministerium gab in diesem Frühjahr ein Gutachten in Auftrag, bei dem die Verwendung von Sonnencreme von Kindern und Jugendlichen untersucht werden sollte. Das Ministerium plant eine Informationsbroschüre, damit Kinder weniger Sonnenbrände bekommen.
In vielen Freibädern der Region Hannover wurde eine Untersuchung durchgeführt. Die Ergebnisse sind in Abbildung 1 dargestellt. [...]

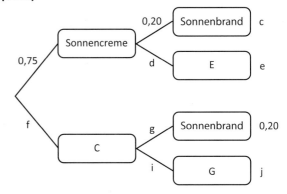

a) Zeichnen Sie das vollständige Baumdiagramm aus Abbildung 1 und begründen Sie Ihre Ergänzungen.
Ermitteln Sie die folgenden Wahrscheinlichkeiten, um eine Empfehlung zum Einsatz von Sonnencreme bei Kindern und Jugendlichen formulieren zu können:
Ein Kind bzw. ein Jugendlicher hat einen Sonnenbrand unter der Voraussetzung, dass es Sonnencreme benutzt hat.
Ein Kind bzw. ein Jugendlicher hat keine Sonnencreme verwendet unter der Bedingung, dass das Kind einen Sonnenbrand hat.

ZA 2017 | Haupttermin | GTR | eA | 2Aa)

An einem Beruflichen Gymnasium mit 300 Schülerinnen und Schülern sollen zukünftig wichtige Informationen über den Dienst *WatisLos* übermittelt werden. Dazu wird zunächst eine Umfrage zur Verbreitung des Dienstes *WatisLos* unter allen Schülerinnen und Schülern durchgeführt. Folgende Daten liegen vor:
Insgesamt 285 Personen nutzen *WatisLos*.
171 *WatisLos*-Nutzer sind in der Qualifikationsphase. Insgesamt besuchen 115 Personen die Einführungsphase des beruflichen Gymnasiums.

a) Der Abteilungsleiter möchte den Dienst verpflichtend nutzen, wenn die folgenden Kriterien erfüllt sind:
Die Wahrscheinlichkeit dafür, dass eine zufällig ausgewählte Person *WatisLos* nutzt, unter der Bedingung, dass diese Person in der Qualifikationsphase ist, muss mindestens 92 % betragen.
Die Anzahl der Personen, die sich in der Einführungsphase befinden und den Dienst *WatisLos* nicht nutzen, darf höchstens eins sein.
Die Wahrscheinlichkeit dafür, dass eine zufällig ausgewählte Person *WatisLos* nicht nutzt, unter der Bedingung, dass diese Person in der Einführungsphase ist, darf höchstens 1 % betragen.

Stellen Sie die beschriebene Situation vollständig graphisch dar.
Untersuchen Sie, ob der Abteilungsleiter den Dienst verpflichtend einsetzen sollte.

4.3 Wahrscheinlichkeitsverteilung – Binomialverteilung

Wahrscheinlichkeitsverteilungen lassen sich in zwei Kategorien einteilen: **Diskrete Verteilungen** haben abzählbar viele Werte x für die Zufallsvariable X; sie umfassen in der Regel die natürlichen Zahlen $\mathbb{N}$, d. h. $x \in \mathbb{N}$. Die Wahrscheinlichkeit für das Eintreten genau eines Wertes kann somit ermittelt werden. Bei **stetigen Verteilungen**[1] lässt sich diese Wahrscheinlichkeit nicht ermitteln – sie ist immer null. Es kann nur die Wahrscheinlichkeit dafür ermittelt werden, dass die Zufallsvariable Werte in einem Intervall annimmt.

4.3.1 Lernsituation

Lernsituation 1

Benötigte Kompetenzen für die Lernsituation 1
Kenntnisse aus der Wahrscheinlichkeitsrechnung

Inhaltsbezogene Kompetenzen der Lernsituation 1
Bernoulli-Experiment; Binomialkoeffizient; Binomialverteilung; Sigma-Intervalle

Prozessbezogene Kompetenzen der Lernsituation 1
Probleme mathematisch lösen; mathematisch modellieren; mit symbolischen, formalen und technischen Elementen umgehen; kommunizieren

Methode
arbeitsteilige Gruppenarbeit:
Arbeitsteilung je Maschine und/oder je Thema. Gemeinsame Entscheidung in der Gruppe.

Zeit
2 Doppelstunden

---

[1] Siehe Kapitel 4.4, ab S. 232.

Das Unternehmen *Schloss Meyer* stellt verschiedene Türschlösser und Klinken in Massenproduktion her. Die Produktion von Schlössern und Klinken für Zimmertüren kann auf zwei verschiedenen Maschinen erfolgen. Bei der Qualitätsprüfung wurde festgestellt, dass die Fehlerquote annähernd gleich ist. Maschine A kann weniger Schlösser und Klinken in derselben Zeit herstellen als Maschine B. Für den nächsten Kundenauftrag muss untersucht werden, auf welcher Maschine produziert werden soll. Der Kunde benötigt zeitnah 1 500 Schlösser.

Maschine	Fehlerwahrscheinlichkeit	Produktionsmenge pro Woche
A	0,030	1 000
B	0,035	2 000

Als Entscheidungsgrundlage sollen die folgenden Untersuchungen dienen:
- Anzahl der defekten Schlösser, die bei einer Produktion von 1 500 Schlössern erwartet werden.
- Anzahl der defekten Schlösser, die als tolerabel bzw. normal gelten.
- Anzahl der Schlösser, die produziert werden müssen, damit 1 500 einwandfreie Schlösser vorhanden sind.
- Wahrscheinlichkeit dafür, dass bei einer Produktion von 1 550 Schlössern genau 1 500 einwandfrei sind.
- Wahrscheinlichkeit dafür, dass bei einer Produktion von 1 550 Schlössern mehr als 1 500 einwandfrei sind.
- Anzahl der Schlösser, die mit einer Wahrscheinlichkeit von 95,5 % bei einer Produktion von 1 550 Schlössern einwandfrei sind.

Führen Sie die Untersuchungen rechnerisch durch, stellen Sie Ihre Ergebnisse grafisch dar und geben Sie eine Handlungsempfehlung ab.

4.3.2 Begriffe und Definitionen

Ein Zufallsversuch heißt **Bernoulli-Experiment**, wenn die Ergebnismenge S nur aus zwei Elementen besteht wie bspw. aus {1; 0} oder {Treffer; Niete} oder {schwarz; weiß} oder {Mädchen; Junge}. Außerdem ändert sich die Trefferwahrscheinlichkeit auch dann nicht, wenn das Experiment mehrfach hintereinander durchgeführt wird, d. h., die Experimente sind unabhängig[1] voneinander. Wird dasselbe Bernoulli-Experiment n-mal hintereinander durchgeführt und sind die Durchführungen unabhängig voneinander, so spricht man von einer **Bernoulli-Kette** der Länge n.

Die Wahrscheinlichkeit für einen Treffer, die sogenannte **Trefferwahrscheinlichkeit**, wird mit p bezeichnet, die Gegenwahrscheinlichkeit, also die Wahrscheinlichkeit für eine Niete, mit q. Es gilt: $p + q = 1 \Rightarrow q = 1 - p$.

Wird ein Zufallsversuch als n-stufige Bernoulli-Kette mit der Trefferwahrscheinlichkeit p durchgeführt und X ist die **Zufallsvariable** für die Anzahl der Treffer in dieser Kette, dann berechnet sich die Wahrscheinlichkeit für genau k Treffer in dieser Kette wie folgt:

- **Formel von Bernoulli:** $P(X = k) = B_{n;p}(k) = \binom{n}{k} \cdot p^k \cdot (1-p)^{n-k} = \binom{n}{k} \cdot p^k \cdot q^{n-k}$

$(n - k)$ gibt die Anzahl der Nieten an. Der **Binomialkoeffizient** $\binom{n}{k}$ gibt die Anzahl der gültigen Pfade in dem Baumdiagramm an, das das Zufallsexperiment veranschaulicht. Die Berechnung erfolgt entweder mithilfe der Formel[2]

$\binom{n}{k} = \dfrac{n \cdot (n-1) \cdot (n-2) \cdot \ldots \cdot (n-k+1)}{k \cdot (k-1) \cdot (k-2) \cdot \ldots \cdot 1} = \dfrac{1 \cdot 2 \cdot 3 \cdot \ldots \cdot n}{(n-k)! \cdot k!} = \dfrac{n!}{(n-k)! \cdot k!}$ oder mithilfe des **Pascal-Dreiecks**[3]:

```
                1
              1   1
            1   2   1
          1   3   3   1
        1   4   6   4   1
      1   5  10  10   5   1
```

$\Longrightarrow$ Binomialkoeffizient

$\binom{0}{0}$

$\binom{1}{0}\ \binom{1}{1}$

$\binom{2}{0}\ \binom{2}{1}\ \binom{2}{2}$

$\binom{3}{0}\ \binom{3}{1}\ \binom{3}{2}\ \binom{3}{3}$

$\binom{4}{0}\ \binom{4}{1}\ \binom{4}{2}\ \binom{4}{3}\ \binom{4}{4}$

$\binom{5}{0}\ \binom{5}{1}\ \binom{5}{2}\ \binom{5}{3}\ \binom{5}{4}\ \binom{5}{5}$

Beispiel: $\binom{5}{2} = \dfrac{5!}{(5-2)! \cdot 2!} = \dfrac{1 \cdot 2 \cdot 3 \cdot 4 \cdot 5}{3! \cdot 2!} = \dfrac{1 \cdot 2 \cdot 3 \cdot 4 \cdot 5}{(1 \cdot 2 \cdot 3) \cdot (1 \cdot 2)} = \dfrac{120}{6 \cdot 2} = 10$

---

1 Unabhängig voneinander bedeutet, dass das Ergebnis eines Einzelversuches nicht durch die anderen Versuche beeinflusst wird. Dies entspricht dem Ziehen mit Zurücklegen.
2 Aussprache: $\binom{n}{k}$ → n über k. $n!$ → n Fakultät.
3 Blaise Pascal war ein französischer Mathematiker, Physiker, Literat und christlicher Philosoph, der von 1632 bis 1662 lebte.

Zur Berechnung von kumulierten Wahrscheinlichkeiten wird die folgende Formel verwendet:

- **Kumulierte Wahrscheinlichkeit:** $P(X \leq k) = F_{n;\,p}(k) = \sum_{i=0}^{k} \binom{n}{i} \cdot p^i \cdot (1-p)^{n-i}$

Soll die langfristige Folge eines Bernoulli-Experimentes untersucht werden, bspw. die Auswirkungen einer Qualitätskontrolle in einem Unternehmen, dann wird der Erwartungswert μ der binomialverteilten Zufallsvariablen X ermittelt:

- **Erwartungswert** $\mu = E(X) = n \cdot p$

Der Erwartungswert gibt den zukünftig zu erwartenden Wert der Zufallsvariablen X an, d. h. er gibt beispielsweise im Rahmen einer Qualitätskontrolle an, wie viele fehlerfreie bzw. fehlerhafte Produkte zukünftig voraussichtlich produziert werden. Dieser Wert ist nur ein voraussichtlicher Wert; er ist vergleichbar mit dem arithmetischen Mittel, das bei einer vorhandenen Datenreihe berechnet werden kann. Auch in diesem Zusammenhang kann die Standardabweichung[1] σ ermittelt und ein Streuungsintervall berechnet werden:

- **Varianz:** $\sigma^2 = n \cdot p \cdot (1-p)$

- **Standardabweichung:** $\sigma = \sqrt{\sigma^2} = \sqrt{n \cdot p \cdot (1-p)}$

- **Streuungsintervall:** $[\mu - \sigma;\ \mu + \sigma]$

Die Werte in diesem Intervall zeigen auf, welche Werte der Zufallsvariablen X zukünftig als „normal" oder „akzeptabel" angesehen werden. Im Rahmen einer Qualitätsprüfung gibt dieses Intervall an, wie viele fehlerhafte Produkte bei der Produktion toleriert werden.

Der **Erwartungswert** ist in der grafischen Darstellung der Binomialverteilung an der höchsten Säule zu erkennen:

Beispiel: $p = 0{,}5 = 50\,\%$
Die Höhen der Säulen sind für $p = 0{,}5 = 50\,\%$ symmetrisch zum Erwartungswert.

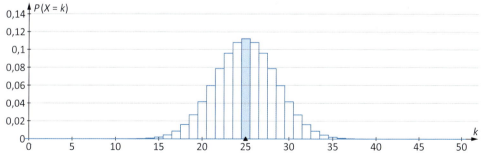

---

[1] Standardabweichung, vgl. Buch für Jahrgang 11, S. 22–24.

Beispiel: $p = 0{,}3 = 30\,\%$
Die Säulen auf der linken Seite des Erwartungswertes sind höher als auf der rechten Seite. Dies gilt für alle $p < 0{,}5$.

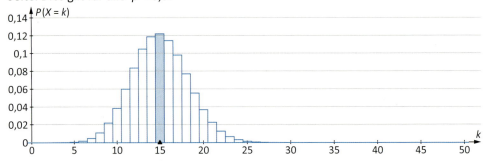

Beispiel: $p = 0{,}8 = 80\,\%$
Die Säulen auf der rechten Seite des Erwartungswertes sind höher als auf der linken Seite. Dies gilt für alle $p > 0{,}5$.

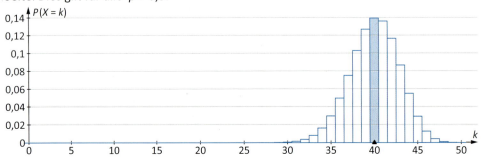

Beispiel: $P(X = 20) = B_{n;\,p}(20)$
Eine **Einzelwahrscheinlichkeit** wird grafisch dargestellt, indem genau eine Säule gekennzeichnet wird.

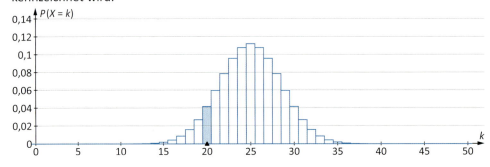

Beispiel: $P(20 \leq X \leq 26) = F_{n;p}(26) - F_{n;p}(19)$

Eine **kumulierte Wahrscheinlichkeit** wird grafisch veranschaulicht, indem mehrere Säulen gekennzeichnet werden.

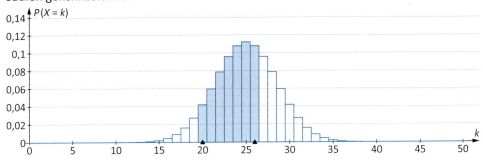

4.3.3 Bernoulli-Experiment, Binomialverteilung und Sigma-Intervalle

Die **Binomialverteilung** (BV) ist eine diskrete Wahrscheinlichkeitsverteilung, die auf dem nach dem Schweizer Mathematiker Jacob Bernoulli[1] benannten Bernoulli-Experiment basiert. Der Unterschied zwischen einem Laplace- und einem Bernoulli-Experiment liegt darin, dass die Wahrscheinlichkeiten der Ergebnisse bei einem Bernoulli-Experiment nicht gleich groß sein müssen; d. h. die Trefferwahrscheinlichkeit muss nicht gleich der Wahrscheinlichkeit für eine Niete sein.

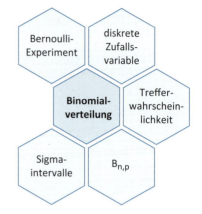

Beispiel 1

Das Unternehmen *Mürth* stellt u. a. Bolzenschrauben her. Langjährige Erfahrungen haben gezeigt, dass bei 2 % der Schrauben das Gewinde fehlerhaft ist. Im Rahmen einer Qualitätskontrolle werden der Produktion drei Schrauben entnommen und geprüft.

Die Controlling-Abteilung benötigt zur Preisfestsetzung einen Überblick darüber, wie der Prüfprozess ausgehen kann und wie hoch die Wahrscheinlichkeiten für die einzelnen Ausgänge sind.

Stellen Sie den Prüfprozess grafisch und tabellarisch so dar, dass die Controlling-Abteilung einen Überblick erhält, wie groß die Wahrscheinlichkeiten für die unterschiedlichen Prüfausgänge sind und wie die einzelnen Wahrscheinlichkeiten ermittelt werden.

---

[1] Jacob Bernoulli lebte von 1655 bis 1705.

Lösung
Grafische Darstellung des Prüfprozesses

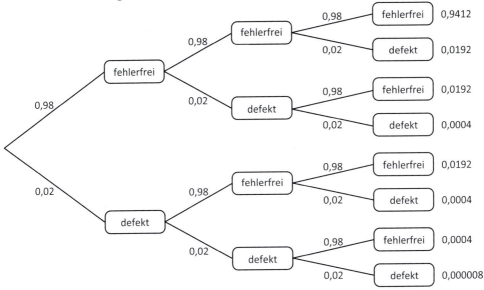

Tabellarische Darstellung

Bei diesem Prüfprozess handelt es sich um ein **Bernoulli-Experiment**. Die Schraubengewinde können fehlerfrei und defekt sein, d. h. das Experiment hat nur zwei Ausgänge. Ob ein Gewinde defekt ist, hängt nicht davon ab, ob eine andere Bolzenschraube ebenfalls ein defektes Gewinde hat, d. h. die Zufallsversuche sind unabhängig voneinander. Es handelt sich um eine diskrete Zufallsvariable X, weil diese nur Werte aus $\mathbb{N}$ annehmen kann. Die Wahrscheinlichkeiten für die verschiedenen Ausgänge können zum einen mithilfe der Pfadregeln[1] und zum anderen mithilfe der Formel von Bernoulli ermittelt werden. Dabei gilt $n = 3$ als Länge der **Bernoulli-Kette** und die **Trefferwahrscheinlichkeit** für eine defekte Schraube liegt bei $p = 0{,}02$.

$X \triangleq$ Anzahl der defekten Schrauben	**Pfadregel** Baumdiagramm	**Formel von Bernoulli** $P(X=k) = \binom{n}{k} \cdot p^k \cdot (1-p)^{n-k}$
0	$P(\text{keine defekte}) = 0{,}98 \cdot 0{,}98 \cdot 0{,}98$ $= 0{,}98^3 \approx 0{,}9412$	$P(X=0) = \binom{3}{0} \cdot 0{,}02^0 \cdot 0{,}98^3$ $= 1 \cdot 1 \cdot 0{,}98^3 \approx 0{,}9412$
1	$P(\text{eine defekte}) = 3 \cdot (0{,}98 \cdot 0{,}98 \cdot 0{,}02)$ $= 3 \cdot (0{,}98^2 \cdot 0{,}02)$ $\approx 3 \cdot 0{,}0192 = 0{,}0576$	$P(X=1) = \binom{3}{1} \cdot 0{,}02^1 \cdot 0{,}98^2$ $= 3 \cdot 0{,}02 \cdot 0{,}98^2 \approx 0{,}0576$
2	$P(\text{zwei defekte}) = 3 \cdot (0{,}98 \cdot 0{,}02 \cdot 0{,}02)$ $= 3 \cdot (0{,}98 \cdot 0{,}02^2)$ $\approx 3 \cdot 0{,}0004 = 0{,}0012$	$P(X=2) = \binom{3}{2} \cdot 0{,}02^2 \cdot 0{,}98^1$ $= 3 \cdot 0{,}02^2 \cdot 0{,}98 \approx 0{,}00112$
3	$P(\text{drei defekte}) = 0{,}02 \cdot 0{,}02 \cdot 0{,}02$ $= 0{,}02^3 = 0{,}000008$	$P(X=0) = \binom{3}{3} \cdot 0{,}02^3 \cdot 0{,}98^0$ $= 1 \cdot 0{,}02^3 \cdot 1 = 0{,}000008$

---

1 Die Pfadregeln werden auf S. 180 erklärt und stehen in der Formelsammlung auf S. 120–121.

Anzahl der Pfade bestimmen, die für ein Ereignis relevant sind

Entscheidend für die Berechnung der in **Beispiel 1** gesuchten einzelnen Wahrscheinlichkeiten sind nicht nur die gegebene Trefferwahrscheinlichkeit p und deren Gegenwahrscheinlichkeit $(1 - p)$, sondern auch die **Anzahl der Pfade**, die für das gesuchte Ereignis relevant sind. Um zu ermitteln, wie viele Pfade zur Berechnung der gesuchten Wahrscheinlichkeiten gehören, kann zum einen ein Baumdiagramm gezeichnet werden und dann können die Pfade gezählt werden, die zu dem Ereignis gehören. Zum anderen kann untersucht werden, auf wie viele verschiedene Weisen k Treffer (z. B. 2 fehlerhafte Schrauben) auf n möglichen Plätzen des Pfades (z. B. 3) angeordnet werden können. Auch dies kann mithilfe von zwei verschiedenen Lösungswegen erfolgen:

Abzählen: Anordnung von 2 Treffern auf 3 Plätzen			Ermitteln: Binomialkoeffizient $\binom{n}{k}$
fehlerfrei	defekt	defekt	
defekt	fehlerfrei	defekt	$\binom{3}{2} = \frac{3!}{2! \cdot (3-2)!} = \frac{1 \cdot 2 \cdot 3}{1 \cdot 2 \cdot 1} = \frac{6}{2} = 3$
defekt	defekt	fehlerfrei	

Beispiel 2

Das Unternehmen *Mürth* verkauft u. a. Großpackungen mit Bolzenschrauben. In einer Packung befinden sich 100 Schrauben. In den Kaufvertragsbedingungen für Geschäftskunden sollen die Modalitäten für Reklamationen aufgenommen werden.

Die Ideen des Abteilungsleiters der Controlling-Abteilung sehen wie folgt aus:

Reklamationsbedingung	
weniger als 4 Schrauben defekt	kein Grund zur Reklamation
4 bis 8 Schrauben defekt	Umtausch
mehr als 8 Schrauben defekt	Umtausch und Rabatt in Höhe von 15 %

Diese Ideen sollen nur dann in den Vertrag aufgenommen werden, wenn sie für das Unternehmen *Mürth* vorteilhaft sind, dafür müssen folgende Bedingungen erfüllt sein:

Bedingung	
weniger als 4 Schrauben defekt	Wahrscheinlichkeit für diese Reklamation ist höher als 80 %
4 bis 8 Schrauben defekt	Wahrscheinlichkeit für diese Reklamation ist geringer als 10 %
mehr als 8 Schrauben defekt	Wahrscheinlichkeit für diese Reklamation ist geringer als 0,05 %

Untersuchen Sie, welche Bedingungen eingehalten werden und geben Sie eine Handlungsempfehlung.

Lösung
Berechnen der gesuchten Wahrscheinlichkeiten
Grundlage: Es handelt sich um eine Bernoulli-Kette.
- $n = 100$
- Die Zufallsvariable X ist definiert als „Anzahl der defekten Schrauben"
- Trefferwahrscheinlichkeit von $p = 0{,}02$
- Gegenwahrscheinlichkeit von $1 - p = 0{,}98$
- Einzelwahrscheinlichkeit $B_{n;\,p} = B_{100;\,0{,}02}$
- Kumulierte Wahrscheinlichkeit $F_{n;\,p} = F_{100;\,0{,}02}$

Weniger als 4 Schrauben defekt

0	1	2	3	4	...	97	98	99	100

$P(X = 0) + P(X = 1) + P(X = 2) + P(X = 3) = P(X \leq 3) = P(X < 4)$

$P(X \leq 3) = \binom{100}{0} \cdot 0{,}02^0 \cdot (1 - 0{,}02)^{100} + \binom{100}{1} \cdot 0{,}02^1 \cdot (1 - 0{,}02)^{99}$

$\qquad + \binom{100}{2} \cdot 0{,}02^2 \cdot (1 - 0{,}02)^{98} + \binom{100}{3} \cdot 0{,}02^3 \cdot (1 - 0{,}02)^{97} \approx 0{,}8590$

$= 85{,}90\,\% > 80\,\%$

Alternativ kann die Wahrscheinlichkeit mit dem GTR/CAS ermittelt werden:
$P(X \leq 3) = F_{100;\,0{,}02}(3) \approx 85{,}90\,\%$

4 bis 8 Schrauben defekt

0	...	3	4	5	6	7	8	9	...	99	100
0	...	3	4	5	6	7	8				
0	...	3									

$P(X = 4) + P(X = 5) + P(X = 6) + P(X = 7) + P(X = 8) = P(4 \leq X \leq 8) = P(X \leq 8) - P(X \leq 3)$

Mithilfe des GTR/CAS können die gesuchten Wahrscheinlichkeiten ermittelt werden:
$P(4 \leq X \leq 8) = P(X \leq 8) - P(X \leq 3) = F_{100;\,0{,}02}(8) - F_{100;\,0{,}02}(3)$
$\qquad \approx 0{,}9998 - 0{,}8590 = 0{,}1408 = 14{,}08\,\% > 10\,\%$

Mehr als 8 Schrauben defekt

0	1	...	7	8	9	10	11	...	98	99	100
0	1	...	7	8	9	10	11	...	98	99	100
0	1	...	7	8							

$P(X = 9) + P(X = 10) + P(X = 11) + ... + P(X = 100) = P(X \geq 9) = P(X \leq 100) - P(X \leq 8)$

Mithilfe des GTR/CAS können die gesuchten Wahrscheinlichkeiten ermittelt werden:
$P(X \geq 9) = P(X \leq 100) - P(X \leq 8) = F_{100;\,0{,}02}(100) - F_{100;\,0{,}02}(8)$
$\qquad \approx \quad 1 \quad - 0{,}9998 = 0{,}00002 = 0{,}02\,\% > 0{,}05\,\%$

Handlungsempfehlung
Die erste und die dritte Reklamationsbedingung können in den Kaufvertrag aufgenommen werden. Die zweite Bedingung sollte angepasst werden, weil die Vorgabe nicht erreicht wird.

Reklamationsbedingung	
Weniger als 4 Schrauben defekt	Kein Grund zur Reklamation
4 bis 8 Schrauben defekt	Umtausch
Mehr als 8 Schrauben defekt	Umtausch und Rabatt in Höhe von 15 %

Berechnungen von Wahrscheinlichkeiten auf Basis der Binomialverteilung
Der Einsatz des GTR/CAS ermöglicht die Berechnungen für große n.

Zufallsvariable	Wahrscheinlichkeit						
genau k Treffer	$P(X = k) = B_{n;p}(k)$	0	1	2	...	k	...	n
höchstens k Treffer	$P(X \leq k) = F_{n;p}(k)$	0	1	2	...	k	...	n
weniger als k Treffer	$P(X < k) = P(X \leq k-1) = F_{n;p}(k-1)$	0	1	...	$k-1$	k	...	n
mindestens k Treffer	$P(X \geq k) = P(X \leq n) - P(X \leq k-1)$ $= 1 - P(X \leq k-1) = 1 - F_{n;p}(k-1)$	0	1	...	k	$k+1$	...	n
mehr als k Treffer	$P(X > k) = 1 - P(X \leq k) = 1 - F_{n,p}(k)$	0	1	...	k	$k+1$	...	n
mindestens k und höchstens m Treffer	$P(k \leq X \leq m) = P(X \leq m) - P(X \leq k-1)$ $= F_{n,p}(m) - F_{n,p}(k-1)$	0	1	...	$k-1$	k	$k+1$
		...	$m-1$	m	...	$n-1$	n
mehr als k und höchstens m Treffer	$P(k < X \leq m) = P(X \leq m) - P(X \leq k)$ $= F_{n,p}(m) - F_{n,p}(k)$	0	1	...	$k-1$	k	$k+1$
		...	$m-1$	m	...	$n-1$	n
mehr als k und weniger als m Treffer	$P(k < X < m) = P(X \leq m-1) - P(X \leq k)$ $= F_{n,p}(m-1) - F_{n,p}(k)$	0	1	...	$k-1$	k	$k+1$
		...	$m-1$	m	...	$n-1$	n
mindestens k und weniger als m Treffer	$P(k \leq X < m) = P(X \leq m-1) - P(X \leq k-1)$ $= F_{n,p}(m-1) - F_{n,p}(k-1)$	0	1	...	$k-1$	k	$k+1$
		...	$m-1$	m	...	$n-1$	n

Beispiel 3

Die Geschäftsführung des Unternehmens *Mürth* hat in letzter Zeit zahlreiche Reklamationen erhalten und lässt nun umfangreiche Qualitätskontrollen durchführen. Auf Basis der Sigma-Intervalle soll ein Vergleich mit den tatsächlich gefundenen defekten Bolzenschrauben erfolgen.

Der Abgleich führt zu folgenden Konsequenzen:

Wahrscheinlichkeit des σ-Intervalls	Wenn die tatsächliche Anzahl der fehlerfreien Schrauben im Intervall liegt, dann ...
50 %	unveränderte Produktion
68 %	Wartung der Maschine
90 %	Reparatur der Maschine
95,5 %	Neuanschaffung einer Maschine

Im Vorwege wird weiterhin davon ausgegangen, dass die Wahrscheinlichkeit für ein defektes Gewinde bei 2 % liegt. Es wurden 500 Schrauben der Produktion entnommen. Während der Qualitätskontrolle wurden 14 defekte Bolzenschrauben gefunden. Werten Sie die Qualitätskontrolle aus und erstellen Sie eine Handlungsempfehlung.

Lösung
Erwartungswert und Standardabweichung ermitteln
$\mu = E(X) = n \cdot p = 500 \cdot 0{,}02 = 10$
Es wird erwartet, dass zehn Schrauben ein defektes Gewinde haben.
$\sigma = \sqrt{n \cdot p \cdot (1-p)} = \sqrt{500 \cdot 0{,}02 \cdot 0{,}98} = \sqrt{9{,}8} \approx 3{,}13 > 3$
Die Standardabweichung liegt bei 3,13 Schrauben.
Die Wahrscheinlichkeiten können mithilfe der Sigma-Intervalle ermittelt werden, weil die Laplace-Bedingung erfüllt ist.

Sigma-Intervalle bestimmen
- Unveränderte Produktion: $P(X \in [\mu - 0{,}68\sigma;\ \mu + 0{,}68\sigma]) \approx 0{,}50 = 50\,\%$
  $[\mu - 0{,}68\sigma;\ \mu + 0{,}68\sigma] = [10 - 0{,}68 \cdot 3{,}13;\ 10 + 0{,}68 \cdot 3{,}13] \approx [7{,}87;\ 12{,}13] \approx [8;\ 12]$
  14 gefundene Bolzenschrauben sind mehr, als das Intervall zulässt. Eine unveränderte Produktion ist nicht möglich.

- Wartung der Maschine: $P(X \in [\mu - 1\sigma;\ \mu + 1\sigma]) \approx 0{,}68 = 68\,\%$
  $[\mu - 1\sigma;\ \mu + 1\sigma] = [10 - 3{,}13;\ 10 + 3{,}13] \approx [6{,}87;\ 13{,}13] \approx [7;\ 13]$
  14 gefundene Bolzenschrauben sind mehr, als das Intervall zulässt. Eine Wartung der Maschine ist nicht sinnvoll.

- Reparatur der Maschine: $P(X \in [\mu - 1{,}64\,\sigma;\ \mu + 1{,}64\,\sigma]) \approx 0{,}90 = 90\,\%$
  $[\mu - 1{,}64\,\sigma;\ \mu + 1{,}64\,\sigma] = [10 - 1{,}64 \cdot 3{,}13;\ 10 + 1{,}64 \cdot 3{,}13] \approx [4{,}87;\ 15{,}13] \approx [5;\ 15]$
  14 gefundene Bolzenschrauben liegen in dem Intervall. Eine Reparatur der Maschine ist angebracht.

- Neuanschaffung einer Maschine: $P(X \in [\mu - 2\,\sigma;\ \mu + 2\,\sigma]) \approx 0{,}955 = 95{,}5\,\%$
  $[\mu - 2\,\sigma;\ \mu + 2\,\sigma] = [10 - 2 \cdot 3{,}13;\ 10 + 2 \cdot 3{,}13] = [3{,}74;\ 16{,}26] \approx [4;\ 16]$
  14 gefundene Bolzenschrauben liegen in dem Intervall. Eine Neuanschaffung einer Maschine ist sinnvoll.

Handlungsempfehlung

Die Geschäftsführung des Unternehmens Mürth hat zwei Alternativen: Reparatur oder Neuanschaffung. Welche der beiden Alternativen gewählt werden sollte, muss die Finanzabteilung prüfen.

Sigma-Intervalle

Mithilfe von **Sigma-Intervallen** werden sogenannte **Intervall-Wahrscheinlichkeiten** ermittelt. Unter diesen Intervall-Wahrscheinlichkeiten wird die Aussage gefasst, dass „mindestens k und höchstens m Treffer" erzielt werden. Dabei wird k als linke Grenze des Intervalls definiert und m als rechte Grenze des Intervalls:
$k = \mu - c \cdot \sigma$ und $m = \mu + c \cdot \sigma$.
Der verwendete Erwartungswert μ berechnet sich durch:
$\mu = E(X) = n \cdot p$
und c entspricht der Hälfte der Intervallbreite und nimmt folgende Werte an:
$c \in \{0{,}68;\ 1;\ 1{,}64;\ 1{,}96;\ 2;\ 2{,}58;\ 3\}$.
Je größer c ist, desto breiter ist das Intervall und desto mehr Einzelwahrscheinlichkeiten werden aufsummiert.

Wenn die **Laplace-Bedingung** $\sigma = \sqrt{n \cdot p \cdot q} = \sqrt{n \cdot p \cdot (1 - p)} > 3$ gilt, dann müssen die nachfolgenden Intervall-Wahrscheinlichkeiten nicht ermittelt werden, sondern gelten als festgelegt.
Sollten sich für k und m jeweils keine natürlichen Zahlen ergeben, dann werden die Dezimalzahlen für k auf die nächste natürliche Zahl aufgerundet und für m abgerundet, sodass – unabhängig von der Größe der ersten Nachkommastelle – in das Intervall hinein, d. h. zum Erwartungswert, gerundet wird.

Mithilfe der Sigma-Intervalle können dementsprechend auch die zu einer bestimmten Wahrscheinlichkeit gehörenden Intervalle ermittelt werden. Zu jeder Wahrscheinlichkeit existiert ein vorgegebenes c, sodass unter Verwendung von μ und σ das jeweilige Intervall berechnet werden kann:

Wahrscheinlichkeit	50 %	68 %	90 %	95 %	95,5 %	99 %	99,7 %
c	0,68	1	1,64	1,96	2	2,58	3

Intervalle
- $P(X \in [\mu - 0{,}68\,\sigma;\ \mu + 0{,}68\,\sigma]) \approx 0{,}50 = 50\,\%$
- **1σ-Intervall**
  $P(X \in [\mu - 1\,\sigma;\ \mu + 1\,\sigma]) \approx 0{,}68 = 68\,\%$

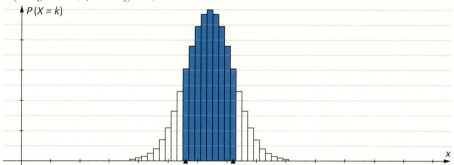

- $P(X \in [\mu - 1{,}64\,\sigma;\ \mu + 1{,}64\,\sigma]) \approx 0{,}90 = 90\,\%$
- $P(X \in [\mu - 1{,}96\,\sigma;\ \mu + 1{,}96\,\sigma]) \approx 0{,}95 = 95\,\%$
- **2σ-Intervall**
  $P(X \in [\mu - 2\,\sigma;\ \mu + 2\,\sigma]) \approx 0{,}955 = 95{,}5\,\%$

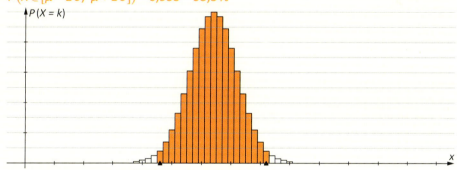

- $P(X \in [\mu - 2{,}58\,\sigma;\ \mu + 2{,}58\,\sigma]) \approx 0{,}99 = 99\,\%$
- **3σ-Intervall**
  $P(X \in [\mu - 3\,\sigma;\ \mu + 3\,\sigma]) \approx 0{,}997 = 99{,}7\,\%$

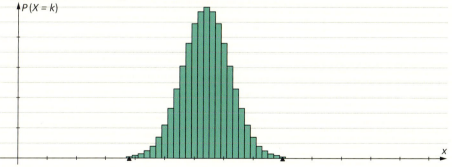

4.3.4 Übungen

1 Untersuchen Sie, ob der folgende Zufallsversuch als Bernoulli-Kette aufgefasst werden kann und begründen Sie Ihre Antwort.
a) Ein idealer Würfel wird fünfmal hintereinander geworfen.
b) Fünf ideale Würfel werden gleichzeitig geworfen.
c) Die Blutgruppe von zehn Personen wird bestimmt.
d) Aus einer Produktion werden 100 Bauteile getestet.
e) Eine verbeulte Münze wird dreimal geworfen.
f) Zehn Kronenkorken werden gleichzeitig geworfen.

2 Bestimmen Sie n und X der folgenden Bernoulli-Ketten:
a) Zehn Glühlampen werden der Produktion entnommen und getestet.
b) 50 Joghurts werden am Ablauftag des Haltbarkeitsdatums geprüft.
c) 100 Mäusen wird ein neues Medikament verabreicht.
d) 10 Schwarzfahrer sitzen in einem Zug nach Hannover, der regelmäßig kontrolliert wird.
e) 500 Personen werden vor der nächsten Wahl gefragt, ob sie zum Wählen gehen werden.
f) 30 Kisten Tomaten mit je 50 Früchten werden aussortiert.

3 Berechnen Sie die Wahrscheinlichkeiten und verdeutlichen Sie Ihre Berechnungen mithilfe eines Zahlenstrahles.
a) $P(X = 5)$ mit $n = 20$, $p = 0{,}5$
b) $P(X > 5)$ mit $n = 15$, $p = 0{,}25$
c) $P(X < 5)$ mit $n = 10$, $p = 0{,}75$
d) $P(X \leq 5)$ mit $n = 50$, $p = 0{,}2$
e) $P(X \geq 5)$ mit $n = 10$, $p = 0{,}8$
f) $P(3 \leq X < 5)$ mit $n = 20$, $p = 0{,}4$

4 Eine Zufallsvariable X ist $B_{50;\, 0{,}4}$-verteilt.
Berechnen Sie folgende Wahrscheinlichkeiten.
a) $P(X = 8)$
b) $P(X = 10)$
c) $P(X > 20)$
d) $P(X < 30)$
e) $P(20 \leq X \leq 25)$
f) $P(15 < X < 20)$

5 Eine Zufallsvariable X ist $B_{100;\, 0{,}6}$-verteilt.
Berechnen Sie folgende Wahrscheinlichkeiten und erstellen Sie jeweils die zugehörige Grafik.
a) $P(X = 80)$
b) $P(X \geq 68)$
c) $P(X > 50)$
d) $P(X \leq 43)$
e) $P(15 \leq X < 25)$
f) $P(44 < X \leq 55)$

6 Zur Behandlung einer nicht ansteckenden Krankheit wird ein Medikament verabreicht, das in 85 % der Fälle wirksam ist. Dieses Medikament wird 20 Kranken verabreicht.
Berechnen Sie die Wahrscheinlichkeit dafür, dass mehr als die Hälfte der behandelten Patienten gesund wird.

7 Ein Unternehmen vereinbart mit seinen Kunden, dass eine Lieferung von Tintenpatronen mit mehr als zwei fehlerhaften Produkten nicht bezahlt werden muss. Eine Lieferung umfasst 20 Tintenpatronen.
Das Unternehmen weiß, dass 2 % der Produkte fehlerhaft sind. Bestimmen Sie, wie viel Prozent der ausgelieferten Pakete das Unternehmen als „nicht bezahlt" kalkulieren muss.

8 Ein Elektriker benötigt für einen Neubau 45 Schalter. Er weiß vom Hersteller, dass 3 % der Schalter defekt sind, deshalb kauft er sicherheitshalber 50 Schalter.
Berechnen Sie die Wahrscheinlichkeit dafür, dass er 45 funktionsfähige Schalter einbauen kann.

9 Berechnen Sie die fehlenden Größen und erstellen Sie jeweils das zugehörige Diagramm.

	n	p	q	μ	σ
a)	50	0,6			
b)	100			30	
c)		0,25			$\sigma^2 = 18{,}75$
d)			0,3	70	

10 In einem Altenheim bekommen jedes Jahr ca. 100 Personen ein bestimmtes Vitaminpräparat. Dieses Präparat löst mit einer Wahrscheinlichkeit von 0,05 % Nebenwirkungen in Form eines Hautausschlags aus. Um die passende Salbe vorrätig zu haben, muss die Pflegedienstleitung wissen, wie viele Personen wahrscheinlich diese Nebenwirkungen bekommen.
Ermitteln Sie die zu erwartende Anzahl der Personen, die Hautauschlag erhalten werden.

Berechnen Sie die Wahrscheinlichkeit dafür, dass jedes Jahr 10 Personen des Altenheims diesen Hautausschlag bekommen.
Untersuchen Sie, wie viele Personen das Präparat mindestens erhalten müssen, damit mit einer Wahrscheinlichkeit von 98 % mindestens ein Patient den Hautausschlag hat.

11 Ein Unternehmen stellt Föne für Friseure her und garantiert, dass 950 von 1 000 Geräten einwandfrei sind. Die Föne werden immer in Paketen zu je 10 Stück versendet. Eine Frisörkette, die Filialen in allen Großstädten Deutschlands hat, kontrolliert ihre Großbestellung. Sind in einem ausgewählten Paket drei oder mehr Föne defekt, so wird die gesamte Lieferung zurückgeschickt. Ansonsten wird die Lieferung angenommen.
Untersuchen Sie mit welcher Wahrscheinlichkeit der Prüfer der Frisörkette die Lieferung ablehnt.
Ermitteln Sie die Anzahl der defekten Föne, die der Hersteller als „normal" bezeichnen würde.
Vergleichen und interpretieren Sie die Ergebnisse.

12 In einem Unternehmen werden Glasvasen produziert. Diese Vasen werden vor der Auslieferung kontrolliert. Der Kontrolleur begeht bei seinen Prüfungen nur 4 % Fehler, d. h. fehlerfreie Vasen werden als schadhaft bezeichnet oder fehlerhafte Vasen gehen in den Verkauf. Der Kontrolleur muss jeden Tag 1 000 Vasen prüfen.

a) Definieren Sie die Zufallsvariable X und geben Sie die Verteilung der Zufallsvariable an.
b) Bestimmen Sie das 1σ-Intervall, die Wahrscheinlichkeit für das Intervall und interpretieren Sie die Angaben des Intervalls.

13 Ein Parkscheinautomat eines großen Warenhauses codiert 15 % aller Parkscheine so fehlerhaft, dass es den Kunden nicht möglich ist, die Tiefgarage mit diesem Parkschein wieder zu verlassen. Jede Stunde wollen 100 Autofahrer die Parkgarage verlassen. Damit ausreichend Ersatztickets an dem Informationsstand bereitliegen, soll untersucht werden, wie viele Autofahrer reklamieren werden.
Berechnen Sie die Anzahl der Autos, die mit einer Wahrscheinlichkeit von 99 % Probleme beim Verlassen der Garage haben werden.

14 Eine Nordheidestadt plant 100 Weihnachtsbuden in der Stadt für verschiedene Weihnachtsmärkte aufzubauen.

a) Die Erfahrungen haben gezeigt, dass eine Woche vor Beginn des Weihnachtsmarktes 10 % der Mieter abspringen. Die Stadt möchte verhindern, dass Buden leer stehen und möchte deshalb mit einer Wahrscheinlichkeit von 95 % wissen, wie viele Buden mindestens und höchstens benötigt werden.
Bestimmen Sie auf dieser Basis die Mindestanzahl und die Höchstzahl der Buden.

b) Aus Erfahrungen der letzten Jahre benötigen 15 % der Budenmieter einen Wasseranschluss.
Bestimmen Sie die Mindestanzahl und die Höchstzahl der Buden, die die Stadt mit einem Wasseranschluss versehen sollte, wenn sie mit einer Wahrscheinlichkeit von 90 % erreichen möchte, dass alle Mieter, die einen Wasseranschluss benötigen, auch einen vorfinden.

c) 30 der 100 Weihnachtsbuden werden Gastronomie-Buden sein, nur 20 % der Mieter benötigen keinen Platz für Sitzbänke vor der Bude. Mit einer Wahrscheinlichkeit von 99 % möchte die Stadt erreichen, dass alle Mieter, die Sitzplätze aufbauen möchten, auch den Platz dafür haben.
Ermitteln Sie die Mindestanzahl an Buden, für die die Stadt Sitzplätze vorsehen sollte.

4.3.5 Übungsaufgaben für Klausuren und Prüfungen

Aufgabe 1 (ohne Hilfsmittel)

Erläutern Sie die Bestandteile der Formel, indem Sie die Pfeile beschriften.

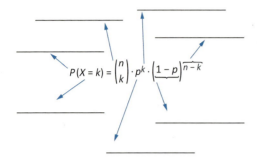

Aufgabe 2 (ohne Hilfsmittel)

Die weihnachtliche Beleuchtung wird vor dem Aufhängen in den Straßen einer Nordheidestadt überprüft. Jedes Lichtelement hat 95 Glühlampen. Die Elemente werden nur dann aufgehängt, wenn sie komplett heile sind oder wenn sich eine Reparatur lohnt. Die Wahrscheinlichkeit für eine defekte Glühlampe liegt bei 5 %.
Ergänzen Sie die folgenden Rechnungen bzw. Rechenansätze und interpretieren Sie jede Rechnung im Sachzusammenhang.

a) $P(X\ldots) = \binom{95}{90} \cdot 0{,}95^{90} \cdot 0{,}05^{5}$

b) $P(X\ldots) = F_{95;0{,}95}(90)$

c) $P(90 < X \leq 95) = \ldots$

d) $P(X > 90) = \ldots$ Kennzeichnen Sie das Ergebnis in der Grafik unten.

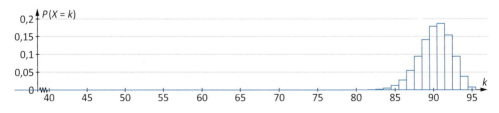

Aufgabe 3 (mit Hilfsmitteln)

In Vorbereitung auf den Heide-Weihnachtsmarkt bestellt
der Betreiber eines Heißgetränkestandes neue Porzel-
lanbecher, in denen er seine Getränke gegen Pfand
ausschenkt. Außerdem bestellt er Rotweinpunsch und
Apfelpunsch.

a) Erfahrungsgemäß kaufen 80 % der Kunden Rotweinpunsch.
   Damit der Händler ausreichend Punsch von jeder Sorte bestellen kann, müssen
   einige Berechnungen durchgeführt werden:
   Am Wochenende werden 1 000 Becher Punsch verkauft.
   Berechnen Sie die folgenden Wahrscheinlichkeiten:
   - Weniger als 500 Becher Apfelpunsch werden verkauft.
   - Mehr als 800 Becher Rotweinpunsch werden verkauft.

b) Weil viele Besucher des Weihnachtsmarktes die Becher als Andenken mit nach
   Hause nehmen, soll die Höhe des Pfands im Vorwege so kalkuliert werden, dass er
   die Kosten des Bechers deckt.
   Für 1 000 Becher bezahlt der Standbetreiber im Einkauf einen Sonderpreis von
   1.800 Euro. Von den Bechern werden erfahrungsgemäß 10 % beschädigt geliefert
   und können auf dem Weihnachtsmarkt nicht verwendet werden. Insgesamt bestellt der Betreiber 2 000 Becher für den kommenden Weihnachtsmarkt.

   Bestimmen Sie die Wahrscheinlichkeit dafür, dass ein Becher im Durchschnitt nicht
   mehr als 2,00 Euro, im Einkauf kostet.
   Entscheiden Sie begründet, welchen Pfandpreis der Betreiber mindestens verlan-
   gen muss, damit er sicherstellt, dass seine durchschnittlichen Kosten pro Becher
   gedeckt sind.

c) Der Betreiber des Standes für Heißgetränke entscheidet sich für einen Pfandpreis
   von 2,50 Euro, obwohl die Becher pro Stück 2,00 Euro kosten. Wegen des schö-
   nen Logos werden 10 % der Becher nicht zurückgegeben. An einem schwachen
   Wochentag schwankt der Gewinn, der nur durch die Pfandeinbehaltung entsteht – also wegen der nicht zurückgegebenen Becher –, zwischen 22,00 Euro und
   28,00 Euro. Durchschnittlich liegt dieser Gewinn bei 25,00 Euro.
   Bestimmen Sie die Anzahl der verkauften Heißgetränke an einem schwachen
   Wochentag.

   An einem Wochentag mit winterlichem Wetter hat der Betreiber 625 Heißge-
   tränke verkauft. Durchschnittlich wich die Rückgabe der Becher um 10 Stück vom
   Erwartungswert ab.
   Berechnen Sie, wie viel Prozent der Becher mindestens und wie viel Prozent der
   Becher höchstens zurückgegeben wurden.

Aufgabe 4 (mit Hilfsmitteln)

Ein Hotel hat für das Feuerwerk in der Silvesternacht 2000 Raketen gekauft. Die Farben der Raketen sind in den Farben des Hotel-Logos bestellt worden. Das Hotel möchte mit dem farblich abgestimmten Feuerwerk Werbung für ihre Silvesterveranstaltung betreiben.

Der Hersteller der Raketen hat angegeben, dass bei der Verpackung Fehler auftreten und falsche Farben untergemischt worden sein könnten. Erfahrungsgemäß sind 3 % der Raketen falsch verpackt.

Berechnen Sie die Anzahl der farblich falschen Raketen, die das Hotel erwarten muss. Die Werbekampagne soll nur dann anlaufen, wenn sichergestellt ist, dass die Wahrscheinlichkeit dafür, dass weniger Raketen farblich falsch sind, als das Hotel erwartet, kleiner als 25 % ist.

Untersuchen Sie, ob die Werbekampagne geschaltet werden kann.

Ermitteln Sie, mit wie vielen farblich falschen Raketen das Hotel mit einer Wahrscheinlichkeit von 95 % rechnen muss.

Sollte die Wahrscheinlichkeit dafür, dass mehr farblich falsche Raketen als die ermittelte Höchstzahl vorhanden sind, größer als 50 % sein, dann wird das Hotel einen Preisnachlass einfordern.

Untersuchen Sie, ob das Hotel einen Preisnachlass fordern wird.

Aufgabe 5 (mit Hilfsmitteln)

Ein Hersteller von edlen Weihnachtspralinen in Sternenform erhält zahlreiche Reklamationen, weil die Schokolade angeblich grau angelaufen sein soll. Der Hersteller führt daraufhin eine Stichprobe der Produktion durch. Es werden 500 Pralinen kontrolliert. Dabei wurde festgestellt, dass 2,5 % der Pralinen tatsächlich grau angelaufene Schokolade aufwiesen. Um ein passendes

Entschuldigungsschreiben zu formulieren und die Ersatzlieferungen zu planen, müssen einige Berechnungen durchgeführt werden:

Bestimmen Sie die Wahrscheinlichkeit dafür, dass mehr als 30 Pralinen nicht der Qualität entsprechen, weil sie grau angelaufen sind.

Ermitteln Sie die Wahrscheinlichkeit dafür, dass höchstens 10 Pralinen grau angelaufen sind.

Formulieren Sie für das Entschuldigungsschreiben ein Angebot des Herstellers bezüglich der Ersatzlieferung, das beide Ergebnisse miteinander verbindet.

Der Hersteller möchte einen Rabatt in Höhe von 10 % des Verkaufspreises anbieten, wenn die Wahrscheinlichkeit dafür, dass von 500 Pralinen 10 bis 20 grau angelaufen sind, größer als 80 % ist.

Der Rabatt soll bei 5 % des Verkaufspreises liegen, wenn die Wahrscheinlichkeit dafür, dass mehr als 5 und weniger als 10 Pralinen höher als 15 % ist.

Formulieren Sie für das Entschuldigungsschreiben ein Angebot des Herstellers bezüglich des Rabattes, das beide Ergebnisse miteinander verbindet.

In dem Entschuldigungsschreiben will der Hersteller darüber informieren, wie hoch die Anzahl der Pralinen ist, bei denen erwartet werden kann, dass die Schokolade grau angelaufen ist. Außerdem möchte der Hersteller angeben, wie groß das 3σ-Intervall ist.

Berechnen Sie die dafür notwendigen Werte und formulieren Sie für das Entschuldigungsschreiben einen Text, der beide Ergebnisse miteinander verbindet.

4.3.6 Aufgaben aus dem Zentralabitur Niedersachsen
4.3.6.1 Hilfsmittelfreie Aufgaben

ZA 2016 | Haupttermin | gA | P3

Ein Basketballspieler wirft 10 Freiwürfe.
Die Anzahl seiner Treffer wird mit k bezeichnet und durch die Zufallsgröße X beschrieben. Die Zufallsgröße X wird als binomialverteilt mit der Trefferwahrscheinlichkeit $p = 0{,}8$ angenommen.
In der Abbildung 1 ist die Wahrscheinlichkeitsverteilung von X dargestellt.

a) Geben Sie mithilfe der Abbildung 1 einen Näherungswert für die Wahrscheinlichkeit für genau 7 Treffer an.
   Ermitteln Sie mithilfe der Abbildung 1 einen Näherungswert für die Wahrscheinlichkeit für mindestens 8 Treffer.

b) Die Zufallsgröße Y ist binomialverteilt mit $n = 10$ und $p = 0{,}2$.
   Stellen Sie in Abbildung 2 die Wahrscheinlichkeitsverteilung von Y mithilfe der Wahrscheinlichkeitsverteilung von X dar.

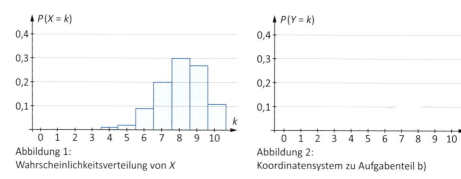

Abbildung 1:
Wahrscheinlichkeitsverteilung von X

Abbildung 2:
Koordinatensystem zu Aufgabenteil b)

ZA 2017 | Haupttermin | eA | P4

Ein Glücksrad hat drei Sektoren, einen blauen, einen gelben und einen roten. Diese sind unterschiedlich groß. Die Wahrscheinlichkeit dafür, dass beim einmaligen Drehen der blaue Sektor getroffen wird, beträgt p.

a) Interpretieren Sie den Term $(1 - p)^7$ im Sachzusammenhang.

b) Das Glücksrad wird zehnmal gedreht.
   Geben Sie den Term an, mit dem die Wahrscheinlichkeit dafür berechnet werden kann, dass der blaue Sektor genau zweimal getroffen wird.

c) Die Wahrscheinlichkeit dafür, dass beim einmaligen Drehen der gelbe Sektor getroffen wird, beträgt 50 %.
Felix hat 100 Drehungen des Glücksrads beobachtet und festgestellt, dass bei diesen der Anteil der Drehungen, bei denen der gelbe Sektor getroffen wurde, deutlich geringer als 50 % war.
Er folgert: „Der Anteil der Drehungen, bei denen der gelbe Sektor getroffen wird, muss also bei den nächsten 100 Drehungen deutlich größer als 50 % sein."
Beurteilen Sie die Aussage von Felix.

ZA 2018 | Haupttermin | gA | P3
Gegeben ist die symmetrische Wahrscheinlichkeitsverteilung einer binomialverteilten Zufallsgröße X mit der Standardabweichung $\sigma = 2$.

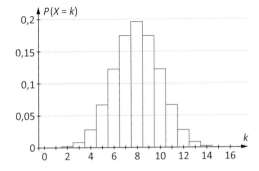

a) Stellen Sie die Wahrscheinlichkeit $P(7 \leq X \leq 10)$ in der Abbildung grafisch dar.
Geben Sie den Erwartungswert der Zufallsgröße X an.

b) Bestimmen Sie die Länge n der Bernoulli-Kette sowie die Erfolgswahrscheinlichkeit p.

ZA 2019 | Haupttermin | gA | P3
In einer Urne befinden sich drei rote und sieben weiße Kugeln.

a) Zweimal nacheinander wird jeweils eine Kugel zufällig entnommen und wieder zurückgelegt.
Berechnen Sie die Wahrscheinlichkeit dafür, dass höchstens eine der entnommenen Kugeln weiß ist.

Fortsetzung

b) Zehnmal nacheinander wird jeweils eine Kugel zufällig entnommen und wieder zurückgelegt. Die Zufallsgröße X beschreibt die Anzahl der entnommenen weißen Kugeln.
Begründen Sie ohne Berechnung von Wahrscheinlichkeiten, dass weder Abbildung I noch Abbildung II die Wahrscheinlichkeitsverteilung von X darstellt.

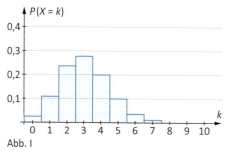
Abb. I

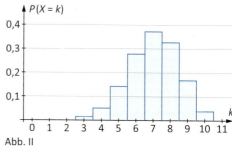
Abb. II

4.3.6.2 Aufgaben aus dem Wahlteil

ZA 2017 | Haupttermin | GTR | eA | 2Bb)

Ein Marktforschungsunternehmen soll herausfinden, wie groß das Interesse an einem neuen Produkt sein wird. Dafür wird eine repräsentative Kundengruppe von 500 Personen befragt. Die Zufallsvariable X gibt die Anzahl der Kunden an, die kein Interesse an dem neuen Produkt hätten. [...]

a) [...]

b) In einer weiteren Umfrage wurden 500 potenzielle Kunden danach gefragt, welches der beiden angebotenen Designs – Metallic oder Hochglanz schwarz – das neue Produkt haben soll. Die binomialverteilte Zufallsvariable X gibt die Anzahl der Befragten an, die ein Metallic-Design bevorzugen, dabei wird von einer Wahrscheinlichkeit p mit $p = 0{,}62$ ausgegangen.
Begründen Sie, warum das Marktforschungsinstitut für die weiteren Berechnungen von einer Binomialverteilung ausgehen kann.

Im ersten Jahr soll nur dann ausschließlich das Metallic-Design produziert werden, wenn der Erwartungswert mindestens 300 beträgt, und wenn sich mit einer Wahrscheinlichkeit von mindestens 99,7 % nicht weniger als 275 Personen für dieses Produkt entscheiden.
Untersuchen Sie, ob nur das Metallic-Design produziert werden soll.

Der Hersteller wird im zweiten Produktionsjahr das Metallic-Design nur dann weiterverwenden, wenn die Wahrscheinlichkeit dafür, dass weniger als 180 Personen kein Metallic-Design bevorzugen kleiner ist als 20 %.
Untersuchen Sie, ob das Metallic-Design weiterverwendet werden kann.

ZA 2018 | Haupttermin | GTR | eA | 2Ab)
Das Unternehmen *SPORTMaxe* stellt unterschiedliche Produkte für den Fitnessbereich her. Zum Firmenjubiläum soll eine grundlegende Analyse der verschiedenen Produkte durchgeführt werden, um auf diese Weise ein modernes Produktsortiment zu erstellen und passende Werbekampagnen zu konzipieren.

a) [...]

b) Das Unternehmen *SPORTMaxe* stellt [...] Gymnastikbänder in unterschiedlichen Farben und Stärken her. Jede Bandstärke wird durch eine andere Farbe repräsentiert. Die Sportvereine, als Käufer dieser Bänder, beschweren sich zunehmend darüber, dass die Bänder zerreißen. Deshalb wird überlegt, ein Rabattsystem einzuführen und/oder die Produktion zu ändern. Der Produktion werden zur Qualitätsprüfung Bänder entnommen.

Die Qualitätskontrolle hat folgende Fehlerwahrscheinlichkeiten ermittelt:
Gelbe Bänder: 3 %
Blaue Bänder: 2,5 %
Rote Bänder: 4 %

Das Rabattsystem umfasst folgende Regelungen:
- Wenn die Wahrscheinlichkeit für höchstens ein defektes gelbes Band in der Lieferung über 97 % liegt, dann bekommt der Kunde keinen Rabatt, sondern die defekten Bänder ersetzt.
- Wenn die Wahrscheinlichkeit für mehr als ein defektes blaues Band in der Lieferung größer ist als 7,5 %, dann muss die Produktionsanlage gewartet werden und wenn sie größer ist als 8 %, dann erhält der Kunde einen Rabatt.
- Wenn die Wahrscheinlichkeit für genau ein defektes rotes Band in der Lieferung größer ist als 25 %, dann bekommt der Kunde zusätzlich zum Ersatzband jeweils ein weiteres rotes Band geschenkt.

Ein Sportverein bestellt 40 Bänder in gelb, blau und rot im Verhältnis 2 : 5 : 3. Ermitteln Sie die Anzahl der insgesamt zu erwartenden Fehlprodukte für diese Lieferung.
Prüfen Sie die drei Regelungen und geben Sie jeweils eine Handlungsempfehlung ab.
[...]

ZA 2018 | Haupttermin | GTR | eA | 2Bb)

Ein Busunternehmen aus Hannover setzt regelmäßig im fahrplanmäßigen Linienverkehr Fernbusse ein. Immer zum 01.07. wird ein neuer Fahrplan eingeführt. Vorher werden in der Planungsabteilung durch den Fahrdienstleiter des Unternehmens Fahrzeiten evaluiert und analysiert.

a) [...]

b) Auf einer anderen Route fährt die Linie F30 direkt von Hamburg nach Flensburg. Anschließend fährt der Bus als Linie F40 von Flensburg nach Kiel. Die Fahrzeit von Hamburg nach Flensburg ist normalverteilt mit den Parametern $\mu = 3$ Stunden und $\sigma = 15$ min. Der Bus fährt in Hamburg um 10:15 Uhr los, die planmäßige Abfahrtszeit in Flensburg soll um 13:35 Uhr erfolgen. Für den Fahrerwechsel und das Ein- und Aussteigen werden 5 Minuten benötigt. Bei Unpünktlichkeit sinkt die Kundenzufriedenheit und es entstehen Schadensersatzansprüche. Bei mehr als 15 Minuten verzögerter Abfahrtszeit in Flensburg erstattet das Unternehmen die Hälfte des Fahrpreises. Durchschnittlich ist der Bus mit 40 Fahrgästen, die je 15 EUR für die Fahrt bezahlen, ausgelastet. Das Unternehmen geht davon aus, dass Rückerstattungen in Höhe von höchstens 1.500 EUR pro Jahr anfallen werden. Der Bus verkehrt einmal pro Tag an 260 Tagen im Jahr.
Berechnen Sie die Wahrscheinlichkeit, dass der Bus pünktlich in Flensburg losfährt.

Untersuchen Sie, ob die veranschlagte Höhe der Rückerstattungen ausreicht.

Da der Bus zu oft zu spät losgefahren ist, kommt es zu massiven Beschwerden der Kunden in Flensburg. Daraufhin soll der Fahrplan geändert werden, indem die Abfahrtszeit in Flensburg auf eine spätere Uhrzeit verlegt wird.

Bestimmen Sie die Abfahrtszeit in Flensburg so, dass der Bus in 98 % aller Fälle pünktlich abfährt.

ZA 2019 | Haupttermin | GTR | eA | 2Ba)

Die letzte Veröffentlichung eines Artikels zum Thema „Ich trage einen Fahrradhelm" ist schon einige Jahre her. Die Redaktion einer Fachzeitschrift recherchiert deshalb aktuelle Daten, um pünktlich zur Urlaubssaison einen zweiteiligen Artikel zu diesem Thema zu veröffentlichen. Der Redakteur hat eine Umfrage aus dem Jahr 2013 gefunden:

Helmtragequote 2013
Umfrage unter deutschen Erwachsenen

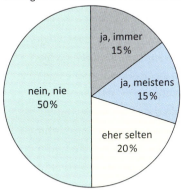

Außerdem hat er in Erfahrung gebracht, dass jedes Jahr 2,88 Mio. Erwachsene eine Radreise unternehmen. Die Strecke Passau–Wien wird jedes Jahr von 100 000 Erwachsenen befahren. Die Rundstrecke um den Bodensee wird von 12 000 Erwachsenen absolviert, die Ostseetour wird i. d. R. von 5 000 erwachsenen Radfahrern befahren.

a) Der Redakteur benötigt für den ersten Teil seines Artikels verschiedene Angaben: Bestimmen Sie auf Basis der Umfrage aus dem Jahr 2013 die Anzahl der Erwachsenen, von denen erwartet werden kann, dass sie auf ihrer Radreise immer einen Helm tragen werden.
Berechnen Sie die Wahrscheinlichkeit dafür, dass
- mindestens 2 600 Ostsee-Radfahrer nie einen Helm tragen.
- höchstens 1 800 Bodenseefahrer immer einen Helm tragen.
- mehr als 15 000 und weniger als 25 000 Radfahrer, die die Strecke Passau–Wien fahren, meistens einen Helm tragen.

b) [...]

4.4 Wahrscheinlichkeitsverteilung – Normalverteilung

Eine **diskrete Wahrscheinlichkeitsverteilung** hat abzählbar viele Werte x für die Zufallsvariable X. Wenn für die Berechnungen mithilfe der diskreten Binomialverteilung keine ausreichenden Lösungswerkzeuge (Tabellen, Software usw.) vorhanden sind, kann es sinnvoll sein, die Berechnung der Wahrscheinlichkeiten mithilfe einer **stetigen Wahrscheinlichkeitsverteilung** zu approximieren, d. h. die Wahrscheinlichkeiten näherungsweise zu bestimmen. Wenn für große n Wahrscheinlichkeiten mithilfe der Bernoulli-Formel berechnet werden sollen, dann ist es zum einen sehr mühsam, den zugehörigen Binomialkoeffizienten zu berechnen und zum anderen wenig sinnvoll, die Wahrscheinlichkeit für das Eintreten eines genauen Falls zu ermitteln. Bei großen n ist es demnach sinnvoller, Intervallwahrscheinlichkeiten zu bestimmen. Diese können mithilfe der **Normalverteilung** einfacher ermittelt werden.

4.4.1 Lernsituation

Lernsituation 1

Benötigte Kompetenzen für die Lernsituation 1
Kenntnisse aus der Wahrscheinlichkeitsrechnung und der Binomialverteilung

Inhaltsbezogene Kompetenzen der Lernsituation 1
Approximation der Binomialverteilung durch die Normalverteilung; Normalverteilung; Standardnormalverteilung

Prozessbezogene Kompetenzen der Lernsituation 1
Probleme mathematisch lösen; mathematisch modellieren; mit symbolischen, formalen und technischen Elementen umgehen; kommunizieren

Methode
ICH-DU-WIR

Zeit
2 Doppelstunden

Das Unternehmen *BackFrisch* stellt u. a. Knäckebrot her. Die Herstellung erfolgt in drei Produktionsschritten:
- Teig herstellen und portionieren
- Ausrollen der Teigportionen zu Scheiben
- Backen und Trocknen der Scheiben

Nachdem die Zutaten abgewogen wurden, knetet die erste Maschine den Teig und portioniert ihn. Beim Abwiegen der Zutaten treten erfahrungsgemäß Ungenauigkeiten auf. Bei 5 % der Vorgänge stimmt die Menge nicht; insgesamt sollen 270 kg Teig entstehen. Für die Portionierung werden mindestens 250 kg Teig benötigt.
Die Teigportionen sollen 10 g ± 1 g betragen. Die Maschine arbeitet beim Portionieren mit einer Genauigkeit von 0,5 g. Wenn die Wahrscheinlichkeit für die richtige Gesamtteigmenge und die für die Teigportionen kleiner als 95 % ist, dann muss die Maschine ausgewechselt werden.

Die in Scheiben ausgerollten Teigportionen sollen eine Dicke von 0,5 cm haben; eine Abweichung von ± 0,1 cm ist erfahrungsgemäß vorhanden und kann toleriert werden. In der Qualitätskontrolle wird die Dicke der Scheiben auf Basis eines symmetrischen 90 %-Intervalls kontrolliert; sollte das Intervall eine Dicke aufweisen, die um mehr als ± 0,15 cm vom Erwartungswert abweicht, muss die Maschine neu justiert werden.

Beim Backen und Trocknen werden erfahrungsgemäß 12 % der Scheiben unförmig, sodass sie nicht in die Verpackung passen. Diese Scheiben werden in Tüten verpackt und kommen in den Fabrikhandel. Bei diesem Produktionsgang werden immer 500 Scheiben gleichzeitig gebacken und getrocknet. Sollte die Wahrscheinlichkeit dafür, dass mehr als 70 Scheiben unförmig werden, größer als 10 % sein, dann werden die Produktionskosten nicht mehr gedeckt. Sollte die Wahrscheinlichkeit dafür, dass weniger Scheiben als erwartet unförmig sind, größer als 45 % sein, dann wird durch die Produktion und den Verkauf des Knäckebrots ein Gewinn erzielt, der der Höhe der Produktionskosten entspricht.

Untersuchen Sie den Produktionsprozess in seinen einzelnen Schritten und geben Sie jeweils eine Handlungsempfehlung ab.

ICH (Einzelarbeit)		▪ Aufgaben lesen und wichtige Informationen herausschreiben ▪ Informationen zum Lösen der Aufgabe „sammeln" und stichwortartig zusammenfassen
DU (Partnerarbeit)		▪ Notierte Informationen vergleichen ▪ Gesammelte Informationen vergleichen, ergänzen und verbessern ▪ Lösungsstrategie entwickeln ▪ Lösungsansätze notieren
WIR (Gruppenarbeit)		▪ Lösungen gemeinsam erarbeiten ▪ Handlungsprodukt erstellen

4.4.2 Herleitungen und Definitionen

Viele Berechnungen von Wahrscheinlichkeiten bei der Binomialverteilung sind, sofern es keine geeignete Software gibt, sehr mühselig durchzuführen. Dieses Defizit erkannten u. a. die drei Mathematiker Carl-Friedrich Gauß[1], Abraham de Moivre[2] und Pierre-Simon Laplace[3]. Jeder trug dazu bei, dass dieses Problem auch ohne Software zu lösen ist. Die damaligen Mathematiker haben nach einer Näherung gesucht, die die Berechnung von Intervallwahrscheinlichkeiten bei diskreten Binomialverteilungen für große n in einfacher Weise gestattet.

Der Göttinger Mathematiker Gauß hat bei seinen Forschungen die Funktion
$f(x) = \frac{1}{\sqrt{2\pi}} \cdot e^{-0{,}5(x-\mu)^2}$ für $x \in \mathbb{R}$ entdeckt.
Die Funktion wird als **Gauß'sche Glockenkurve** bezeichnet.

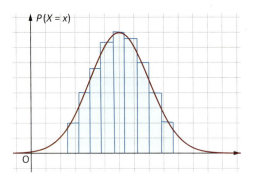

Der Zusammenhang zwischen der Gauß'schen Glockenkurve (roter Graph) und einer binomialverteilten Wahrscheinlichkeitsfunktion ist in der Grafik zu erkennen.

Die Binomialverteilung gilt nur für *diskrete* Werte, wie z. B. $x_i = \{0; 1; 2; 3; \ldots\}$.

Die zugehörigen Wahrscheinlichkeiten $P(X = x_i)$ werden in der Grafik durch die blauen Säulen des Histogramms verdeutlicht. Mithilfe der Funktion für die Gauß'sche Glockenkurve kann die Wahrscheinlichkeit für jede reelle Zahl bestimmt werden; es handelt sich um eine **stetige Zufallsgröße**. De Moivre hat mit zwei Schritten dafür gesorgt, dass die Rechtecke in dem Histogramm so erstellt

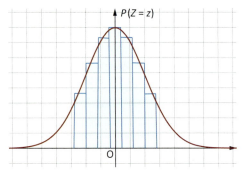

werden, dass die Annäherung an die Gauß'sche Glockenkurve gelungen ist. Der erste Schritt bestand darin, den Erwartungswert $E(X) = \mu$ in den Nullpunkt der Abszissenachse zu verschieben. Dafür müssen alle Werte x_i verschoben werden, dies gelingt mit der Berechnung: $x' = x - n \cdot p = x - \mu$. Der zweite Schritt bestand darin, die Säulen schmaler und gleichzeitig höher zu bekommen, dabei aber den einzelnen Flächeninhalt nicht zu verändern: Die Säulen werden schmaler, indem die einzelnen x_i-Werte mit $\frac{1}{\sigma}$ multipliziert werden; sie werden höher, indem die einzelnen Wahrscheinlichkei-

---

1 Carl Friedrich Gauß lebte von 1777 bis 1855; er war ein deutscher Mathematiker, Statistiker, Astronom und Physiker.
2 Abraham de Moivre war ein französischer Mathematiker, der von 1667 bis 1754 lebte.
3 Pierre-Simon Laplace war ein französischer Mathematiker, Physiker und Astronom; er lebte von 1749–1827.

ten $P(X = x_i)$ mit σ multipliziert werden. Um deutlich zu machen, dass Veränderungen vorgenommen wurden, wird die Zufallsvariable nicht mehr X sondern Z genannt. Dieser Vorgang wird **Standardisieren** genannt. Berechnet wird z mit $z = \frac{x-\mu}{\sigma}$.

Der Flächeninhalt unter der Glockenkurve wird mithilfe der Integralrechnung berechnet:

$$\int_{z_1}^{z_2} \Phi(x)\,dx = \int_{z_1}^{z_2} \frac{1}{\sqrt{2\pi}} \cdot e^{-0,5x^2}\,dx = 1$$

und entspricht einer Gesamtwahrscheinlichkeit von 100 %.

Zur Bestimmung von Intervallwahrscheinlichkeiten werden Teile dieser Fläche berechnet, da diese dann näherungsweise mit der gesuchten Wahrscheinlichkeit übereinstimmen. Die Flächenmaßzahlen lassen sich entweder mit dem GTR/CAS berechnen oder aus einer Tabelle[1] ablesen. Da der Funktionsgraph von $\Phi(x)$ achsensymmetrisch zur Ordinate ist, liegen die Werte in der Tabelle nur für positive z vor.

Diese Erkenntnisse sind von de Moivre und Laplace in der sogenannten Näherungsformel zusammengefasst worden. Diese Formel liefert nur dann richtige Werte, wenn $n \cdot p \cdot q > 9$ gilt.

Approximation mithilfe der Normalverteilung
Für eine binomialverteilte Zufallsgröße X gilt:
$E(x) = \mu = n \cdot p$ und $\sigma = \sqrt{n \cdot p \cdot q} > 3$.

Dann gilt für die standardisierte Zufallsgröße Z: $z = \frac{x-\mu}{\sigma}$. Es lässt sich die gesuchte Intervallwahrscheinlichkeit mithilfe der folgenden Formel berechnen:

$$P(x_1 \leq X \leq x_2) = \Phi(z_2) - \Phi(z_1) = \Phi\left(\frac{x_2-\mu}{\sigma}\right) - \Phi\left(\frac{x_1-\mu}{\sigma}\right)$$

Die Zufallsgröße Z heißt dann **normalverteilt**.

Beispiel:
Die Zufallsvariable X sei $B_{1000;0,6}$ verteilt.
Berechnen Sie näherungsweise $P(550 < X < 650)$.

Lösung:
$n \cdot p \cdot q = 1000 \cdot 0,6 \cdot 0,4 = 240 > 9 \Rightarrow$ Näherung durch Normalverteilung möglich
$\mu = n \cdot p = 1000 \cdot 0,6 = 600$
$\sigma = \sqrt{n \cdot p \cdot q} = \sqrt{240} > 3$
$z_1 = \frac{550-600}{\sqrt{240}} \approx -3,23$ und $z_2 = \frac{650-600}{\sqrt{240}} \approx 3,23$
$P(550 \leq X \leq 650) = \Phi(3,23) - \Phi(-3,23) = \Phi\underbrace{(3,23)}_{\text{ablesen aus der Tabelle}^2} - (1 - \Phi(3,23))$

$ = 0,9994 - (1 - 0,9994) = 0,9994 - 0,0006 = 0,9988$

Die gesuchte Wahrscheinlichkeit liegt bei 99,88 %. Mit dem GTR/CAS ergibt sich eine Wahrscheinlichkeit von 99,875 %.

---

[1] Die Tabelle befindet sich auf den S. 247.
[2] Tabelle für die Standardnormalverteilung siehe S. 247.

4.4.3 Normalverteilung und Standardnormalverteilung

Die **Normalverteilung** ist eine stetige Wahrscheinlichkeitsverteilung, d. h., auf Basis dieser Verteilung können **stetige Merkmale** untersucht werden, wie bspw. Lebensdauer von Lebewesen, Gewicht von Lebewesen, Maße von Produktionsstücken, Mengen von Medikamentenwirkstoffen usw.
Die Zufallsvariable X kann Werte aus $\mathbb{R}$, also reelle Zahlenwerte, annehmen.

Beispiel 1

Das Unternehmen *Chips & Fun* stellt Gemüse- und Obstchips aller Art her. Die Produktionsabteilung kann zur Herstellung von Apfelchips nur Äpfel mit einem Durchmesser von $10 \pm 1{,}5$ cm verwenden. Die Produktion dieser Chips erfolgt in drei Stufen:

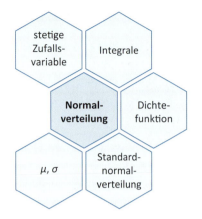

- Die erste Maschine sortiert die angelieferten Äpfel, sodass nur die Äpfel mit dem richtigen Durchmesser in die weitere Produktion gelangen. Die Maschine arbeitet mit einer Genauigkeit von 0,01 cm. Für den nächsten Produktionsschritt werden mindestens 1 000 Äpfel benötigt. Erfahrungsgemäß entsprechen 65 % der angelieferten Äpfel der geforderten Größe. Die Lieferung besteht immer aus 1 500 Äpfeln.
- Die zweite Maschine schält die Äpfel und schneidet sie in Scheiben. Für den dritten Produktionsschritt dürfen die Scheiben nur 4 ± 1 mm dick sein. Es werden demnach ca. 25 Scheiben aus jedem Apfel geschnitten. Erfahrungsgemäß werden 85 % der Äpfel in 25 Scheiben geschnitten. Die Genauigkeit in Bezug auf die Dicke der Scheiben liegt bei 0,5 mm. Für den nächsten Produktionsschritt werden mindestens 21 300 Scheiben benötigt.
- In der dritten Maschine werden die Apfelscheiben getrocknet und geröstet. Pro Durchgang können 21 300 Scheiben verarbeitet werden. In der abschließenden Qualitätskontrolle hat sich bei den letzten Produktionsprozessen gezeigt, dass 4 % der hergestellten Chips aussortiert werden müssen, weil sie zu dunkel geworden sind. Damit die Produktionskosten durch den Verkauf gedeckt werden, müssen mindestens 13,5 % mehr Scheiben als gemäß Erwartungswert in den Verkauf gehen.

Analysieren Sie mithilfe der Binomial- und der Normalverteilung die Produktion der drei Maschinen und geben Sie jeweils eine Handlungsempfehlung. Verdeutlichen Sie Ihre Rechnungen, die auf Basis der Normalverteilung durchgeführt wurden, mit einer Grafik.

Maschine 1: Untersuchen Sie, ob die Anzahl der Äpfel für den nächsten Produktionsschritt ausreicht und ob die Maschine richtig sortiert.

Maschine 2: Untersuchen Sie, ob die Anzahl der Scheiben für den nächsten Produktionsschritt ausreicht und ob die Maschine richtig zuschneidet.

Maschine 3: Untersuchen Sie, ob die aktuelle Produktion kostendeckend ist.

Lösung
Maschine 1

$X \triangleq$ Anzahl der Äpfel mit dem richtigen Durchmesser

X ist binomialverteilt mit $B_{1\,500;\,0{,}65}$

$P(X \geq 1\,000) = 1 - P(X \leq 999) \approx 1 - 0{,}9080 = 0{,}092 = 9{,}2\,\%$

Alternativ: Erwartungswert bestimmen

$E(X) = n \cdot p = 1\,500 \cdot 0{,}65 = 975 < 1\,000$

Die Wahrscheinlichkeit dafür, dass mehr als 1 000 Äpfel bei einer Lieferung von 1 500 Äpfeln den passenden Durchmesser haben, liegt nur bei knapp 10 %. Zukünftig müssen deutlich mehr Äpfel angeliefert werden, damit die benötigte Anzahl der Äpfel für die weitere Produktion vorhanden ist.

$X \triangleq$ Durchmesser des Apfels in cm

X ist normalverteilt mit $N_{10;\,0{,}01}$

$$P(k_1 \leq X \leq k_2) = \int_{k_1}^{k_2} \Phi(x)\,dx = \int_{k_1}^{k_2} \frac{1}{\sigma \cdot \sqrt{2\pi}} \cdot e^{-\frac{1}{2}\left(\frac{x-\mu}{\sigma}\right)^2} dx$$

$$P(10 - 1{,}5 \leq X \leq 10 + 1{,}5) = P(8{,}5 \leq X \leq 11{,}5) = \int_{8{,}5}^{11{,}5} \frac{1}{0{,}01 \cdot \sqrt{2\pi}} \cdot e^{-\frac{1}{2}\left(\frac{x-10}{0{,}01}\right)^2} dx = 1$$

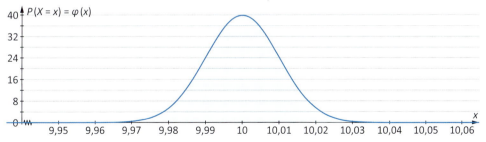

Die Wahrscheinlichkeit dafür, dass ein beliebig ausgewählter und kontrollierter Apfel den geforderten Durchmesser hat, liegt bei 100 %. Die Maschine arbeitet einwandfrei im Hinblick auf die weiteren Produktionsschritte.

Maschine 2

1 000 Äpfel werden zur weiteren Verarbeitung benötigt, d. h.
1 000 · 25 = 25 000 Scheiben.
Für Maschine 3 werden mehr als 21 300 Scheiben benötigt.

$X \triangleq$ Anzahl der Scheiben, die in dem Normbereich liegen $\Rightarrow p = 1 - 0,15 = 0,85$

X ist binomialverteilt mit $B_{25\,000;\,0,85}$

$P(X \geq 21\,300) = 1 - P(X \leq 21\,299) \approx 1 - 0,8096 = 0,1904 = 19,04\,\%$

1 000 Äpfel reichen bei einer Fehlerquote von 15 % nicht aus, um die geforderte Menge Apfelscheiben für Maschine 3 herzustellen; die Wahrscheinlichkeit liegt nur bei 19,04 %.

$X \triangleq$ Dicke der Apfelscheibe in mm
X ist normalverteilt mit $N_{4;\,0,5}$

$$P(k_1 \leq X \leq k_2) = \int_{k_1}^{k_2} \Phi(x)\,dx = \int_{k_1}^{k_2} \frac{1}{\sigma \cdot \sqrt{2\pi}} \cdot e^{-\frac{1}{2}\left(\frac{x-\mu}{\sigma}\right)^2}\,dx$$

$$P(4 - 1 \leq X \leq 4 + 1) = P(3 \leq X \leq 5) = \int_{3}^{5} \frac{1}{0,5 \cdot \sqrt{2\pi}} \cdot e^{-\frac{1}{2}\left(\frac{x-4}{0,5}\right)^2}\,dx = 0,9545$$

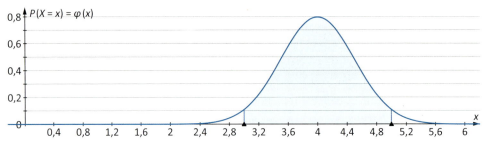

Die Wahrscheinlichkeit dafür, dass eine beliebig ausgewählte Apfelscheibe die geforderte Dicke hat, liegt bei ca. 95,45 %. Die Maschine arbeitet gut im Hinblick auf den weiteren Produktionsschritt.

Maschine 3

$X \triangleq$ Anzahl der Scheiben, die in den Verkauf gehen können $\Rightarrow p = 1 - 0,04 = 0,96$

X ist binomialverteilt mit $B_{21\,300;\,0,96}$

Erwartungswert
$E(X) = n \cdot p = 21\,300 \cdot 0,85 = 18\,105$ Apfelscheiben

Mindestverkauf
$18\,105 \cdot 1,13 = 20\,458,65 \approx 20\,459$

$P(X \geq 20\,459) = 1 - P(X \leq 20\,458) \approx 1 - 0,6415 = 0,3585 = 35,85\,\%$

Die Wahrscheinlichkeit dafür, dass mindestens 20 459 Scheiben in den Verkauf gehen und somit kostendeckend produziert wird, liegt bei 35,85 %. Die Wahrscheinlichkeit ist zu gering, d. h. Maschine 3 sollte gewartet werden.

Dichtefunktion der Normalverteilung

$$\varphi(x) = \frac{1}{\sigma \cdot \sqrt{2\pi}} \cdot e^{-\frac{1}{2}\left(\frac{x-\mu}{\sigma}\right)^2}$$

Die Dichtefunktion $\Phi(x)$ ist für jede reelle Zahl definiert und immer größer als 0. Der Graph der Dichtefunktion liegt oberhalb der Abszissenachse und ist symmetrisch zum Erwartungswert μ. Er erreicht sein Maximum an der Stelle $x = \mu$, der Hochpunkt liegt bei $H\left(\mu \middle| \frac{1}{\sigma\sqrt{2\pi}}\right)$. Der Graph hat zwei Wendepunkte:

$W_1\left(\mu - \sigma \middle| \frac{1}{\sigma\sqrt{2\pi e}}\right)$ und $W_2\left(\mu + \sigma \middle| \frac{1}{\sigma\sqrt{2\pi e}}\right)$.

Für $x \to \pm\infty$ nähert sich der Graph asymptotisch an die Abszissenachse an.

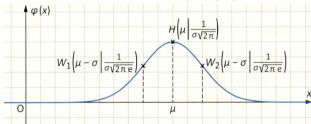

Verteilungsfunktion bzw. Gauß'sche Summenfunktion

Die Verteilungsfunktion Φ mit $\Phi(x) = \int_{-\infty}^{k} \frac{1}{\sigma \cdot \sqrt{2\pi}} \cdot e^{-\frac{1}{2}\left(\frac{x-\mu}{\sigma}\right)^2} dx$ ist die Stammfunktion der Dichtefunktion Φ. Die Funktionswerte geben die kumulierten Wahrscheinlichkeiten $P(X \leq k)$ an. Der Graph verläuft gemäß einem logistischen Wachstum; die Asymptote liegt bei 1, weil die maximale kumulierte Wahrscheinlichkeit bei 100 % liegt. Die Wendestelle liegt bei $x = \mu$.

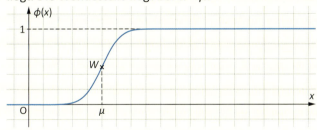

Berechnen der Wahrscheinlichkeit dafür, dass
- **höchstens k** oder **weniger als k** Treffer vorliegen

$$P(X < k) = P(X \leq k) = \int_{-\infty}^{k} \Phi(x) dx = \int_{-\infty}^{k} \frac{1}{\sigma \cdot \sqrt{2\pi}} \cdot e^{-\frac{1}{2}\left(\frac{x-\mu}{\sigma}\right)^2} dx$$

- **mindestens k_1 und höchstens k_2** Treffer vorliegen

$$P(k_1 \leq X \leq k_2) = \int_{k_1}^{k_2} \Phi(x) dx = \int_{k_1}^{k_2} \frac{1}{\sigma \cdot \sqrt{2\pi}} \cdot e^{-\frac{1}{2}\left(\frac{x-\mu}{\sigma}\right)^2} dx$$

- **mehr als k** oder **mindestens k** Treffer vorliegen

$$P(X > k) = P(X \geq k) = \int_{k}^{\infty} \Phi(x) dx = \int_{k}^{\infty} \frac{1}{\sigma \cdot \sqrt{2\pi}} \cdot e^{-\frac{1}{2}\left(\frac{x-\mu}{\sigma}\right)^2} dx$$

Beispiel 2

Das Unternehmen *Chips & Fun* stellt Gemüse- und Obstchips aller Art her. Die Produktion von Bananenchips erfolgt auf drei Maschinen: Die erste Maschine schält und schneidet die Bananen, die zweite röstet die Bananenscheiben. Danach werden die gerösteten Scheiben von der dritten Maschine in Tüten zu je 250 g verpackt. Durchschnittlich erfolgt

bei der Verpackung eine tolerierte Abweichung von ±5 g.
Im Rahmen der Qualitätskontrolle werden die Tüten nachgewogen; sollte die Abweichung größer als die Toleranz sein, dann werden die Tüten aussortiert und kommen in den Mitarbeiterverkauf. Die Zufallsvariable X gibt das Gewicht der Tüten in Gramm an und kann als normalverteilt angesehen werden.
Bestimmen Sie die Wahrscheinlichkeit dafür, dass die Tüten das richtige Gewicht haben.

Wenn die Wahrscheinlichkeit dafür, dass das Gewicht der Tüten unter 240 g liegt, höher als 5 % ist, muss die dritte Maschine gewartet werden. Die Wartung muss auch erfolgen, wenn die Wahrscheinlichkeit für ein Gewicht über 255 g größer als 10 % ist. Untersuchen Sie, ob die dritte Maschine gewartet werden muss.

Lösungen

$X \triangleq$ Gewicht der Tüte in g

X ist normalverteilt mit $N_{250;\,5}$

Die Untersuchung erfolgt mithilfe der **Standardnormalverteilung** $N_{0;\,1}$

Wahrscheinlichkeit für das richtige Gewicht bestimmen

$P(250 - 5 \leq X \leq 250 + 5) = P(245 \leq X \leq 255)$

Es handelt sich um ein symmetrisches Intervall um den Erwartungswert:

$P(z_1 \leq Z \leq z_2) = \Phi(z_2) - \Phi(z_1)$ bzw. $P(-z \leq Z \leq z) = 2\,\Phi(z) - 1$

mit $z = \dfrac{x - \mu}{\sigma} \Rightarrow z_1 = \dfrac{245 - 250}{5} = -1$ und $\Rightarrow z_2 = \dfrac{255 - 250}{5} = 1$

$P(-1 \leq Z \leq 1) = \Phi(1) - \Phi(-1) = \Phi(1) - (1 - \Phi(1)) = 2 \cdot \Phi(1) - 1$

$\approx 2 \cdot \underbrace{0{,}8413}_{\text{ablesen aus der Tabelle}[1]} - 1 = 0{,}6826$

---

[1] Tabelle für die Standardnormalverteilung siehe S. 247.

Grafik als Normalverteilung $N_{250;5}$

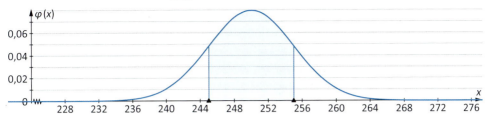

Grafik als Standardnormalverteilung $N_{0;1}$

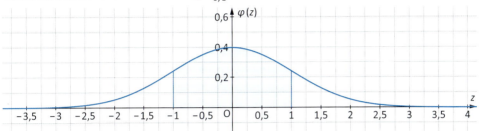

$P(245 \leq X \leq 255) \approx 0{,}6826$

Die Wahrscheinlichkeit dafür, dass die Tüten das richtige Gewicht haben, liegt bei 68,26 %.

Untersuchung, ob die Maschine gewartet werden muss
weniger als 240 g $\Rightarrow P(X < 240)$

Es handelt sich um ein Intervall, dass links vom Erwartungswert liegt: [0; 240].

$P(Z < z) = P(Z \leq z) = \Phi(z)$ oder $P(Z < -z) = P(Z \leq -z) = 1 - \Phi(z)$

mit $z = \dfrac{x - \mu}{\sigma} \Rightarrow z = \dfrac{240 - 250}{5} = -2$

$P(Z < -2) = P(Z \leq -2) = 1 - \Phi(2) \approx 1 - \underbrace{0{,}9772}_{\text{ablesen aus der Tabelle}^1} = 0{,}0228$

Grafik als Normalverteilung $N_{250;5}$

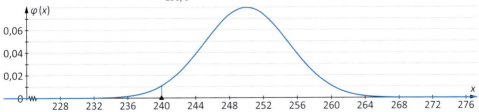

Grafik als Standardnormalverteilung $N_{0;1}$

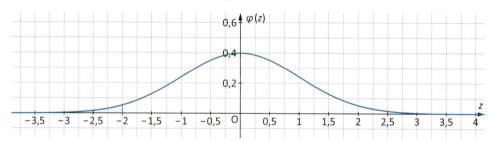

$P(X < 240) \approx 0{,}0228 = 2{,}28\,\% < 5\,\%$

Die Wahrscheinlichkeit dafür, dass das Gewicht unter 240 g liegt, beträgt 2,28 %; die Maschine muss in diesem Fall nicht gewartet werden.

mehr als 255 g $\Rightarrow P(X > 255)$

Es handelt sich um ein Intervall, dass rechts vom Erwartungswert liegt: $[260; \infty)$.

$P(Z > z) = P(Z \geq z) = 1 - \Phi(z)$ oder $P(Z > -z) = P(Z \geq -z) = \Phi(z)$

mit $z = \dfrac{x - \mu}{\sigma} \Rightarrow z = \dfrac{255 - 250}{5} = 1$

$P(Z > 1) = P(Z \geq 1) = 1 - \Phi(1) \approx 1 - \underbrace{0{,}8413}_{\text{ablesen aus der Tabelle}^1} = 0{,}1587$

Grafik als Normalverteilung $N_{250;5}$

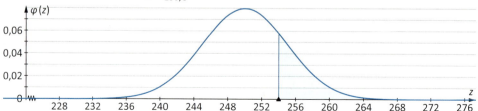

Grafik als Standardnormalverteilung $N_{0;1}$

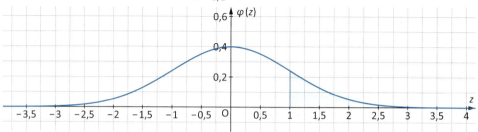

$P(X > 255) \approx 0{,}1587 = 15{,}87\,\% > 10\,\%$

Die Wahrscheinlichkeit dafür, dass das Gewicht über 255 g liegt, beträgt 15,87 %; die Maschine muss in diesem Fall gewartet werden.

---

1 Tabelle für die Standardnormalverteilung siehe S. 247.

Beispiel 3

Das Unternehmen *Chips & Fun* stellt Gemüse- und Obstchips aller Art her. Die Produktionsabteilung zur Herstellung von Karottenchips kontrolliert die Abfüllmenge je Tüte. Nachfolgende Grafik ist als Auswertung der Qualitätskontrolle entstanden. Beim Abfüllen wird eine Mengenabweichung von ±10 g akzeptiert; die Sollmenge beträgt 250 g.

Die Wahrscheinlichkeit dafür, dass die Tüte mit weniger als 245 g befüllt wird, liegt bei 69,15 %.

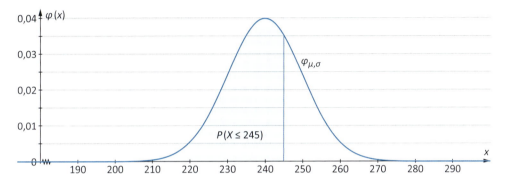

Für die Dokumentation der Qualitätsprüfung fehlen zwei weitere Werte, um gegebenenfalls Konsequenzen für die Produktion ziehen zu können.
Bestimmen Sie die durchschnittliche Abfüllmenge pro Tüte.
Ermitteln Sie die Wahrscheinlichkeit dafür, dass das Gewicht der Tüte im Intervall $[250 - \sigma;\ 250 + \sigma]$ liegt.
Interpretieren Sie die Ergebnisse im Hinblick auf die Qualitätskontrolle und die möglichen Konsequenzen.

Lösungen

$X \triangleq$ Gewicht der Karottenchips-Tüte in Gramm

Linksseitiges Intervall, weil die Fläche bei 0 beginnt.
$\mu < 245$, weil der Hochpunkt des Graphen links von der Intervallgrenze liegt
$\Rightarrow P(Z < z) = P(Z \leq z) = \Phi(z)$

Durchschnittliche Abfüllmenge

$P(X \leq 245) = 0{,}3085$

$P(X \leq 245) = \Phi\left(\dfrac{245 - \mu}{10}\right) = 0{,}6915 \Rightarrow \underbrace{\Phi^{-1}(0{,}6915)}_{\text{ablesen aus der Tabelle}[1]} = \dfrac{245 - \mu}{10}$

$\Rightarrow 0{,}50 = \dfrac{245 - \mu}{10} \Rightarrow \mu = 240$

Die durchschnittliche Abfüllmenge liegt nur bei 240 g. Die Maschine arbeitet nicht gut und sollte neu eingestellt werden.

Wahrscheinlichkeit für [250 − σ; 250 + σ]

$P(250 - 10 \leq X \leq 250 + 10) = P(240 \leq X \leq 260) \approx 0{,}4772$

Die Wahrscheinlichkeit dafür, dass das Gewicht der Karottenchips-Tüten zwischen 240 g und 260 g liegt, beträgt nur 47,72 %. Auch dies verdeutlich, dass die Maschine neu eingestellt werden muss.

Dichtefunktion der Standardnormalverteilung

$\varphi(z) = \dfrac{1}{\sqrt{2\pi}} \cdot e^{-\frac{1}{2}z^2}$

Mit: $\mu = 0$ und $\sigma = 1$, $z = \dfrac{x - \mu}{\sigma}$ und

$\varphi(z) = \varphi\left(\dfrac{x - \mu}{\sigma}\right)$

Die Dichtefunktion $\varphi(z)$ ist für jede reelle Zahl definiert und immer größer als 0. Der Graph der Dichtefunktion liegt oberhalb der Abszissenachse und ist achsensymmetrisch zur Ordinatenachse und zum Erwartungswert μ. Der Graph erreicht sein Maximum an der Stelle $x = \mu$; der Hochpunkt liegt bei $H\left(0 \bigg| \dfrac{1}{\sqrt{2\pi}}\right)$.

Der Graph hat zwei Wendepunkte: $W_1\left(-1 \bigg| \dfrac{1}{\sqrt{2\pi e}}\right)$ und $W_2\left(1 \bigg| \dfrac{1}{\sqrt{2\pi e}}\right)$.

Für $x \to \pm\infty$ nähert sich der Graph asymptotisch an die Abszissenachse an.

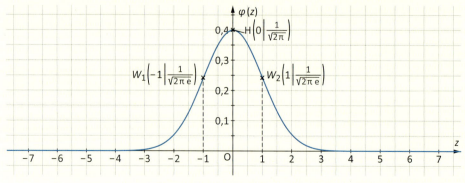

---

[1] Tabelle für die Standardnormalverteilung siehe S. 247.

Integral der Dichtefunktion ≙ Wahrscheinlichkeit

$$\int_{-\infty}^{\infty} \varphi(z)\,dz = 1$$

Die Fläche unterhalb des Graphen spiegelt die Wahrscheinlichkeit wider; die Flächenmaßzahl der gesamten Flächen ist 1, sie entspricht einer Wahrscheinlichkeit von 100 %. Die Flächenmaßzahlen von Teilflächen entsprechen den unterschiedlichen Intervallwahrscheinlichkeiten.

Verteilungsfunktion

Die Verteilungsfunktion Φ mit $\Phi(z) = \int_{-\infty}^{z} \frac{1}{\sqrt{2\pi}} \cdot e^{-\frac{1}{2}z^2}\,dz$ ist die Stammfunktion der Dichtefunktion φ. Die Funktionswerte geben die kumulierten Wahrscheinlichkeiten $P(X \leq k)$ an. Der Graph verläuft gemäß einem logistischen Wachstum. Die Asymptote liegt bei 1, weil die maximale kumulierte Wahrscheinlichkeit bei 100 % liegt. Die Wendestelle liegt bei $x = \mu$.

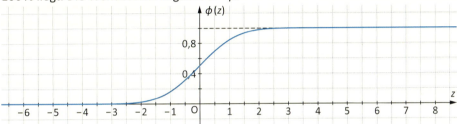

Berechnen der Wahrscheinlichkeit dafür, dass
höchstens z eintritt

$P(Z < z) = P(Z \leq z) = \Phi(z)$, wenn μ links von der Intervallgrenze liegt.

$P(Z < -z) = P(Z \leq -z) = 1 - \Phi(z)$, wenn μ rechts von der Intervallgrenze liegt.

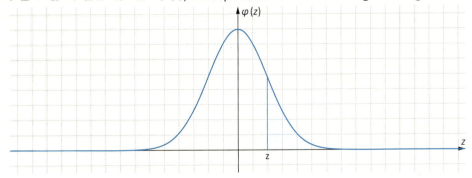

mindestens z_1 und höchstens z_2 eintritt

symmetrisch um μ: $P(-z \leq Z \leq z) = 2 \cdot \Phi(z) - 1$

asymmetrisch um μ: $P(z_1 \leq Z \leq z_2) = \Phi(z_2) - \Phi(z_1)$

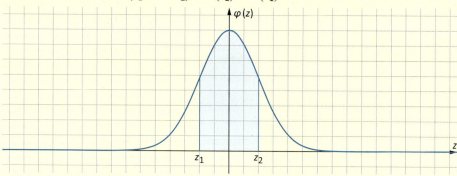

mindestens z eintritt

$P(Z > z) = P(Z \geq z) = 1 - \Phi(z)$, wenn μ links von der Intervallgrenze liegt.

$P(Z > -z) = P(Z \geq -z) = \Phi(z)$, wenn μ rechts von der Intervallgrenze liegt.

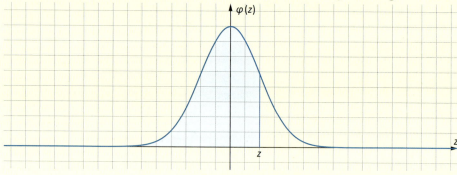

Tabelle zur Standardnormalverteilung

z	0	0,01	0,02	0,03	0,04	0,05	0,06	0,07	0,08	0,09
0,0	0,5000	5040	5080	5120	5160	5199	5239	5279	5319	5359
0,1	5398	5438	5478	5517	5557	5596	5636	5675	5714	5753
0,2	5793	5832	5871	5910	5948	5987	6026	6064	6103	6141
0,3	6179	6217	6255	6293	6331	6368	6406	6443	6480	6517
0,4	6554	6591	6628	6664	6700	6736	6772	6808	6844	6879
0,5	6915	6950	6985	7019	7054	7088	7123	7157	7190	7224
0,6	7257	7291	7324	7357	7389	7422	7454	7486	7517	7549
0,7	7580	7611	7642	7673	7704	7734	7764	7794	7823	7852
0,8	7881	7910	7939	7967	7995	8023	8051	8078	8106	8133
0,9	8159	8186	8212	8238	8264	8289	8315	8340	8365	8389
1,0	8413	8438	8461	8485	8508	8531	8554	8577	8599	8621
1,1	8643	8665	8686	8708	8729	8749	8770	8790	8810	8830
1,2	8849	8869	8888	8907	8925	8944	8962	8980	8997	9015
1,3	9032	9049	9066	9082	9099	9115	9131	9147	9162	9177
1,4	9192	9207	9222	9236	9251	9265	9279	9292	9306	9319
1,5	9332	9345	9357	9370	9382	9394	9406	9418	9429	9441
1,6	9452	9463	9474	9484	9495	9505	9515	9525	9535	9545
1,7	9554	9564	9573	9582	9591	9599	9608	9616	9625	9633
1,8	9641	9649	9656	9664	9671	9678	9686	9693	9699	9706
1,9	9713	9719	9726	9732	9738	9744	9750	9756	9761	9767
2,0	9772	9778	9783	9788	9793	9798	9803	9808	9812	9817
2,1	9821	9826	9830	9834	9838	9842	9846	9850	9854	9857
2,2	9861	9864	9868	9871	9875	9878	9881	9884	9887	9890
2,3	9893	9896	9898	9901	9904	9906	9909	9911	9913	9916
2,4	9918	9920	9922	9925	9927	9929	9931	9932	9934	9936
2,5	9938	9940	9941	9943	9945	9946	9948	9949	9951	9952
2,6	9953	9955	9956	9957	9959	9960	9961	9962	9963	9964
2,7	9965	9966	9967	9968	9969	9970	9971	9972	9973	9974
2,8	9974	9975	9976	9977	9977	9978	9979	9979	9980	9981
2,9	9981	9982	9982	9983	9984	9984	9985	9985	9986	9986
3,0	9987	9987	9987	9988	9988	9989	9989	9989	9990	9990
3,1	9990	9991	9991	9991	9992	9992	9992	9992	9993	9993
3,2	9993	9993	9994	9994	9994	9994	9994	9995	9995	9995
3,3	9995	9995	9995	9996	9996	9996	9996	9996	9996	9997
3,4	9997	9997	9997	9997	9997	9997	9997	9997	9997	9998
3,5	9998	9998	9998	9998	9998	9998	9998	9998	9998	9998
3,6	9998	9998	9999	9999	9999	9999	9999	9999	9999	9999
3,7	9999	9999	9999	9999	9999	9999	9999	9999	9999	9999
3,8	9999	9999	9999	9999	9999	9999	9999	9999	9999	9999
3,9	1	1	1	1	1	1	1	1	1	1

4.4.4 Approximation der Binomialverteilung durch die Normalverteilung

Die Normalverteilung ist eine stetige Wahrscheinlichkeitsverteilung, deren Zufallsvariable Z in $\mathbb{R}_+$ definiert ist. Unter der Voraussetzung, dass die Laplace-Bedingung $\sqrt{n \cdot p \cdot (1-p)} > 3$ gilt, kann die Wahrscheinlichkeit für einen binomialverteilten Zufallsversuch mithilfe der Normalverteilung approximiert (angenähert) werden.

Beispiel 1

Das Unternehmen *Chips & Fun* stellt Gemüse- und Obstchips aller Art her. Die Verpackung von kandierten Kiwis und kandierten Orangen erfolgt stückweise. Die Produktion erfolgt zu gleichen Anteilen. Der Versand an Confiserien erfolgt kartonweise. In jeden Karton werden zufällig 100 Scheiben verpackt. Für die Aussagen im Werbeflyer müssen einige Untersuchungen durchgeführt werden:

Bestimmen Sie die Wahrscheinlichkeit dafür, dass
- Kiwi und Orange im Verhältnis 1 : 1 in dem Karton sind.
- mehr als 65 Kiwi-Scheiben in dem Karton sind.
- weniger als 40 Kiwi-Scheiben in einem Karton sind.

Lösung

$X \triangleq$ Anzahl der Kiwi-Scheiben
X ist binomialverteilt mit $B_{100;\,0,5}$
Laplace-Bedingung prüfen
$\sqrt{n \cdot p \cdot (1-p)} = \sqrt{100 \cdot 0,5 \cdot 0,5} = 5 > 3 \Rightarrow$ Approximation durch Normalverteilung möglich

Kiwi und Orange im Verhältnis 1 : 1

Anwendung der Binomialverteilung, weil eine Einzelwahrscheinlichkeit ermittelt werden muss.
$P(X = 50) = B_{100;\,0,5}(50) \approx 0{,}0796 = 7{,}96\,\%$
Die Wahrscheinlichkeit dafür, dass Kiwi und Orange im Verhältnis 1 : 1 in dem Karton sind, liegt bei knapp 8 %.

mehr als 65 Kiwi-Scheiben
Anwendung der Normalverteilung
- **ohne Stetigkeitskorrektur**

$$P(x_1 \leq X \leq x_2) = \Phi\left(\frac{x_2 - \mu}{\sigma}\right) - \Phi\left(\frac{x_1 - \mu}{\sigma}\right)$$

Mit $\mu = n \cdot p = 100 \cdot 0{,}5 = 50$ und $\sigma = 5$

$$P(X > 65) = P(66 \leq X \leq 100) = \Phi\left(\frac{100 - 50}{5}\right) - \Phi\left(\frac{66 - 50}{5}\right)$$

$P(65 \leq X \leq 100) = \Phi(10) - \Phi(3{,}2) = 1 - 0{,}9993 \approx 0{,}0007 = 0{,}07\,\%$
Die Wahrscheinlichkeit dafür, dass fast zwei Drittel der Scheiben von der Kiwi stammen, liegt bei **0,07 %**.

- **mit Stetigkeitskorrektur**
  Näherungsformel von de Moivre-Laplace

$$P(x_1 \leq X \leq x_2) = \Phi\left(\frac{x_2 + 0{,}5 - \mu}{\sigma}\right) - \Phi\left(\frac{x_1 - 0{,}5 - \mu}{\sigma}\right)$$

Mit $\mu = n \cdot p = 100 \cdot 0{,}5 = 50$ und $\sigma = 5$

$$P(X > 65) = P(66 \leq X \leq 100) = \Phi\left(\frac{100 + 0{,}5 - 50}{5}\right) - \Phi\left(\frac{66 - 0{,}5 - 50}{5}\right)$$

$P(67 \leq X \leq 100) = \Phi(10{,}1) - \Phi(3{,}1) = 1 - 0{,}9990 \approx 0{,}001 = 0{,}1\,\%$
Die Wahrscheinlichkeit dafür, dass fast zwei Drittel der Scheiben von der Kiwi stammen, liegt bei **0,1 %**.

Anwendung der Binomialverteilung
$P(X > 65) = P(66 \leq X \leq 100) = 1 - P(X \leq 65) \approx 1 - 0{,}9991 = 0{,}0009 = 0{,}09\,\%$
Die Wahrscheinlichkeit dafür, dass fast zwei Drittel der Scheiben von der Kiwi stammen, liegt bei **0,09 %**.

Die Stetigkeitskorrektur bei der Anwendung der Normalverteilung sorgt dafür, dass die gesuchte Wahrscheinlichkeit näherungsweise mit der über die Binomialverteilung berechnete Wahrscheinlichkeit übereinstimmt.

weniger als 40 Kiwi-Scheiben
- **mit Stetigkeitskorrektur**

$$P(x_1 \leq X \leq x_2) = \Phi\left(\frac{x_2 + 0{,}5 - \mu}{\sigma}\right) - \Phi\left(\frac{x_1 - 0{,}5 - \mu}{\sigma}\right)$$

$$P(X < 40) = P(0 \leq X \leq 39) = \Phi\left(\frac{39 + 0{,}5 - 50}{5}\right) - \Phi\left(\frac{0 - 0{,}5 - 50}{5}\right)$$

$P(0 \leq X \leq 39) = \Phi(-2{,}1) - \Phi(-10{,}1) = (1 - \Phi(2{,}1)) - (1 - \Phi(10{,}1))$
$P(0 \leq X \leq 39) \approx (1 - 0{,}9821) - (1 - 1) = 0{,}0179 = 1{,}79\,\%$
Die Wahrscheinlichkeit dafür, dass weniger als 40 Kiwi-Scheiben in dem Karton sind, beträgt 1,79 %.

Approximation der Binomialverteilung durch die Normalverteilung
Voraussetzung: de Moivre-Laplace-Bedingung
$\sigma = \sqrt{n \cdot p \cdot q} = \sqrt{n \cdot p \cdot (1-p)} > 3$

ohne Stetigkeitskorrektur

$$P(x_1 \leq X \leq x_2) = \Phi\left(\frac{x_2 - \mu}{\sigma}\right) - \Phi\left(\frac{x_1 - \mu}{\sigma}\right)$$

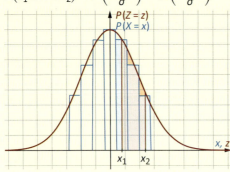

Die Berechnung der Wahrscheinlichkeit für $P(x_1 \leq X \leq x_2)$ mithilfe der Binomialverteilung ist blau gekennzeichnet, die Berechnung über die Normalverteilung rot. Damit die Flächen annähernd gleich groß sind und somit die Approximation sinnvoll ist, werden die Intervallgrenzen für die Berechnung der braunen Fläche nach außen verschoben, und zwar um 0,5: $[x_1 - 0{,}5;\ x_2 + 0{,}5]$. Die Verschiebung der Intervallgrenzen heißt **Stetigkeitskorrektur**.

mit Stetigkeitskorrektur, um die Approximation zu verbessern

$$P(x_1 \leq X \leq x_2) = \Phi\left(\frac{x_2 + 0{,}5 - \mu}{\sigma}\right) - \Phi\left(\frac{x_1 - 0{,}5 - \mu}{\sigma}\right)$$

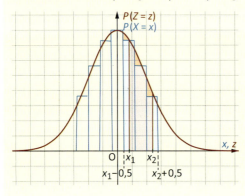

4.4.5 Übungen

1 Berechnen Sie die Wahrscheinlichkeiten und erstellen Sie die jeweils zugehörige Grafik.
a) $P(40 \leq X \leq 50)$ mit $\mu = 30$, $\sigma = 5$
b) $P(15 < X < 25)$ mit $\mu = 15$, $\sigma = 0{,}25$
c) $P(200 \leq X < 250)$ mit $\mu = 100$, $\sigma = 30$
d) $P(70 \leq X \leq 90)$ mit $\mu = 100$, $\sigma = 20$
a) $P(3 < X < 5)$ mit $\mu = 8$, $\sigma = 2$
f) $P(3 \leq X < 5)$ mit $\mu = 5$, $\sigma = 1$

2 Eine Zufallsvariable X ist $N_{100;\,20}$-verteilt.
Berechnen Sie folgende Wahrscheinlichkeiten mithilfe der Standardnormalverteilung und erstellen Sie die zugehörige Grafik.
a) $P(85 \leq X \leq 120)$
b) $P(85 < X < 100)$
c) $P(100 < X \leq 150)$
d) $P(90 \leq X < 110)$
e) $P(150 \leq X \leq 170)$
f) $P(110 < X < 115)$

3 Eine Zufallsvariable X ist $B_{100;\,0{,}6}$-verteilt.
Berechnen Sie folgende Wahrscheinlichkeiten näherungsweise mithilfe der Normalverteilung.
a) $P(X \leq 50)$
b) $P(X \geq 45)$
c) $P(X > 70)$
d) $P(X < 40)$
e) $P(50 \leq X < 70)$
f) $P(85 < X \leq 90)$

4 Bestimmen Sie μ.
a) $\sigma = 30$, $P(X > 440) \approx 0{,}0908$

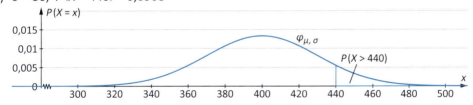

b) $\sigma = 25$, $P(140 \leq X \leq 160) \approx 0{,}3108$

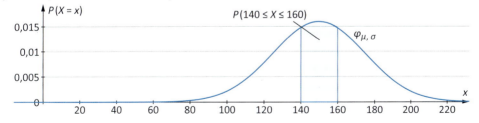

c) σ = 15, P(X ≤ 150) ≈ 0,0478

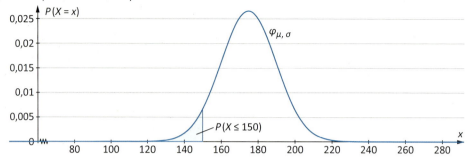

d) σ = 25, P(260 < X ≤ 310) ≈ 0,6006

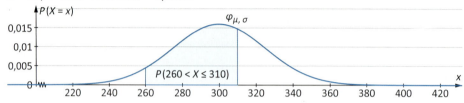

e) σ = 12, P(X ≥ 180) ≈ 0,9522

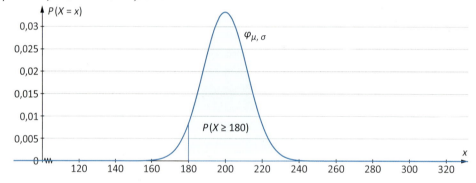

f) σ = 50, P(X ≤ 1050) ≈ 0,8413

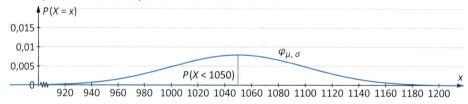

5 Bestimmen Sie die Intervallgrenzen.
a) $P(x_1 \leq X \leq x_2) = 0{,}9$ symmetrisches Intervall um μ mit $\sigma = 10$ und $\mu = 150$
b) $P(X \leq x_1) = 0{,}85$ mit $\sigma = 20$ und $\mu = 175$
c) $P(X > x_1) = 0{,}65$ mit $\sigma = 5$ und $\mu = 50$

6 Das Unternehmen *Nagel & Schraube* stellt u. a. Nägel mit einer Länge von 400 mm her. Die Länge der Nägel wird als normalverteilt mit $\sigma = 5$ mm angesehen. Nägel, die länger als 410 mm oder kürzer als 380 mm sind, dürfen nicht verpackt werden, sondern sind B-Ware.
Ermitteln Sie die Wahrscheinlichkeit dafür, dass die Nägel länger als 410 mm sind.
Bestimmen Sie die Wahrscheinlichkeit dafür, dass die Nägel kürzer als 380 mm sind.

7 Der Bio-Hof *Munter* verpackt Kartoffeln in Säcke zu je 500 g. Da der Verkauf noch nicht lange läuft, sollen die Säcke, die weniger als 480 g wiegen, günstiger verkauft werden. Alle Säcke, die zwischen 500 g und 550 g wiegen, kommen zum normalen Preis in den Verkauf. Alle Säcke, die mehr wiegen, müssen geöffnet und neu abgewogen werden. Die Standardabweichung der Waage liegt bei 5 g.
Untersuchen Sie den Verkauf der Kartoffeln.

8 Im ersten Quartal 2019 sind der World Health Organization 112 000 an Masern neu erkrankte Menschen gemeldet. Zwei Drittel der Erkrankten müssen stationär behandelt werden.
Für einen Artikel im Ärzteblatt werden einige Angaben benötigt:
Ermitteln Sie die Anzahl der Erkrankten, die im 1. Quartal im Krankenhaus behandelt wurden.

Berechnen Sie die Wahrscheinlichkeit dafür, dass mehr als 80 000 Erkrankte stationär behandelt werden müssen.
Berechnen Sie die Wahrscheinlichkeit dafür, dass weniger als 37 500 Erkrankte nicht stationär behandelt werden müssen.

9 Die hoteleigene Wäscherei wäscht jeden Tag 850 Handtücher. 15 % der Handtücher sind nach der Wäsche nicht fleckenfrei und müssen gesondert behandelt und dann erneut gewaschen werden. Das Housekeeping benötigt einige Angaben zur Planung der Handtuchverteilung:

Berechnen Sie die Wahrscheinlichkeit dafür, dass mehr als 135 Handtücher gesondert behandelt werden müssen. Diese Handtücher stehen am nächsten Tag nicht zur Verfügung.
Ermitteln Sie, wie viele Handtücher mindestens auf Anhieb sauber sein müssen, damit eine Wahrscheinlichkeit von 95 % vorliegt.

10 Im Rahmen der Qualitätskontrolle werden die Füllmengen von Flaschen mit Motorenöl kontrolliert. Wenn in den Flaschen weniger als 120 ml enthalten sind, obwohl 130 ml vorhanden sein sollten, besteht die Gefahr, dass der Motor kaputt geht. Mehr als 150 ml kann die Flasche nicht fassen. Folgende Grafik ist im Zuge der Kontrolle entstanden:

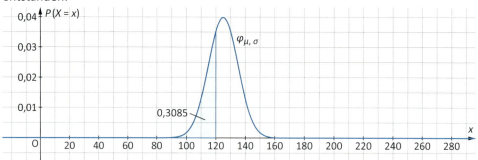

Die zugrunde gelegte Standardabweichung liegt bei 10 ml. Nachfolgende Ergebnisse werden für die Justierung der Abfüllanlage benötigt:
Bestimmen Sie die durchschnittliche Füllmenge der Flaschen.
Ermitteln Sie die Grenzen für das Intervall, das symmetrisch um den Erwartungswert liegt und dessen Wahrscheinlichkeit 90 % betragen soll.
Berechnen Sie die Wahrscheinlichkeit dafür, dass die Ölflasche überläuft.

4.4.6 Übungsaufgaben für Klausuren und Prüfungen

Aufgabe 1 (ohne Hilfsmittel)

Erläutern Sie die Grafik unter Verwendung der Fachsprache anhand von vier Kriterien und ergänzen Sie die Beschriftung der Abszissenachse.

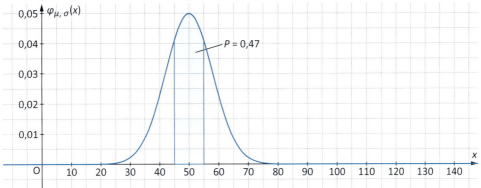

Aufgabe 2 (ohne Hilfsmittel)

Erläutern Sie anhand einer selbst erstellten Skizze den Sinn der Stetigkeitskorrektur im Zuge der Approximation der Binomialverteilung durch die Normalverteilung.

Aufgabe 3 (mit Hilfsmitteln)

Das Unternehmen *Durstig* stellt u. a. Kräuterlimonade her. Der Produktionsprozess wird im Rahmen der Qualitätskontrolle untersucht. Die Füllmenge je Flasche sollte durchschnittlich bei 1 000 ml liegen; das maximale Fassungsvermögen pro Flasche liegt bei 1 050 ml. Die Standardabweichung bei der Befüllung liegt bei 20 ml. Diese Befüllung wird toleriert. Wenn eine Flasche weniger als 970 ml enthält, darf sie nicht in den Verkauf gehen.
Erstellen Sie eine Grafik, die die Verteilung der Abfüllmengen darstellt.
Untersuchen Sie den Abfüllprozess anhand der drei oben beschriebenen Faktoren.
Bestimmen Sie den durchschnittlichen Abfüllwert in ml, auf dessen Basis die Wahrscheinlichkeit für das Überlaufen der Flaschen nur bei 0,1 % liegt.
Beurteilen Sie das Ergebnis im Hinblick auf die Qualitätsprüfung.

Aufgabe 4 (mit Hilfsmitteln)

In einer Grundschule werden im Zuge einer Serienuntersuchung bei 500 Kindern Sehtests durchgeführt. 35 % der Kinder benötigen eine Sehhilfe. Die Auswertung erfolgt im Hinblick auf drei Fragestellungen, die die Vergleichswerte für die Serienuntersuchung bilden:
Bestimmen Sie die Wahrscheinlichkeit dafür, dass mehr als 180 Kinder eine Sehhilfe benötigen.

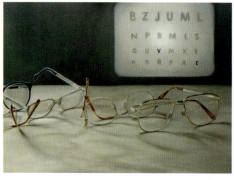

Ermitteln Sie die Wahrscheinlichkeit dafür, dass weniger als 300 Kinder keine Sehhilfe benötigen.

Berechnen Sie auf Basis eines symmetrischen Intervalls um den Erwartungswert die Anzahl der Kinder, die mindestens und höchstens eine Sehhilfe benötigen.

4.4.7 Übungsaufgaben aus dem Zentralabitur Niedersachsen
4.4.7.1 Hilfsmittelfreie Aufgaben

ZA 2018 | Haupttermin | eA | P5

Gegeben ist die Dichtefunktion φ einer normalverteilten Zufallsgröße X mit der Standardabweichung $\sigma = 2{,}5$. Die Wahrscheinlichkeit eines Ereignisses A wird durch $P(6{,}5 \leq X \leq 11{,}5)$ beschrieben.

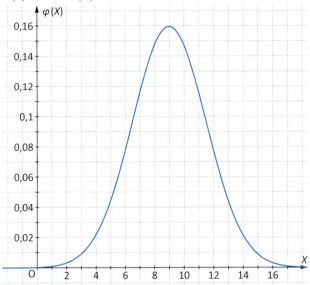

a) Stellen Sie die Wahrscheinlichkeit des Ereignisses A in der Abbildung grafisch dar. Geben Sie den Erwartungswert μ an.

b) Eine Zufallsgröße Y ist normalverteilt mit $\mu = 7$ und $\sigma = 1{,}25$. Die Wahrscheinlichkeit eines Ereignisses B wird durch $P(4{,}5 \leq Y \leq 9{,}5)$ beschrieben.
   Untersuchen Sie, welches der beiden Ereignisse A oder B eine größere Wahrscheinlichkeit aufweist.

4.4.7.2 Aufgaben aus dem Wahlteil

ZA 2013 | Haupttermin | GTR | eA |2B b) und c)
Der Kaffeeautomatenhersteller COFFEEMADE produziert Kaffeeautomaten für verschiedene Reiseunternehmen.

a) [...]

b) COFFEEMADE untersucht für die Kaffeemaschine CLASSIMO die Füllmenge in Milliliter (ml) für Becher mit einem Sollwert von 200 ml. Die Ergebnisse wurden im folgenden Diagramm dargestellt.

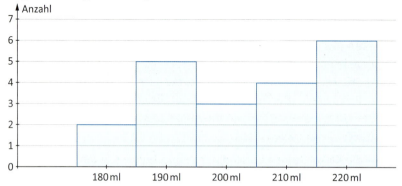

Berechnen Sie für diese Untersuchung die durchschnittliche Füllmenge.
Im Folgenden gilt: Die Füllmenge ist normalverteilt mit $\mu = 205$ und $\sigma = 14$.
Eine Becherfüllung unter 175 ml bzw. über 230 ml führt zu Kundenbeschwerden.
Bestimmen Sie die Wahrscheinlichkeit dafür, dass sich Kunden beschweren.
Das Bechervolumen beträgt 230 ml. Ein Kunde verwendet zur Reinigung durchschnittlich 2 Servietten, wenn die Flüssigkeit übergelaufen ist.
Beurteilen Sie, ob bei 1000 Becherfüllungen pro Tag 50 Servietten pro Tag als Vorrat ausreichen.

c) Für die Kaffeemaschine NESTO wurde die normalverteilte Füllmenge für einen Becher mit einem Sollwert von 200 ml untersucht. Als Ergebnis wird der Geschäftsleitung die folgende Grafik vorgelegt.

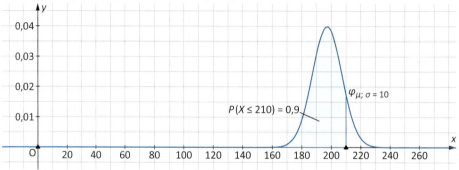

Erläutern Sie im Sachzusammenhang drei wesentliche Informationen, die in der Grafik enthalten sind.
Bestimmen Sie den exakten Wert für die durchschnittliche Füllmenge μ.

ZA 2014 | Haupttermin | GTR | eA | 2Bc)

Ein Biolandwirt bietet für unterschiedliche Familienfeiern in seinen Scheunen Räumlichkeiten, Speisen und Getränke an. Damit er den Einkauf und die Zubereitung für die nächste Hochzeitsfeier planen kann, klärt er mit den Gastgebern unterschiedliche Aspekte: Es werden 100 Personen an der Feier teilnehmen. [...]

c) Der Wirt backt für die Hochzeitsfeier den Butterkuchen und den Obstkuchen selbst, die Torten bestellt er bei ortsansässigen Konditoreien. Aus langer Erfahrung weiß er, dass die Konditoreien eine Torte zu einem Durchschnittspreis von 50 Geldeinheiten (GE) anbieten. Die Preise variieren mit einer Standardabweichung von 15 GE je nach Art der Torte. Pro Person, die Torte essen möchte, benötigt der Wirt 2 Stücke. Jede Torte wird in 12 Stücke geteilt. Zwei Torten werden als Reserve zusätzlich bestellt. Der Wirt kalkuliert für die Tortenbestellung höchstens 400 GE ein. Der Küchenchef rechnet damit, dass das Budget mindestens 500 GE und höchstens 600 GE betragen muss.

Beurteilen Sie die Kalkulationen anhand der Wahrscheinlichkeiten.
Stellen Sie beide Ergebnisse in einem Diagramm grafisch dar.

4.5 Daten beurteilen – Vertrauensintervalle

Nachdem vorwiegend Probleme aus der Wahrscheinlichkeitsrechnung behandelt wurden, werden nun Fragen/Probleme der beurteilenden Statistik untersucht.
In der **beurteilenden Statistik** werden zwei Arten von Verfahren unterschieden:
- Verfahren, bei denen vor der Stichprobenerhebung bereits Vermutungen oder Hypothesen über die Größe eines Parameters in der Grundgesamtheit bestehen.
- Verfahren, bei denen aufgrund eines festgestellten Stichprobenparameters, wie z. B. des Mittelwertes $\bar{x}$, die Größe des analogen Parameters in der Grundgesamtheit, z. B. des Erwartungswertes μ, abgeschätzt wird. Diese Verfahren werden als **Schätzverfahren** bezeichnet.

4.5.1 Lernsituationen

Lernsituation 1

Benötigte Kompetenzen für die Lernsituation 1
Kenntnisse aus der Wahrscheinlichkeitsrechnung und über die Binomialverteilung

Inhaltsbezogene Kompetenzen der Lernsituation 1
Vertrauensintervalle; Ellipsenansatz; Parabelansatz

Prozessbezogene Kompetenzen der Lernsituation 1
Probleme mathematisch lösen; mathematisch modellieren; mit symbolischen, formalen und technischen Elementen umgehen; kommunizieren

Methode
Lernspirale[1]

Zeit
2 Doppelstunden

Die Fastfood-Kette *Mc Fresh* verkauft u. a. Burger mit Rindfleischfrikadellen. In letzter Zeit haben sich die Beschwerden gehäuft, dass das Fleisch nicht durchgebraten ist. Für das anstehende Personalgespräch mit den Köchen müssen einige Berechnungen durchgeführt werden. Dafür wird eine Kundenbefragung am Ausgang durchgeführt: Von 750 Kunden, die den Burger gegessen haben, haben 100 angegeben, dass das Fleisch nicht gut durchgebraten war.

---

[1] Zum Lernspiral-Konzept vgl. Klippert, H.: Lernförderung im Fachunterricht. Leitfaden zum Arbeiten mit Lernspiralen. Donauwörth 2013; vgl. außerdem die entsprechenden Mathematik-Hefte im Auer-Verlag.

Untersuchen Sie, wie groß die Wahrscheinlichkeit in der Grundgesamtheit dafür ist, dass die Frikadelle nicht durchgebraten ist. Die gesuchte Wahrscheinlichkeit p soll mit einer Sicherheit von 90 %, 95 % und 98 % bestimmt werden.
Erstellen Sie Grafiken, die für das Gespräch hilfreich sein könnten.
Vergleichen Sie die Breite der drei Lösungsintervalle und interpretieren Sie Ihre Ergebnisse für das anstehende Personalgespräch.
Untersuchen Sie, wie viele Kunden befragt werden müssten, damit das 99 %-Vertrauensintervall eine Breite von 5 Prozentpunkten aufweist.

1 Lesen Sie den Informationstext in Kapitel 4.5.2 und schreiben Sie die wichtigsten Informationen heraus. **Allein**

2 Vergleichen Sie die herausgeschriebenen Informationen mit Ihrem Sitznachbarn und klären Sie Verständnisschwierigkeiten. **Tandem**

3 Lösen Sie die Aufgaben 1 a), 2 a) und 3 a) in Kapitel 4.5.4. **Tandem**

4 Vergleichen Sie die Lösungen der drei Aufgaben mit dem anderen Tandem; ergänzen und verbessern Sie gegebenenfalls Ihre Lösungen. **Gruppe**

5 Bearbeiten Sie die Aufgabenstellungen für das Personalgespräch. **Gruppe**

6 Dokumentieren Sie die Rechnungen und Grafiken in einer **Tischvorlage**. **Gruppe**

7 Bereiten Sie ein **Rollenspiel** vor: Führen Sie das Personalgespräch. **Gruppe**

$c \triangleq \sigma$-Umgebung für das Konfidenzniveau; Faktor für die Sicherheitswahrscheinlichkeit

Sicherheits-wahrscheinlichkeit	90 %	95 %	99 %	beliebig
c	1,64	1,96	2,58	c = z
Umrechnung	$\varphi(z) = 1 - \frac{0,1}{2}$ $= 0,95$ $\Rightarrow z \approx 1,64$	$\varphi(z) = 1 - \frac{0,05}{2}$ $= 0,975$ $\Rightarrow z = 1,96$	$\varphi(z) = 1 - \frac{0,01}{2}$ $= 0,995$ $\Rightarrow z \approx 2,58$	$\varphi(z) = 1 - \frac{\alpha}{2}$

Für die Berechnung des Vertrauenintervalls gibt es unterschiedliche Methoden:

Ellipsenansatz

Die obere Begrenzung der Konfidenzellipse ist gegeben durch die Beziehung:

$$H_1(p) = \underbrace{n \cdot p}_{\mu} + c \cdot \underbrace{\sqrt{n \cdot p \cdot (1-p)}}_{\sigma}$$

Die untere Begrenzung der Konfidenzellipse ist gegeben durch die Beziehung:

$$H_2(p) = \underbrace{n \cdot p}_{\mu} - c \cdot \underbrace{\sqrt{n \cdot p \cdot (1-p)}}_{\sigma}$$

Der orange Bereich, der senkrecht gekennzeichnet ist, gibt den Bereich an, in dem die Anzahl der Treffer k bei bekanntem p mit einem festgelegten Konfidenzniveau erwartet werden kann (Sigma-Umgebung).

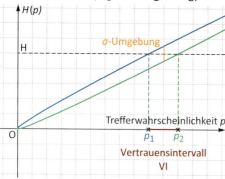

Wird horizontal in Höhe der gemessenen Häufigkeit H eine Gerade eingezeichnet, so schneidet diese die obere Begrenzungslinie (blau) an der Stelle, an der für die gegebene Sicherheit die untere Grenze der Trefferwahrscheinlichkeit p_1 zu finden ist. Die Gerade schneidet die untere Begrenzungslinie (grün) dort, wo die obere Grenze der Trefferwahrscheinlichkeit p_2 für die gegebene Sicherheit liegt. Dieser Bereich gibt das Vertrauensintervall VI an, also den Bereich, in dem die unbekannte Wahrscheinlichkeit p bei gegebenem Konfidenzniveau zu erwarten ist.

Um p_1 und p_2 rechnerisch zu ermitteln, müssen die beiden Funktionsterme $H_1(p)$ und $H_2(p)$ nach p umgeformt werden:

$$p_{1,2} = \frac{H}{n} \pm c \cdot \sqrt{\frac{p_{1,2}(1-p_{1,2})}{n}}.$$

Näherungsweise kann das Vertrauensintervall für $0{,}3 \leq p \leq 0{,}7$, also $0{,}3 \leq h \leq 0{,}7$, auch mit der Beziehung

$$p_{1;2} = \frac{H}{n} \pm c \cdot \sqrt{\frac{\frac{H}{n} \cdot (1-\frac{H}{n})}{n}} = h \pm c \cdot \sqrt{\frac{h \cdot (1-h)}{n}} \text{ ermittelt werden.}$$

Der GTR/CAS verwendet i. d. R. diese Näherung; das bedeutet, dass der GTR/CAS-Weg nur für $0{,}3 \leq p \leq 0{,}7$, also $0{,}3 \leq h \leq 0{,}7$, verwendet werden darf.

Die Berechnung kann noch weiter vereinfacht werden, wenn p nahe bei $0{,}5$ liegt:

$$p_{1,2} = h \pm c \cdot \frac{1}{2 \cdot \sqrt{n}}.$$

$VI = [p_1; p_2]$

Fallunterscheidung	exakte Berechnung für alle p	näherungsweise Berechnung für $p \in [0{,}3;\ 0{,}7]$	näherungsweise Berechnung für $p \approx 0{,}5$
Formel	$p_{1,2} = \frac{H}{n} \pm c \cdot \sqrt{\frac{p \cdot (1-p)}{n}}$	$p_{1,2} = h \pm c \cdot \sqrt{\frac{h \cdot (1-h)}{n}}$ mit $h = \frac{H}{n}$	$p_{1,2} = h \pm c \cdot \frac{1}{2 \cdot \sqrt{n}}$ mit $h = \frac{H}{n}$

Parabelansatz

Aus dem Funktionsterm für die Ellipsendarstellung ergibt sich:

$$p_{1,2} = \frac{H}{n} \pm c \cdot \sqrt{\frac{p_{1,2}(1-p_{1,2})}{n}} \quad\Rightarrow\quad p_{1,2} = h \pm c \cdot \sqrt{\frac{p_{1,2}(1-p_{1,2})}{n}}$$

$$\Rightarrow\ |p - h| \leq c \cdot \sqrt{\frac{p - p^2}{n}}$$

Nach dem Quadrieren der Ungleichung folgt:

$$(p - h)^2 \leq c^2 \cdot \frac{p - p^2}{n}$$

Klammern auflösen und zusammenfassen führt zu den Formeln für den **Parabelansatz**:

$$n(p - h)^2 - c^2(p - p^2) = 0$$

oder zu

$$(n + c^2)p^2 - (2nh + c^2)p + nh^2 \leq 0$$

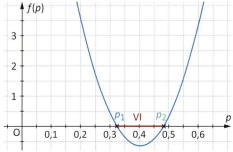

Das Vertrauensintervall wird mithilfe der Nullstellen ermittelt: $VI = [p_1; p_2]$.

Die **Breite d** des Vertrauensintervalls hängt neben dem Konfidenzniveau auch von dem Stichprobenumfang n ab:
- Je größer das Konfidenzniveau ist (bei sonst gleichbleibenden Bedingungen), desto breiter ist das Vertrauensintervall, desto *unpräziser* ist die Aussage über p in der Grundgesamtheit.
- Je größer der Stichprobenumfang ist (bei sonst gleichbleibenden Bedingungen), desto schmaler ist das Vertrauensintervall, desto *präziser* ist die Aussage über p in der Grundgesamtheit.

Der **Stichprobenumfang**, der für eine bestimmte Intervallbreite d und ein vorgegebenes Konfidenzniveau benötigt wird, wird ermittelt mit:

Die Grundgesamtheit ist binomialverteilt	Die Grundgesamtheit ist normalverteilt
$n \geq \left(\frac{c}{d}\right)^2$	$n \geq \left(\frac{2 \cdot \sigma \cdot c}{d}\right)^2$
Voraussetzung: Approximation durch die Normalverteilung ist möglich, weil die Laplace-Bedingung erfüllt ist.	Voraussetzung: Die Standardabweichung σ ist bekannt.
Der Stichprobenumfang wird für den ungünstigsten Fall ermittelt. Es wird davon ausgegangen, dass der Anteil in der Stichprobe bei $p = 0{,}5$ liegt.	Die Breite des Vertrauensintervalls hängt nicht vom Stichprobenergebnis ab.

4.5.3 Vertrauensintervalle untersuchen

Mithilfe von Vertrauensintervallen soll die unbekannte Wahrscheinlichkeit für eine Zufallsvariable in einer Grundgesamtheit geschätzt werden. Dafür werden Stichproben untersucht und im Vorwege ein Konfidenzniveau festgelegt.

Konfidenzniveau — Stichprobenumfang — **Vertrauensintervalle** — Ellipsenansatz — Näherungen — Parabelansatz

Beispiel 1

Das Unternehmen *Oil & more*, ein Hersteller von Speiseöl, füllt sein Olivenöl in Flaschen mit einem Verschluss, der das Öl portioniert. Da die Reklamationen bezüglich dieses Verschlusses zunehmen, lässt die Geschäftsführung 750 Verschlüsse kontrollieren. Die Prüfung hat ergeben, dass 150 Verschlüsse defekt waren und das Öl nicht richtig portioniert haben.

Bestimmen Sie für die Stichprobe das 90 %-Vertrauensintervall für den Anteil der defekten Verschlüsse.
Beurteilen Sie die Qualität der Verschlüsse unter der Voraussetzung, dass der Lieferant der Verschlüsse angegeben hat, dass diese eine Fehlerquote von 8 % haben.
Stellen Sie Ihre Untersuchungen rechnerisch und grafisch dar und geben Sie eine Handlungsempfehlung.

Lösungen
Ermittlung des 90 %-Vertrauensintervalls
$X \triangleq$ Anzahl der fehlerhaften Verschlüsse; die Zufallsvariable ist binomialverteilt
$n = 750$, $H = 150$, $h = \frac{H}{n} = \frac{150}{750} = 0{,}2 \notin [0{,}3;\ 0{,}7] \Rightarrow$ Näherung nicht möglich

Auf einem Konfidenzniveau von 90 % liegt die Trefferwahrscheinlichkeit p des Merkmals im Intervall:

$$p \in \left[\frac{H}{n} - c \cdot \sqrt{\frac{p \cdot (1-p)}{n}};\ \frac{H}{n} + c \cdot \sqrt{\frac{p \cdot (1-p)}{n}}\right] \text{ mit } c = 1{,}64.$$

$$p \in \left[0{,}2 - 1{,}64 \cdot \sqrt{\frac{p \cdot (1-p)}{750}};\ 0{,}2 + 1{,}64 \cdot \sqrt{\frac{p \cdot (1-p)}{750}}\right]$$

GTR/CAS: $VI = [0{,}1771;\ 0{,}2250]$

Graphische Ermittlung des Vertrauensintervalls mithilfe der Ellipse

$H(p) = n \cdot p \pm c \cdot \sqrt{n \cdot p \cdot (1-p)}$

$H(p) = 750 \cdot p \pm 1{,}64 \cdot \sqrt{750 \cdot p \cdot (1-p)}$

Die Grafik kann auch mithilfe der relativen Häufigkeit h erstellt werden, dann wird die Ordinatenachse mit $h(p)$ beschriftet und die Parallele zur Abszissenachse verläuft durch $(0|h)$ anstatt durch $(0|H)$.

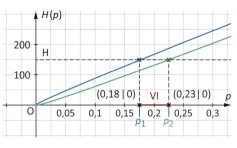

Graphische Ermittlung des Vertrauensintervalls mithilfe der Parabel

$n(p-h)^2 - c^2(p-p^2) = 0$

$750(p-0{,}2)^2 - 1{,}64^2(p-p^2) = 0$

$\Rightarrow p_1 \approx 0{,}1771 \lor p_2 \approx 0{,}2250$

Beurteilung

Diese Stichprobe lässt auf einem Konfidenzniveau von 90 % auf einen Anteil der defekten Verschlüsse zwischen 17,71 % und 22,50 % schließen. Da der Lieferant zugesagt hat, dass 92 % der Verschlüsse einwandfrei sind, stimmt seine Aussage nicht. Es sind deutlich mehr Verschlüsse defekt. Die Geschäftsführung von *Oil & more* sollte mit dem Lieferanten neue Verhandlungen führen oder den Lieferanten wechseln.

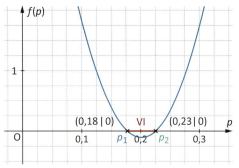

Beispiel 2

Die Geschäftsführung von *Oil & more* hat den Lieferanten gewechselt. Damit die Reklamationen nicht weiter zunehmen, werden die neuen Verschlüsse einer Qualitätsprüfung unterzogen.
Berechnen Sie den Stichprobenumfang der mindestens zu untersuchenden Verschlüsse, wenn ein 95 %-Vertrauensintervall mit einer Breite von 4 Prozentpunkten zugrunde gelegt wird.

Lösungen

$X \triangleq$ Anzahl der defekten Verschlüsse; $\Rightarrow$ die Grundgesamtheit ist binomialverteilt

Stichprobenumfang ermitteln

$n \geq \left(\dfrac{c}{d}\right)^2 \Rightarrow n \geq \left(\dfrac{1{,}96}{0{,}04}\right)^2 = 2\,401$

Der Stichprobenumfang muss 2 401 Verschlüsse umfassen, damit das 95 %-Vertrauensintervall eine Breite von 4 Prozentpunkten aufweist.

4.5.4 Übungen

1 Bestimmen Sie das Vertrauensintervall mithilfe des GTR/CAS und vergleichen Sie die Ergebnisse.

		VI	VI
a)	$n = 500$, $H = 200$	90 %	99 %
b)	$n = 1200$, $h = 0{,}6$	95 %	98 %
c)	$n = 475$, $h = \frac{167}{475}$	90 %	95 %
d)	$n = 250$, $H = 112$	99 %	99,5 %

2 Bestimmen Sie das Vertrauensintervall mithilfe einer Grafik und erstellen Sie die zugehörige Zeichnung.

		VI
a)	$n = 725$, $h = \frac{100}{725}$	95 %
b)	$n = 1080$, $h = 0{,}25$	92,5 %
c)	$n = 500$, $H = 50$	85 %
d)	$n = 1250$, $H = 250$	99 %

3 Ermitteln Sie den Stichprobenumfang.

		Grundgesamtheit	VI
a)	$d = 5$	BV	90 %
b)	$d = 3$, $\sigma = 10$	NV	95 %
c)	$d = 3$	BV	99,5 %
d)	$d = 4$, $\sigma = 2$	NV	99 %

4 Das Unternehmen *Brauer* stellt vegane Kuchen und Torten her und verkauft diese auf Bauernmärkten der Region. Die Geschäftsführerin überlegt, eine Werbekampagne durchzuführen, damit der Verkauf weiter ansteigt. Sie möchte die Kampagne nur dann durchführen, wenn die Wahrscheinlichkeit dafür, dass die Kuchen und Torten zurzeit gekauft würden, unter 38 % liegt. Das Unternehmen befragt auf den Bauernmärkten die Kunden, ob sie vegane Kuchen und Torten kaufen würden. 600 Kunden haben an der Umfrage teilgenommen. 190 Personen haben ihr Interesse an den veganen Produkten bekundet.
Bestimmen Sie das 95,5 %-Vertrauensintervall und geben Sie eine Handlungsempfehlung für die Geschäftsführerin.

5 In dem Unternehmen *Düngemittel&Co* werden Roboter eingesetzt, um Flüssigdünger in Flaschen abzufüllen.
Im Rahmen der Qualitätskontrolle werden Stichproben untersucht und gewogen. Die letzten Ergebnisse wurden tabellarisch zusammengestellt. Die Geschäftsführung geht davon aus, dass der Roboter, der Sorte B abfüllt, genauer arbeitet als der, der die Sorte A abfüllt. Deshalb möchte die Geschäftsführung einen zweiten Roboter für die Sorte B anschaffen.

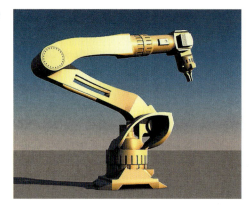

Untersuchen Sie auf einem Konfidenzniveau von 90 % die Aussage der Geschäftsführung und geben Sie eine Handlungsempfehlung.

	Stichprobenumfang	fehlerhaftes Gewicht in der Stichprobe
Sorte A	500	10 % der abgefüllten Flaschen
Sorte B	300	35 Flaschen

6 Eine Aufgabe geht auf Reisen.

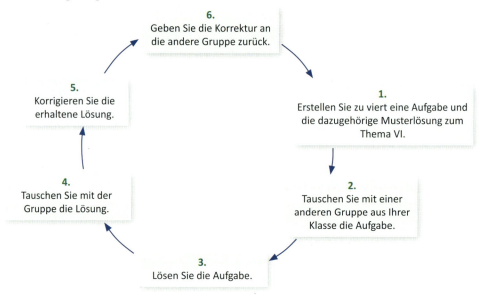

4.5.5 Übungsaufgaben für Klausuren und Prüfungen

Aufgabe 1 (ohne Hilfsmittel)

Interpretieren Sie die Zeichnung.

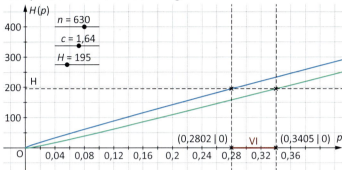

Aufgabe 2 (ohne Hilfsmittel)

Kennzeichnen Sie das Vertrauensintervall in der Zeichnung und geben Sie das Intervall an.

Erläutern Sie eine alternative grafische Berechnungsmethode für das Vertrauensintervall; verwenden Sie dafür die Informationen aus der Zeichnung.

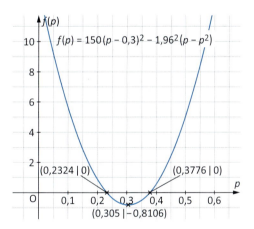

Aufgabe 3 (mit Hilfsmitteln)

Ein Kosmetikunternehmen testet eine neue Tagescreme in einer Langzeitstudie mit 800 Personen. 40 Personen haben angekreuzt, dass sie Hautausschlag, Rötungen und Juckreiz bekommen haben. Für den Beipackzettel soll angegeben werden, wie groß die Wahrscheinlichkeit für Nebenwirkungen ist.

Bestimmen Sie die Wahrscheinlichkeit mit einer Sicherheit von 95 % und von 98 %. Untersuchen Sie, wie viele Personen an der Langzeitstudie hätten teilnehmen müssen, damit das 99 %-Intervall für die zu bestimmende Wahrscheinlichkeit p eine Breite von 2 Prozentpunkten aufweist.

Aufgabe 4 (mit Hilfsmitteln)

Das Möbelhaus *Stark* verkauft u. a. Hochbetten für Kinder, die der Kunde zu Hause selbst zusammenbauen muss. 10 % der letzten 50 Kunden haben sich beschwert, dass die Bohrungen nicht richtig waren und somit Probleme beim Zusammenbauen des Bettes aufgetreten sind. Die Sachbearbeiterin der Reklamationsabteilung des Möbelhauses *Stark* schreibt einen Brief an den Hersteller des Bettes und behauptet, dass mindestens 3,61 % der Betten falsche Bohrungen aufweisen. Sie verweist gleichzeitig darauf, dass bei maximal 24,77 % der Betten fehlerhafte Bohrungen vorliegen. Um den Aussagen Nachdruck zu verleihen, soll eine Grafik, die diese Aussage belegt, als Anlage zu dem Brief beigefügt werden.

Untersuchen Sie, auf welchem Konfidenzniveau diese Aussagen getätigt werden können.

Veranschaulichen Sie die Berechnung grafisch, damit sie als Anlage verwendet werden kann.

4.5.6 Aufgaben aus dem Zentralabitur Niedersachsen
Aufgaben aus dem Wahlteil

ZA 2015 | Haupttermin | GTR | eA |2Ab)
In Südstadt betreibt ein Unternehmen der Biochemie eine Produktionsanlage. Aufgrund unterschiedlicher Vorkommnisse im Zusammenhang mit dem Unternehmen und der Produktion hat sich eine örtliche Bürgerinitiative gegründet. [...]

b) Das Unternehmen möchte auf seinem Betriebsgelände ein Forschungsinstitut zur Erforschung bestimmter Krankheiten errichten. Die Bürgerinitiative führt eine Umfrage zur Akzeptanz des Bauprojektes durch. Bei einer ersten Stichprobe von 100 zufällig ausgewählten Personen aus Südstadt stimmen 20 Personen gegen das Bauprojekt. Es soll geklärt werden, ob sich genügend Personen für einen gemeinsamen Protest finden werden.

Ergänzen Sie die Zeichnung [...] um die fehlenden Elemente und die Beschriftungen.
Erläutern Sie in diesem Zusammenhang die Zeichnung [...].
Berechnen Sie die Anzahl der Personen, die mindestens über den geplanten Protest informiert werden müssten, wenn ein Protest ab einer Personenzahl von ca. 300 genügend Aufsehen erregen wird.

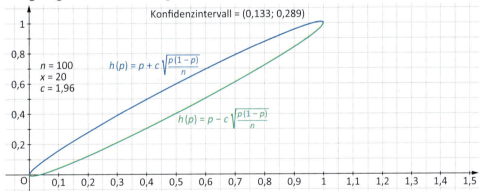

ZA 2016 | Haupttermin | GTR | eA |2Bb)

Die Hannoverschen Verkehrsbetriebe (HV) hatten in den vergangenen Jahren eine steigende Anzahl an Fahrgästen zu verbuchen.

Der Anteil der „Schwarzfahrer", das sind die Fahrgäste, die keinen gültigen Fahrschein besitzen, betrug über die letzten Jahre konstant etwa 2 % und lag damit unter dem bundesweiten Durchschnitt.

Die HV haben eine Prüfquote, also den Anteil der kontrollierten Reisenden an der totalen Reisendenzahl, von 1,9 %.

[...]

b) Nach einer drastischen Fahrpreiserhöhung befürchten die HV, dass der Anteil der Schwarzfahrer auf 5 % angestiegen ist.
Bei einem sogenannten Prüfmarathon wurden deshalb 5 000 Fahrgäste überprüft. Von den überprüften Fahrgästen waren 227 Schwarzfahrer.
Überprüfen Sie bei einer Sicherheitswahrscheinlichkeit von 95 %, ob die Aussage „Der Anteil der Schwarzfahrer hat sich auf 5 % erhöht", stimmt.
Zeichnen Sie die dazugehörige Konfidenzellipse im Bereich $[0 \leq p \leq 0{,}1]$.

ZA 2017 | Haupttermin | GTR | eA |2Ba)

Ein Marktforschungsunternehmen soll herausfinden, wie groß das Interesse an einem neuen Produkt sein wird. Dafür wird eine repräsentative Kundengruppe von 500 Personen befragt. Die Zufallsvariable X gibt die Anzahl der Kunden an, die kein Interesse an dem neuen Produkt hätten.

Im Anschluss an die Umfrage wurden diese beiden Graphiken erstellt [...]. Die Umfrage hat ergeben, dass 120 Kunden kein Interesse an dem neuen Produkt hätten.

Grafik 1

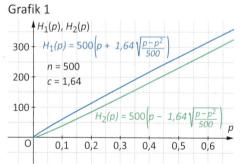

Grafik 2

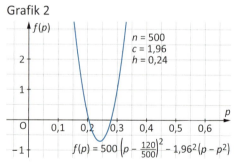

a) Das Vertrauensintervall in Grafik 2 wird mithilfe der Nullstellen der Parabel ermittelt.
Beschreiben Sie jeweils zwei Gemeinsamkeiten und zwei Unterschiede dieser Grafiken im Hinblick auf eine Auswertung der Umfrage.
Ermitteln Sie das jeweilige Vertrauensintervall (VI) und kennzeichnen Sie dieses [...] in den beiden Grafiken.

Erläutern Sie, warum sich die Ergebnisse unterscheiden.
Der Hersteller bringt das Produkt nur dann auf den Markt, wenn die Wahrscheinlichkeit dafür, dass die Kunden aus dieser Stichprobe kein Interesse haben, bei maximal 27,5 % liegt.
Geben Sie eine begründete Empfehlung dafür ab, ob der Hersteller das Produkt auf den Markt bringen soll.

ZA 2019 | Haupttermin | GTR | eA |2Ab)

Das Unternehmen *RoRa* bietet Rollrasen für unterschiedliche Verwendungszwecke an. Für die Fußball-Europameisterschaft 2020, die in 12 europäischen Städten ausgetragen wird, möchte *RoRa* eine neue Rasenmischung entwickeln, die als Sportrasenmischung den Anforderungen des Fußballs besonders gerecht wird und sich z. B. durch hohe Stand- und Scherfestigkeit, gleichmäßigen Wuchs sowie gutes Regenerationsverhalten auszeichnet. Dazu wurden 20 Rasenmischungen entwickelt und mithilfe von Messreihen getestet. Für die beiden aussichtsreichsten Rasenmischungen *Rom* und *Wembley* wurden Wachstumsversuche im Gewächshaus durchgeführt. [...]

b) Für die Überprüfung der Stand- und Scherfestigkeit soll eine neue halbautomatische Testmaschine zum Einsatz kommen. Wird die Maschine falsch gehandhabt, zeigt diese die fehlerhafte Messung durch eine Meldeleuchte an. Der Hersteller der Maschine gibt aus Erfahrung an, dass bei ungeschultem Personal durchschnittlich 3 von 5 Messungen fehlerhaft sind. Diese Fehler treten bei geschultem Personal nicht mehr auf.
Berechnen Sie die Anzahl der Messungen, die eine ungeschulte Person durchführen muss, um mit einer Sicherheit von mindestens 95 % mindestens ein richtiges Messergebnis zu erhalten.

Für den Einsatz einer Rasenmischung bei der Europameisterschaft ist eine schnelle Regeneration des Rasens Voraussetzung. In Versuchen zum Regenerationsverhalten der Rasenmischungen zeigte sich für die Rasenmischung *Wembley*, dass sich von 800 betrachteten Grashalmen 700 Halme innerhalb von drei Tagen erholen konnten. Für die Rasenmischung *Rom* konnte für denselben Zeitraum folgendes Vertrauensintervall ermittelt werden:
$VI_{95\%} = [0{,}8034;\ 0{,}8487]$.
Bestimmen Sie mit einer Sicherheit von 95 % den Anteil regenerierter Halme der Rasenmischung *Wembley*.
Interpretieren Sie die Ergebnisse hinsichtlich des Regenerationsverhaltens für die Rasenmischungen *Rom* und *Wembley* im Sinne der Aufgabenstellung.

Stichwortverzeichnis

A
absolute Häufigkeiten 182
Abstand 145
Abstand von Punkten 148
analytische Geometrie 140
Anfangspunkt 143
Anfangsverteilung 120
Anzahl der Pfade 212
Approximation 235, 250
Arten von Zufallsversuchen 179
Ausgangssituation 120

B
Baumdiagramm 181
- inverses 191

Bedarfsmatrix 40
bedingte Wahrscheinlichkeit 190
Bernoulli-Experiment 206, 211
Bernoulli-Kette 206, 211
beurteilenden Statistik 260
Binomialkoeffizient 206, 212
Binomialverteilung 210, 214, 250
Breite des Vertrauensintervalls 266

D
Dichtefunktion 239, 244
- Normalverteilung 244
- Standardnormalverteilung 244

Differenzvektor 153
diskrete Verteilung 204
diskrete Wahrscheinlichkeitsverteilung 232

E
Eigenverbrauch 86
Einheitsmatrix 17
Einzelwahrscheinlichkeit 208
Elementarereignis 178
Ellipsenansatz 264
Empirisches Gesetz der großen Zahlen 179
Endprodukte 40
Endpunkt 143
Ereignis 178
Ergebnis 178
Ergebnismenge 178, 181
Erlöse 42
Erwartungswert 180, 207
erweiterte Einheitsmatrix 59
erweiterte Koeffizientenmatrix 58, 59, 63

F
Fertigungskosten 41, 42
Fixvektor 120
Format der Matrix 17
Formel von Bernoulli 206

G
Gauß-Algorithmus 25, 29, 53, 58, 156
Gauß'sche Glockenkurve 234
Gauß'schen Eliminationsverfahren 53
Gauß'sche Summenfunktion 239
Gegenereignis 179
Gegenvektor 144
Gesamtkosten 42
Gesamtproduktion 87
geschlossene Vektorkette 154, 155
Gewinn 42
Gozintograph 41
Grenzmatrix 120

H
Häufigkeit
- absolute 182

Hauptdiagonale 17
Herstellungskosten 45

I
Input-Output-Analyse 84
Input-Output-Diagramm 87
Input-Output-Modell 86
Input-Output-Tabelle 86
Integral der Dichtefunktion 245
Intervall-Wahrscheinlichkeiten 216
inverse Matrix 24, 25, 29
inverses Baumdiagramm 191
Invertieren von Matrizen 29

K
kartesisches Koordinatensystem 143
kollinear 155
komplanar 155
Konfidenzintervall 263
Konfidenzniveau 263
Konsumvektor 87
Kosten
- variable 42

kumulierte Wahrscheinlichkeit 207, 209

L
Lagebeziehung
- Gerade-Gerade 163
- Punkt-Gerade 163

Lage von Vektoren 145
- Abstand 145
- Länge 145
- Orientierung 145
- Parallelität 145

Länge eines Vektors 145

Stichwortverzeichnis

Laplace-Bedingung 216, 248
Laplace-Experiment 180
Laplace-Formel 180, 182
Leontief-Inverse 87
Leontief-Modell 86
- Prämissen 86

LGS 53, 58
- eindeutig lösbar 60, 64
- Fallunterscheidung 65, 66
- mehrdeutig lösbar 60, 64
- nicht lösbar 60, 64

linear abhängig 155
lineares Gleichungssystem 53, 63, 156
Linearkombination 155
linear unabhängig 155
Lösungen linearer Gleichungssysteme 64
Lösungsmengen bei linearen Gleichungssystemen 63

M

Markow-Ketten 117
Matrix 13, 17, 20, 22, 27, 28
- inverse 24, 25, 29
- quadratisch 17
- regulär 119
- stochstisch 119

Matrix mal Spaltenvektor 28
Matrizen 13
Matrizenaddition 19, 27
Matrizengleichungen 30
Matrizenmultiplikation 22, 28
Matrizensubtraktion 27
mehrdeutige Gleichungssystemen 61
Mehrstufige Zufallsversuche 190
Merkmale
- stetig 236

mit Reihenfolge 179
mit Zurücklegen 179
Multiplikationssatz 191
Multiplikation von Matrix und Vektor 28
Multiplikation zweier Vektoren 27

N

Näherungsformel von de Moivre-Laplace 249
Normalverteilung 232, 235, 236, 239, 250

O

oberen Dreiecksmatrix 63
ohne Reihenfolge 179
ohne Zurücklegen 179
Orientierung zweier Vektoren 145
Orthogonalität 159
Ortsvektor 143, 144

P

Parabelansatz 265
Parallelität zweier Vektoren 145
Parameterdarstellung 160, 163
Parameterdarstellung einer Geraden 160
- Punkt-Richtungs-Gleichung 163
- Zwei-Punkt-Gleichung 163

Pascal-Dreieck 206
Pfadaddition 180
Pfadmultiplikation 180
Pfadregeln 180
- Pfadaddition 180
- Pfadmultiplikation 180

Pfeil 143
Produktionskosten 41
Produktionsmatrix 40
Produktionsmenge 41
Produktionsvektor 87
Prognosen 178
prozentuale Verteilung
- in der n-ten Periode 120
- in der Vorperiode 120
- stabile Verteilung 120

prozentuale Verteilung nach n Perioden 120
Punkt-Richtungs-Gleichung 163

Q

quadratische Matrix 17

R

Rechenoperation 18, 27
- Matrix mal Spaltenvektor 28
- Matrix mal Vektor 18
- Matrizenaddition 18
- Matrizenmultiplikation 18, 28
- s-Multiplikation
- 18
- Spaltenvektor mal Spaltenvektor 27
- Vektor mal Matrix 18
- Zeilenvektor mal Matrix 28

Rechnen mit Vektoren
- Skalarprodukt 151
- s-Multiplikation 151
- Vektoraddition 151
- Vektorsubtraktion 151

regulär 29, 119
reguläre Matrix 119
Richtungsvektor 160
Rohstoffe 40
Rohstoffkosten 41, 45

S

Satz von Bayes 191
Schätzverfahren 260
Sektorenmatrix 87
Sicherheitswahrscheinlichkeit 263
Sigma-Intervalle 216
singulär 29
Skalar 18, 27
skalare Multiplikation 27
Skalarprodukt 27, 159
s-Multiplikation 18, 153
Spalten 17
Spaltenvektor 17, 22
Spaltenvektor mal Spaltenvektor 27

stabilen prozentualen Verteilung 120
Standardabweichung 207
Standardisieren 235
Standardnormalverteilung 240, 244, 247
stationären Verteilung 120
stetiges Merkmale 236
stetige Verteilung 204
stetige Wahrscheinlichkeitsverteilung 232
stetige Zufallsgröße 234
Stetigkeitskorrektur 249, 250
Stichprobenumfang 266
stochastisch abhängig 191
stochastische Matrix 119
stochastische Prozesse 117, 119
stochastisch unabhängig 191
Streuungsintervall 207
Strichliste 182
Stückkosten
- variable 42
Stützvektor 160
Summenvektor 153
Symbole/Zeichen 12, 140, 174

T

Technologie-Matrix 87
transponiert 17
Trefferwahrscheinlichkeit 206, 211

U

Übergangsdiagramm 119
Übergangsmatrix 119
Übergangstabelle 119
Urliste 182

V

variablen Kosten 42
variable Stückkosten 42
Varianz 207
Vektor 143
Vektoraddition 151, 152
Vektorraum 151
Vektorsubtraktion 152
Verarbeitungskosten 45
Verflechtungsdiagramm 41, 87
Verflechtungsmodelle 36
Verteilung
- diskret 204
- stetig 204
Verteilungsfunktion 239, 245
- Normalverteilung 245
- Standardnormalverteilung 245
Vertrauensintervall 263
- Breite 266
- Ellipsenansatz 266
- Konfidenzniveau 266
- Parabelansatz 266
- Sicherheitswahrscheinlichkeit 266
Vor-Periode 120

W

Wahrscheinlichkeit 179, 214
- Binomialverteilung 214
- Normalverteilung 214
Wahrscheinlichkeitsfunktion 179
Wahrscheinlichkeitsverteilung 179
- diskret 232
- stetig 232
Wechselverhalten 119

Winkel 159
- Orthogonalität 159
- zwischen zwei Geraden 159
- zwischen zwei Strecken 159
- zwischen zwei Vektoren 159
Winkelgröße des spitzen Winkels 159
Winkelgröße des stumpfen Winkels 159
Winkel zwischen zwei Geraden/Strecken 159
Winkel zwischen zwei Vektoren 159

Z

Zeilen 17
Zeilenvektor 17, 20
Zeilenvektor mal Matrix 28
Zeilenvektor mal Spaltenvektor 28
Zufall 178
Zufallsexperiment 181, 182
Zufallsgröße
- diskret 234
- stetig 234
Zufallsvariable 179, 206
Zufallsversuch 178
- Bernoulli 179
- Laplace 179
- mit/ohne Reihenfolge 179
- mit/ohne Zurücklegen 179
Zufallsversuch mit Zurücklegen 184
Zufallsversuch ohne Zurücklegen 187
Zwei-Punkte-Gleichung 163
Zwischenprodukte 40